HYDROGEN PRODUCTION PROCESS AND TECHNOLOGY

製氫工藝與技術

易玉峰，黃龍，李卓謙
余曉忠，杜小澤，毛志明，余皓 編

目　　錄

第1章　緒論 …………………………………………………………………（1）
1.1　碳排放的挑戰和氫能的機遇 …………………………………………（1）
1.2　主要製氫方法 …………………………………………………………（2）
1.3　氫能產業政策和前景展望 ……………………………………………（3）
習題 ……………………………………………………………………………（4）

第2章　煤製氫 ………………………………………………………………（5）
2.1　煤製氫名詞術語 ………………………………………………………（6）
　2.1.1　與煤相關的術語 ……………………………………………………（6）
　2.1.2　相關設備術語 ………………………………………………………（6）
　2.1.3　煤製氫過程的相關術語 ……………………………………………（7）
2.2　煤製氫工藝過程 ………………………………………………………（8）
　2.2.1　固定床工藝流程 ……………………………………………………（9）
　2.2.2　流化床工藝流程 ……………………………………………………（16）
　2.2.3　氣流床工藝流程 ……………………………………………………（22）
2.3　其他煤製氫技術 ………………………………………………………（45）
2.4　煤製氫HSE和發展趨勢 ………………………………………………（46）
習題 ……………………………………………………………………………（49）

第3章　天然氣製氫 …………………………………………………………（51）
3.1　天然氣蒸汽重整製氫 …………………………………………………（51）
　3.1.1　天然氣蒸汽重整製氫的反應原理 …………………………………（51）
　3.1.2　天然氣蒸汽重整製氫的工藝流程 …………………………………（54）
　3.1.3　天然氣蒸汽重整製氫的影響因素 …………………………………（61）
　3.1.4　天然氣蒸汽重整製氫的催化劑 ……………………………………（63）
　3.1.5　天然氣蒸汽重整製氫的關鍵設備 …………………………………（64）
　3.1.6　天然氣蒸汽重整製氫的典型案例 …………………………………（66）
　3.1.7　天然氣蒸汽重整製氫的發展趨勢 …………………………………（68）
3.2　天然氣部分氧化製氫 …………………………………………………（69）
　3.2.1　天然氣部分氧化製氫的反應原理 …………………………………（69）
　3.2.2　天然氣部分氧化製氫的反應類型 …………………………………（69）

3.2.3　天然氣部分氧化製氫的催化劑 …………………………………（70）
　　3.2.4　天然氣部分氧化製氫的反應器 …………………………………（71）
　　3.2.5　天然氣部分氧化製氫的發展前景 ………………………………（71）
3.3　天然氣自熱重整製氫 ……………………………………………………（71）
3.4　天然氣二氧化碳重整製氫 ………………………………………………（72）
3.5　天然氣催化裂解製氫 ……………………………………………………（72）
3.6　鐵基天然氣化學循環製氫 ………………………………………………（73）
3.7　小型橇裝天然氣製氫 ……………………………………………………（74）
3.8　天然氣製氫的 HSE 和技術經濟 …………………………………………（75）
習題 ………………………………………………………………………………（76）

第 4 章　甲醇製氫 ……………………………………………………………（77）

4.1　甲醇水蒸氣重整製氫 ……………………………………………………（77）
　　4.1.1　甲醇水蒸氣重整製氫的反應原理 …………………………………（77）
　　4.1.2　甲醇水蒸氣重整製氫的工藝流程 …………………………………（80）
　　4.1.3　甲醇水蒸氣重整製氫的催化劑 ……………………………………（81）
　　4.1.4　甲醇水蒸氣重整製氫的反應器 ……………………………………（84）
　　4.1.5　甲醇水蒸氣重整製氫的典型案例 …………………………………（87）
　　4.1.6　甲醇水蒸氣重整製氫的現狀和發展趨勢 …………………………（89）
4.2　甲醇裂解製氫 ……………………………………………………………（89）
　　4.2.1　甲醇分解製氫的反應原理 …………………………………………（90）
　　4.2.2　甲醇裂解製氫的工藝流程 …………………………………………（91）
　　4.2.3　甲醇裂解製氫的催化 ………………………………………………（91）
　　4.2.4　甲醇裂解製氫的典型案例 …………………………………………（94）
　　4.2.5　甲醇裂解製氫的展望 ………………………………………………（95）
4.3　甲醇部分氧化製氫 ………………………………………………………（95）
4.4　甲醇製氫的展望 …………………………………………………………（98）
習題 ………………………………………………………………………………（99）

第 5 章　電解水製氫 …………………………………………………………（101）

5.1　電解水反應和機理 ………………………………………………………（101）
5.2　鹼液電解製氫技術 ………………………………………………………（102）
　　5.2.1　鹼液電解池的基本原理 ……………………………………………（102）
　　5.2.2　鹼性電解質 …………………………………………………………（103）
　　5.2.3　電極 …………………………………………………………………（104）
　　5.2.4　隔膜 …………………………………………………………………（113）
5.3　質子交換膜電解製氫技術 ………………………………………………（116）
　　5.3.1　聚合物薄膜電解槽 …………………………………………………（117）
　　5.3.2　雙極板 ………………………………………………………………（117）

  5.3.3 電催化劑 ················ (117)
  5.3.4 質子交換膜 ·············· (119)
  5.3.5 氣體擴散層 ·············· (120)
  5.3.6 膜電極製備 ·············· (120)
 5.4 固體氧化物電解水製氫 ············ (122)
  5.4.1 固體氧化物電解槽 ··········· (122)
  5.4.2 氫電極 ················ (124)
  5.4.3 氧電極 ················ (125)
  5.4.4 電解質層 ··············· (127)
 5.5 電解水製氫展望 ··············· (129)
  5.5.1 陰離子交換膜電解水製氫 ······· (129)
  5.5.2 双极膜电解水制氢 ··········· (130)
  5.5.3 海水電解製氫 ············· (131)
  5.5.4 電解水製氫耦合氧化 ·········· (135)
  5.5.5 電解水製氫的前景 ··········· (135)
 習題 ······················ (136)

第6章　工業副產製氫 ················ (137)
 6.1 焦爐煤氣副產氫氣 ·············· (138)
 6.2 氯鹼副產氫氣 ················ (140)
 6.3 石化企業副產氫氣 ·············· (142)
 6.4 弛放氣回收氫氣 ··············· (144)
  6.4.1 合成氨弛放氣 ············· (144)
  6.4.2 甲醇弛放氣 ·············· (145)
 6.5 電石爐尾氣副產氫氣 ············· (146)
 習題 ······················ (148)

第7章　太陽能製氫 ·················· (149)
 7.1 太陽能製氫的基本知識 ············ (150)
  7.1.1 光催化劑 ··············· (152)
  7.1.2 助催化劑 ··············· (156)
  7.1.3 光敏化劑 ··············· (162)
  7.1.4 提高轉化效率 ············· (164)
 7.2 太陽能熱化學裂解水製氫 ··········· (169)
 7.3 太陽能光催化分解水製氫 ··········· (169)
 7.4 太陽光電化學電解水製氫 ··········· (172)
  7.4.1 太陽光電化學電解水製氫機理 ····· (172)
  7.4.2 光陽極 ················ (173)
  7.4.3 光陰極 ················ (175)

習題 ·· (180)

第8章　其他製氫技術 ································· (181)

8.1　氨分解製氫 ································· (181)
　8.1.1　氨分解製氫原理 ······················ (181)
　8.1.2　氨分解製氫催化劑 ··················· (182)
　8.1.3　氨分解製氫的工藝流程 ············ (182)

8.2　熱化學循環分解水製氫 ··············· (183)
　8.2.1　典型熱化學循環反應 ··············· (183)
　8.2.2　基於太陽能的化學鏈製氫 ········ (186)
　8.2.3　基於核能的化學鏈製氫 ··········· (186)

8.3　光合生物製氫 ····························· (187)
　8.3.1　光合細菌產氫 ························· (187)
　8.3.2　微藻產氫 ······························· (189)

8.4　微生物發酵製氫 ·························· (190)
　8.4.1　發酵產氫路徑 ························· (190)
　8.4.2　發酵產氫類型 ························· (191)
　8.4.3　發酵製氫工藝 ························· (191)

8.5　生物質熱化學製氫 ······················ (193)

8.6　超臨界水生物質氧化製氫 ············ (195)
　8.6.1　超臨界水的性質 ······················ (195)
　8.6.2　生物質超臨界水催化氧化製氫 ··· (195)
　8.6.3　超臨界水催化氧化製氫應用前景 ··· (195)

8.7　生物質衍生物製氫 ······················ (196)

　　習題 ·· (200)

參考文獻 ·· (201)

第1章　緒論

第一次工業革命以來，人類大量焚燒石油、煤炭、天然氣等化石燃料產生大量溫室氣體 CO_2。200 多年前大氣中 CO_2 濃度約為 280×10^{-6}，而近年來世界氣象組織全球大氣監測網的多個監測站測得大氣中 CO_2 濃度均已超過 400×10^{-6}。CO_2 對太陽輻射的可見光具有高度通過性，而對地球發射出的長波輻射具有高度吸收性，能強烈吸收地面輻射的紅外線，導致地球大氣溫度上升，全球暖化。2019 年，全球平均溫度較工業化前水準高出約 1.1℃。全球暖化會改變全球降水量分布，造成冰川和凍土融化、海平面上升等，不僅危害自然生態系統的平衡，甚至威脅人類的生存。

2015 年《巴黎協定》提出：到 21 世紀末，在工業革命之前的水準上，將全球溫升控制在 2℃ 以內，並努力達到 1.5℃ 的目標。全球主流氣候研究機構對溫室氣體控制目標達成共識，世界各國均結合自身狀況提出了碳中和時間表。部分歐美國家在 2010 年前就實現了碳排放達峰。中國正處於經濟快速發展階段，CO_2 排放量仍在持續增加中，2021 年中國的碳排放量達到 114.7 億 t，是美國（50 億 t）的 2 倍，歐盟（27.9 億 t）的 4 倍。若不調整能源結構，大力開展技術創新進行節能減碳，現有的舉措遠不能達成《巴黎協定》的「2℃、1.5℃」乃至承諾的碳中和目標。

1.1　碳排放的挑戰和氫能的機遇

中國針對碳排放問題，2020 年 9 月提出了「2030 年碳達峰、2060 年碳中和」的目標。2030 年實現碳達峰，達成路徑包括產業結構調整、工業節能、能源結構調整、建築交通減碳等。2060 年實現碳中和，通過能源活動、工業生產過程、廢棄物處理、農業、土地利用變化和林業等實現全口徑零排放。以植樹造林、節能減碳等形式，抵消自身的 CO_2 排放量，實現溫室氣體「淨零排放」。「碳中和」大潮席捲全球，為氫能發展帶來了巨大的機遇。

氫能是一種二次能源。氫氣在燃燒過程中不產生 CO_2、SO_2 和煙塵等大氣汙染物。同時與太陽能和風能相比，氫能又具有相對較強的可儲存性，因此氫能被看作是未來最理想的清潔能源之一。

2021 年中國氫氣產能約 4000 萬 t，產量約 3300 萬 t，已經成為世界第一製氫大國。由於中國當前氫燃料電池汽車數量較少，所以用作動力能源的氫氣不多。當前氫氣最大應用領域：一是作為生產合成氨的中間原料，佔比約為 30%；二是生產甲醇（包括煤經甲醇製烯烴）的中間原料，佔比約為 28%；三是焦炭和蘭炭副產氫的綜合利用，佔比約為 15%；四是煉

廠用氫，佔比約為12%；五是現代煤化工範疇內的煤間接液化、煤直接液化、煤製天然氣、煤製乙二醇的中間原料氫氣，佔比約為10%；六是其他方式氫氣利用，佔比約為5%。預計至2050年，中國氫氣需要將增至近6000萬t，佔中國終端能源消費量的10%左右。

在加速推進能源轉型過程中，氫能將有望全面融入能源需要側的各個領域。在工業領域，氫能將從原料和能源兩個方面起到決定性作用。原材料領域，氫將廣泛應用於鋼鐵、化工、石化等行業，替代煤炭、石油等化石能源。在能源領域，氫能將通過氫燃料電池技術進行熱電聯產，滿足分散式工業電力和熱力需要。在交通領域，氫燃料電池汽車將與鋰電池汽車平分秋色，共同推動新能源汽車對傳統燃油汽車的替代。在交通領域，將掀起新能源變革浪潮。由於氫燃料電池汽車具有行駛里程長、燃料加注時間短、能量密度高、耐低溫等優勢，在寒冷地區的載重貨運、長距離運輸、公共交通甚至航空航太等領域更具有推廣潛力。

氫氣作為交通動力燃料，其質量比能量的優勢明顯，為142.69MJ/kg，是汽柴油的3倍以上，是車用液化石油氣（Liquefied Petroleum Gas，LPG）和壓縮天然氣（Compressed Natural Gas，CNG）的2倍以上；但從體積比能量看，氫氣沒有優勢，氣態時其體積比能量不到LPG的1/8和天然氣的1/3，液態時其體積比能量不到汽柴油的1/3，LPG和天然氣的1/3。但氫作為燃料的優勢是零碳排放，不同燃料的碳排放見表1-1。

表1-1 不同燃料的碳排放

燃料	煤	輕油	汽油	甲醇	天然氣	氫氣
發熱量/(kJ/g)	33.9	44.4	44.4	20.1	49.8	144.6
CO_2排放量/(g/kJ)	0.108	0.07	0.0697	0.0697	0.055	0

1.2 主要製氫方法

中國主要製氫方法分為四類（表1-2）：①基於煤、天然氣等化石燃料的製氫方法；②以焦爐煤氣、氯鹼尾氣、煉廠氣等為代表的工業副產氫；③基於太陽能發電、風電、水電的電解水製氫；④基於清潔能源的太陽能光解水製氫、生物質製氫、微生物製氫、熱化學循環製氫等新製氫技術。

表1-2 主要製氫方法及其特點

製氫方法	原料	技術路線	技術成熟度
煤製氫	煤炭	煤氣化製氫	成熟
天然氣製氫	天然氣	(1)蒸汽轉化法製氫； (2)甲烷部分氧化法製氫； (3)天然氣催化裂解製氫	(1)蒸汽轉化法製氫：成熟； (2)甲烷部分氧化法製氫：開發階段； (3)天然氣催化裂解製氫：開發階段
工業副產氣製氫	焦爐煤氣、氯鹼副產品、煉廠氣等	變壓吸附法、膜分離	焦爐煤氣製氫和氯鹼副產品製氫：成熟

續表

製氫方法	原料	技術路線	技術成熟度
甲醇製氫	甲醇	(1)甲醇裂解製氫； (2)甲醇蒸汽重整製氫； (3)甲醇部分氧化製氫	(1)甲醇裂解製氫：成熟； (2)甲醇蒸汽重整製氫：成熟； (3)甲醇部分氧化製氫：研發階段
電解(海)水製氫	水	鹼性電解槽(AE)、質子交換膜電解槽(PEM)和固體氧化物電解槽(SOEC)	(1)AE：成熟； (2)PEM：研發示範階段； (3)SOEC：實驗研發階段
光催化分解水製氫	水	利用半導體光催化分解水製氫	實驗研發階段
生物質製氫	生物質	化學法製氫(氣化法、熱解重整法、超臨界水轉化法等)； 生物法製氫(光發酵、暗發酵及光暗耦合發酵等)	實驗研發階段

受資源稟賦、製氫成本等因素影響，煤製氫是中國當前最主要的製氫方法，製氫成本及 CO_2 排放量如表 1-3 所示。在「碳達峰，碳中和」目標的背景下，煤炭製氫技術的發展將受到極大制約。CCUS(Carbon Capture, Utilization and Storage, 碳捕集、利用與封存)技術是當前唯一能夠大幅減少化石燃料電廠、工業過程等終端 CO_2 排放的低碳技術。煤炭製氫結合 CCUS 技術，可將「灰氫」轉變為「藍(低碳)氫」，從而使其符合低碳發展的要求。學者核算了結合 CCUS 技術前後的煤炭製氫碳足跡，不使用 CCUS 時為 $19.42 \sim 25.28 kgCO_2/kgH_2$，使用 CCUS 後為 $4.14 \sim 7.14 kgCO_2/kgH_2$，碳排放量大幅減少，製氫成本增加 39% 左右。中國 CCUS 技術成本在 350~400 元/t。

表 1-3 各種製氫方法成本和 CO_2 排放量

製氫方法	成本/(元/kg)	$kgCO_2/kgH_2$
煤製氫	8.6	19.42~25.28
天然氣重整	13.2	15
天然氣重整+CCUS	14.5	1~5
風電製氫	37.6~38.5	0
太陽能製氫	13.8~16.8	0

1.3 氫能產業政策和前景展望

中國在燃料電池汽車領域開展了氫能應用示範，受燃料電池和氫氣成本的影響，氫能應用成本明顯高於傳統能源。

中國共有幾十個省市陸續發表氫能發展相關政策，主要包括：支持製氫、儲氫、運氫、加氫、關鍵材料、整車等氫能產業鏈技術研發；加大財政補貼及科學研究經費投入，加快加氫站等基礎設施建設；推進公車、重卡車、物流車等示範營運；因地制宜開展工業

副產氫及可再生能源製氫技術方面的應用，加快推進先進適用的儲氫材料產業化。中國政府同步發表了「以獎代補」的資金支持政策，開展中國氫能源示範城市的遴選，對試點城市給予獎勵。由地方統籌用於支持新技術產業化攻關、人才引進、團隊建設以及新技術在燃料電池汽車上的示範應用。

  當前工業領域氫氣生產利用的主要特點為：①使用化石燃料製氫，碳排放高；②主要用於生產化工產品或鋼鐵；③不需長期儲存或對外運輸（極少數應用場景除外）；④低成本；⑤氫氣產品質量依下游需要而定。

  相比於工業氫氣生產利用的方式，未來氫能生產利用的主要特點為：①要求使用可再生能源製氫，以綠氫來實現氫來源無碳化；②能源利用方式以氫燃料電池路線為主，追求過程高效化；③應用領域廣泛，可以用於移動交通領域，可以用於固定用能場景，可以作為工業生產脫碳的工具，還可以作為儲能介質；④基於其製備與應用場景分離、應用廣泛分散的特點，需要考慮氫的近、中、遠途儲運輸問題；⑤用於移動交通領域時，需要建設加氫基礎設施；⑥基於可再生能源本身受自然條件影響大、波動性大等特點，需要考慮綠氫生產與電源、電網、儲能、用戶需要等多方面的銜接；⑦用於燃料電池的氫氣質量要求高，水、總烴、氧、氦、總氮、氫、二氧化碳、一氧化碳、總硫、甲醛、甲酸、總鹵化物等雜質的最大濃度要求非常嚴格；⑧應用初期成本較高，需要通過大幅的技術進步促進成本降低。

  基於上述氫能利用的新特點和新要求，氫能應用必須以技術創新為引領，攻克質量要求高、儲運難、成本高、應用市場需培育等諸多難關，才能真正為能源革命作出貢獻。

  中國氫能利用剛剛起步，既有化石燃料製氫的產業基礎，也面臨綠氫供應、氫儲運路徑選擇、相關基礎設施建設、氫燃料電池技術裝備突破等諸多挑戰。氫能產業發展初期，依託現有氫氣產能就近提供便捷廉價的氫源，支持氫能中下游產業的發展，對降低氫能產業的起步難度具有積極的現實意義。面向未來的發展，當綠氫逐漸成為穩定、足量且低價的氫源時，其在推進工業脫碳過程技術應用中將會發揮更好的作用。

  從實現中國碳中和策略目標來看，在降低高碳能源使用的前提下，在終端應用方面氫能源將發揮重要的作用。隨著氫能製備、儲運和燃料電池等技術的日漸成熟，氫能策略將成為未來全球能源策略的重要組成部分。

習題

1. 簡述中國碳排放面臨的挑戰。
2. 簡要介紹中國主要的製氫方法及各自的特點。

第 2 章　煤製氫

考古發現，中國用煤的歷史至少有六七千年了。從漢代起，中國很多地方已將煤當作燃料。大約在 2000 多年前的古羅馬時代，西方人開始用煤加熱。從 18 世紀末的產業革命開始，煤被廣泛用作工業生產的燃料。

18 世紀中葉，由於工業革命的發展，英國對煉鐵用焦炭的需求大幅增加，英國人發明了煉焦爐，使用煤炭煉焦。煤炭煉焦是在隔絕空氣的情況下將煤炭加熱到 900～1000℃。煤炭受熱發生一系列化學反應，生成焦炭與可燃的揮發性焦爐煤氣。焦爐煤氣的主要成分是氫氣、甲烷和一氧化碳。其中氫氣占 50％～60％（體積分數），甲烷占 23％～27％，一氧化碳占 6％～8％。1792 年，瓦特將焦爐煤氣用於工廠的照明與燃料。煤氣的民用化主要是用於家庭照明及烹飪。之後隨著鋼鐵工業的發展，又出現了高爐煤氣、水煤氣與半水煤氣等。1925 年，中國在石家莊建成了第一座焦化廠，滿足了漢冶萍煉鐵廠對焦炭的需求。1934 年，在中國上海建成擁有直立式乾餾爐和增熱水煤氣爐的煤氣廠，生產城市煤氣。關於焦爐煤氣製氫的內容將在本書的第 8 章進行詳細介紹。本章主要介紹煤的氧化製氫。

煤氣化是以煤炭為能源的化工系統中最重要的核心技術。儘管煤氣化已有 200 多年的歷史，但大型煤氣化技術仍是能源和化工領域的高新技術。截至 2021 年底，中國合成氨產能為 6488 萬 t/a，其中採用煤氣化技術的產能為 3284 萬 t/a，占總產能的 50.6％。中國尿素產能合計 6540 萬 t/a，其中煤氣化技術的尿素產能為 3263 萬 t/a，占總產能的 49.9％。中國甲醇總產能為 9929 萬 t/a，其中煤製甲醇產能為 8049 萬 t/a，占總產能的 81.1％。中國煤製油產能 931 萬 t/a，煤（甲醇）製烯烴產能為 1672 萬 t/a，煤製天然氣產能為 61.25 億 m^3/a，煤（合成氣）製乙二醇產能為 675 萬 t/a。

1950 年代之前，煤氣化技術有了飛速的發展。而在 1950 年代之後，由於石油和天然氣產銷量不斷增長，價格低廉，煤氣化技術的發展比較緩慢。1970 年代石油危機的出現，使工業化國家意識到石油供應的不穩定性，而且石油資源遠不及煤炭豐富。為此，西方工業化國家大量投資開發大規模的煤氣化新工藝。大型煤氣化技術被美國、德國和荷蘭等少數國家壟斷，其他國家與之相比有一定的差距。1950 年代之後，煤氣化工藝有所發展。1980 年代以來，中國的煤氣化工藝突飛猛進，引進了一批國際上先進的水煤漿煤氣化技術。並在煤化工行業得以應用，基本掌握了水煤漿煤氣化技術的製造和運行技術。在中國科技計劃的支持下，通過中國企業、科學研究單位和大學的聯合攻關，已開發出具有自主智慧財產權的水煤漿加壓氣流床氣化技術、乾煤粉加壓氣流床氣化技術和灰熔聚流化床氣化技術。

2.1 煤製氫名詞術語

為便於讀者更好地了解煤製氫工藝過程，先對高頻率名詞術語進行介紹。

2.1.1 與煤相關的術語

(1) 煤的分類

煤的分類研究有很長的歷史。煤的分類可涉及煤的勘探部門、採煤部門、供銷部門及使用部門。中國煤的分類，由技術分類(GB/T 5751—2009《中國煤炭分類》)、商業編碼(GB/T 16772—1997《中國煤炭編碼系統》)和煤層分類(GB/T 17607—1998《中國煤層煤分類》)組成。按照煤化程度由低到高，可分為褐煤、煙煤和無煙煤三大類。

(2) 灰分熔點

灰分熔點是煤灰達到熔融時的溫度，一般分為變形、軟化、熔融和流動 4 個溫度。實際應用中一般考慮的是流動溫度。灰分熔點低有利於氧化在較低的溫度下進行，有利於延長設備使用壽命。它與原料中灰分組成有關，灰分中三氧化二鋁、二氧化矽含量高，灰分熔點高；三氧化二鐵、氧化鈣、氧化鎂、氧化鈉和氧化鉀含量越高，灰分熔點越低。對灰分熔點高的煤有時添加助熔劑，如碳酸鈣，以降低其熔點。

(3) 水煤漿

水煤漿是由約 65% 的煤、34% 的水和 1% 的添加劑通過物理加工得到的一種低汙染、高效率、可管道輸送的代油煤基流體燃料。

2.1.2 相關設備術語

(1) 耐火磚

耐火磚也稱火磚，是用耐火黏土或其他耐火原料燒製成的耐火材料。耐火磚為淡黃色或淡褐色，能耐 1580~1770℃ 的高溫。高質量的耐火磚是爐膛更長壽命的保障。與耐火磚結構相對應的是水冷壁結構。

(2) 燒嘴

燒嘴是煤氣化裝置中的關鍵設備之一。組合燒嘴的結構和運行狀態對氣化爐內煤粉與氣化劑的混合、氣化爐內流場分布起著重要的作用。燒嘴頭部區域所處的工作環境極為惡劣，既受到氣化爐內高溫煙氣的輻射換熱和強制對流換熱的影響，還受到高溫熔渣的沖刷。燒嘴的使用壽命、維護費用是其核心指標。

(3) 秤重式給煤機

秤重式給煤機是與磨煤機配套的關鍵設備，能將煤炭連續均勻地送入磨煤機，通過微機控制系統，在運行過程中完成準確秤量並顯示給煤情況。

(4) 磨煤機

磨煤機是將煤塊破碎並磨成煤粉的機械，是煤粉爐的重要輔助設備。煤在磨煤機中被磨製成煤粉，主要通過壓碎、擊碎和研碎 3 種方式進行。

(5)撈渣機

撈渣機是氣化爐的核心設備，該設備的穩定運行是氣化爐高負荷、長週期運行的基礎。粗渣在渣池內沉澱，由撈渣機內設鏈條、刮板的轉動，連續不斷地將粗渣送至界外。

2.1.3 煤製氫過程的相關術語

(1)水冷壁

水冷壁是鍋爐的主要受熱部分，它由數排鋼管組成，分布於鍋爐爐膛的四周。它的內部為流動的水或蒸汽，外界接受鍋爐爐膛的火焰的熱量。主要吸收爐膛中高溫燃燒產物的輻射熱量，工質在其中做上升運動，受熱蒸發。與水冷壁對應的是耐火磚結構。

(2)低溫甲醇洗

低溫甲醇洗，以冷甲醇為吸收溶劑，利用甲醇在低溫下對酸性氣體(CO_2、H_2S、COS)溶解度極大的優良特性，去除原料氣中酸性氣體的過程。

(3)廢熱鍋爐工藝

廢熱鍋爐工藝的特徵：氣化爐生產的高溫煤氣通過廢熱鍋爐間接換熱降低煤氣溫度，副產高壓或中壓蒸汽。煤氣溫度降至350℃左右進入後序乾法除塵設備。離開合成氣冷卻器的粗煤氣通常夾帶入爐煤總灰量20%~30%的飛灰，經過乾法除塵器和文丘里洗滌器串洗滌塔兩級溼法洗滌處理後，出口煤氣中含灰量小於$1mg/m^3$。

廢熱鍋爐工藝粗煤氣中15%~20%熱能被回收為中壓或高壓蒸汽，總體的熱效率可達到98%。使用廢熱鍋爐的煤氣化流程，適合於發電工藝。此工藝過程比較適合於IGCC專案。廢熱鍋爐工藝流程以Shell煤氣化工藝為代表(圖2-1)。

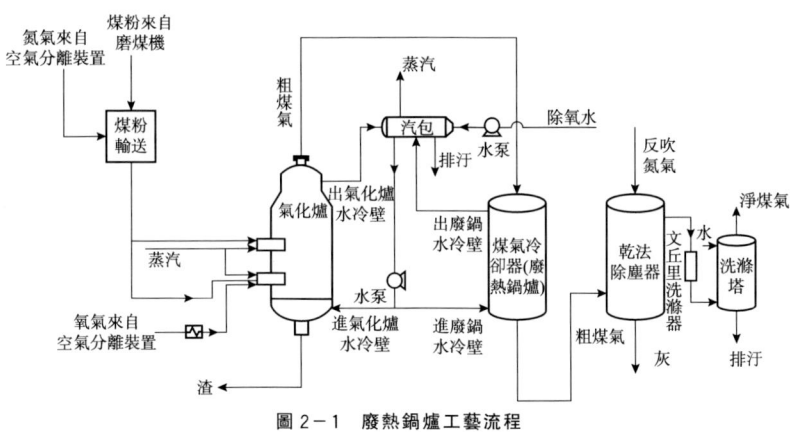

圖2-1 廢熱鍋爐工藝流程

(4)煤氣化激冷工藝

煤氣化激冷流程與廢熱鍋爐的差異體現在合成氣冷卻及粗煤氣淨化的方式上。煤氣的冷卻採用多個噴頭噴淋方式冷卻和除去部分粉塵。在粗煤氣淨化方式上，激冷流程僅採用溼法洗滌對煤氣進行淨化，不用設置乾式除塵器。氣化爐出口煤氣送至激冷罐，經過水激

冷和除塵後，溫度降至210℃左右，進入洗滌工序。從激冷罐出來的含飽和水蒸氣的合成氣進入文丘里洗滌器。出文丘里洗滌器的合成氣進入洗滌塔下部。出洗滌塔的合成氣水氣比可根據需要進行控制，一般控制在1.0～1.4，最終達到合成氣含塵量小於1mg/m³。激冷流程適合於煤化工。激冷流程以GSP煤氣化工藝為代表（圖2－2）。

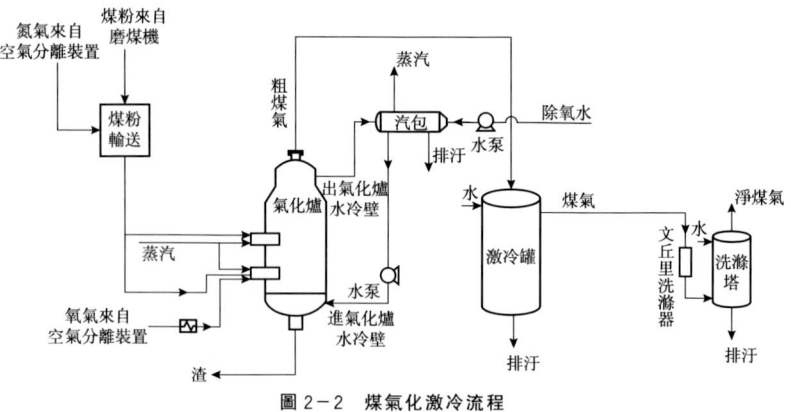

圖2－2　煤氣化激冷流程

(5)IGCC

IGCC(Integrated Gasification Combined Cycle)整體煤氣化聯合循環發電系統，是將煤氣化技術和高效的聯合循環相結合的先進動力系統。它由兩大部分組成，即煤的氣化與淨化部分、燃氣－蒸汽聯合循環發電部分。

(6)空分裝置

空分裝置是用來把空氣中的各氣體組分分離，分別生產氧氣、氮氣、氬氣等氣體的裝置。

(7)文丘里洗滌器

文丘里洗滌器是指由文丘里管凝聚器和除霧器組成的一種溼式除塵器。根據文氏管喉管供液方式的不同，可分為外噴文氏管和內噴文氏管。文丘里洗滌器具有體積小、構造簡單、除塵效率高等優點，其最大缺點是壓力損失大。

(8)CCUS

CCUS(Carbon Capture, Utilization and Storage)是指碳捕集、運輸、利用與封存技術。

2.2　煤製氫工藝過程

煤製氫工藝過程是煤通過煤氣化工藝將煤和水蒸氣轉化為合成氣(H_2＋CO)，合成氣經過CO變換工藝、淨化和去除CO_2工藝得到H_2的過程。煤氣化是煤製氫工藝過程的關鍵環節，本節重點講述煤氣化過程。

煤氣化過程是十分複雜的熱化學反應過程，其本質是通過煤炭氣化的方式將煤轉化為合成氣(R1)，後續再進行煤化工下游產業鏈的加工生產。主要發生式(2－1)～式(2－13)系列反應：

煤的燃燒反應：$C_mH_nS_r+m/2O_2 \Longrightarrow mCO+(n/2-r)H_2+rH_2S+Q$ (2-1)

$C_mH_nS_r+(m+n/4-r/2)O_2 \Longrightarrow (m-r)CO+nH_2O+rCOS+Q$

(2-2)

煤的裂解反應：$C_mH_nS_r \Longrightarrow (n/4-r/2)CH_4+(m-n/4-r/2)C+rH_2S-Q$ (2-3)

碳的不完全燃燒反應：$2C+O_2 \Longrightarrow 2CO-Q$ (2-4)

碳的完全燃燒反應：$C+O_2 \Longrightarrow CO_2+Q$ (2-5)

非均相水煤氣反應：$C+H_2O \Longrightarrow H_2+CO-Q$ (2-6)

$$C+2H_2O \Longrightarrow 2H_2+CO_2-Q \quad (2-7)$$

甲烷轉化反應：$CH_4+H_2O \Longrightarrow 3H_2+CO-Q$ (2-8)

逆變換反應：$H_2+CO_2 \Longrightarrow H_2O+CO-Q$ (2-9)

還可能發生以下副反應：$COS+H_2O \Longrightarrow H_2S+CO_2$ (2-10)

$$C+O_2+H_2 \Longrightarrow HCOOH \quad (2-11)$$

$$N_2+3H_2 \Longrightarrow 2NH_3 \quad (2-12)$$

$$N_2+H_2+2C \Longrightarrow 2HCN \quad (2-13)$$

世界正在應用和開發的煤氣化技術有數十種，氣化爐型也是多種多樣。所有煤氣化技術都有一個共同的特徵，即氣化爐內煤炭在高溫條件下與氣化劑反應，使固體煤炭轉化為氣體燃料，剩下的含灰殘渣排出爐外。氣化劑主要為水蒸氣和氧（純氧或空氣），粗煤氣的成分主要是CO、H_2、CO_2、CH_4、N_2、H_2O，還有少量硫化物等其他微量成分。各種煤氣的組成和熱值，取決於煤的種類、氣化工藝、氣化壓力、氣化溫度和氣化劑的組成。煤氣化的全過程熱平衡說明整體氣化反應是吸熱的，因此必須給氣化爐供給足夠的熱量，才能保持煤氣化過程的連續進行。一般需要消耗氣化用煤發熱量的$15\%\sim35\%$。

煤氣化分類無統一標準，有多種分類方法。按氣化爐供熱方式可分為外熱式（間接供熱）和內熱式（直接供熱）兩類；按煤氣熱值可分為低熱值煤氣（$<8340kJ/Nm^3$）、中熱值煤氣（$16000\sim33000kJ/Nm^3$）和高熱值煤氣（$>33000kJ/Nm^3$）三類；按煤與氣化劑在氣化爐內運動狀態可分為固定床（移動床）、流化床和氣流床三類；這是比較通用的分類方法；此外，還有按氣化爐壓力、氣化爐排渣方式、氣化劑種類、氣化爐進煤粒度和氣化過程是否連續等進行分類。

2.2.1 固定床工藝流程

固定床氣化也稱移動床氣化。固定床一般以塊煤或煤焦（粒徑$10\sim50mm$）為原料。煤由氣化爐頂加入，氣化劑由爐底送入。流動氣體的上升力不致使固體顆粒的相對位置發生變化，即固體顆粒處於相對固定狀態，床層高度基本上維持不變，因而稱為固定床氣化。另外，從宏觀角度來看，由於煤從爐頂加入，含有殘炭的灰渣自爐底排出，氣化過程中，煤粒在氣化爐內逐漸並緩慢往下移動，因而又稱移動床氣化。固定床氣化的特性是簡單、可靠，同時由於氣化劑與煤逆流接觸，氣化過程進行得比較完全，且使熱量能得到合理利用，因而具有較高的熱效率。可以使用劣質煤氣化。加壓氣化生產能力高，耗氧量低。不足之處是固定床氣化只能以不黏塊煤為原料，不僅原料昂貴，氣化強度低，而且氣—固逆

流換熱，粗煤氣中含酚類、焦油等較多，使淨化流程加長，增加了投資和成本。傳統常壓固定床煤氣化工藝具有單爐生產能力小、氣化效率低、「三廢」量大、碳轉化率低、操作和管理煩瑣等缺點，不適合大型化裝置。

固定床氣化是最早開發實現工業化生產的氣化工藝。常壓固定床煤氣化工藝分為間歇氣化和富氧連續氣化。以塊狀無煙煤或焦炭為原料，以空氣(或富氧)和水蒸氣為氣化劑，在常壓下生產合成原料氣或燃料氣。氣化爐大致可分為乾燥層、乾餾層、氣化層(還原層)、燃燒層(氧化層)和灰渣層 5 個層區。各層之間並沒有嚴格的界線，即沒有明顯的分層。各層的高度除與氣化爐結構、氣化爐的操作條件有關外，還與燃料的種類及性質有關。固定床工藝有 UGI 爐[以美國聯合氣體改進公司(United Gas Improvement Company)名稱命名]、魯奇(Lurgi)爐、賽鼎爐、BGL 爐(British Gas Lurgi)。

1. UGI 爐

UGI 爐是一種固定床間歇式氣化爐。UGI 爐通常採用無煙煤或焦炭作原料，以空氣中的氧氣作氣化劑，氣化溫度不高，產品為煤氣、半水煤氣或水煤氣，採用間歇氣化操作方式。

UGI 爐的優點是設備結構簡單，投資低，生產強度低；缺點是產能低，熱效率不高，產品氣體中 CO 和 H_2 含量不足 70%。裝置難以大型化，單爐的半水煤氣發生量不到 12000Nm^3/h。採用間歇氣化操作方式，有效製氣時間短。生產過程中會產生大量含氰廢水，渣中含碳量高等。UGI 爐基本處於被淘汰的狀態。

2. 魯奇爐

魯奇(Lurgi)碎煤加壓氣化爐是世界上最早工業化的煤加壓氣化技術。西德魯奇公司於 1936 年建立了第一套加壓氣化裝置。魯奇爐先後經歷了第一代爐型(1930－1954 年)，第二代爐型(1952－1965 年)，第三代爐型(1969－1974 年)。第四代爐型(1974 年至今) (表 2－1)。第四代爐型大大提高了氣化能力，擴大了煤種應用範圍，以滿足現代化大型工廠的需求。爐內徑 3.8m，採用雙層夾套外殼，內壁不襯耐火磚，爐內設有轉動的煤分布器及攪拌器，轉動爐算採用寶塔型結構，多層布氣，氣化能力為 50000～55000Nm^3/h 粗煤氣。世界範圍內主要建設、運行的是第四代爐型。

表 2－1　碎煤加壓氣化爐各發展階段主要技術特性

項目	第一代	第二代	第三代	第四代
年代	1930－1954	1952－1965	1969－1974	1974 至今
適用煤種	非黏結性褐煤	弱黏結性煤	除強黏結性煤	除強黏結性煤
氣化爐內徑/mm	2600	2600/3700	3800	5000
單爐產氣量/(Nm^3/h)(乾基)	5000～8000	1400～17000/32000～45000	3500～55000	75000
氣化強度/[Nm^3/(h·m^2·臺)](乾基)	1500	1400～1700/3100～3900	3500～4500	4000

魯奇碎煤加壓氣化技術的關鍵設備為 FBDB(Fixed Bed Dry Bottom，固定床乾底)氣化爐，俗稱魯奇爐。魯奇碎煤加壓氣化技術是以碎煤為原料的氣化工藝，以水蒸氣和氧氣為氣化劑，在 950～1300℃ 的溫度下氣化，煤氣中的 CH_4 及有機物含量較高，煤氣的熱值高，在中國城市煤氣生產中受到廣泛重視。

其主流程是：氣化爐→洗滌冷卻器→廢熱鍋爐。氣化爐裝置由煤斗、煤鎖供煤溜槽、煤鎖、帶內件的氣化爐、灰鎖、灰斗 6 大部分組成，如圖 2－3 所示。在實際加壓氣化過程中，原料煤從氣化爐的上部加入，在爐內從上至下依次經過乾燥、乾餾、半焦氣化、殘焦燃燒、灰渣排出等物理化學過程。離開氣化爐的粗煤氣溫度為 650～700℃，流經洗滌冷卻器後，立即被煤氣水激冷至≤200℃。然後粗煤氣從集水槽的上面進入廢熱鍋爐，通過一束垂直列管被冷卻至 180～190℃，回收煤氣中的大量顯熱。

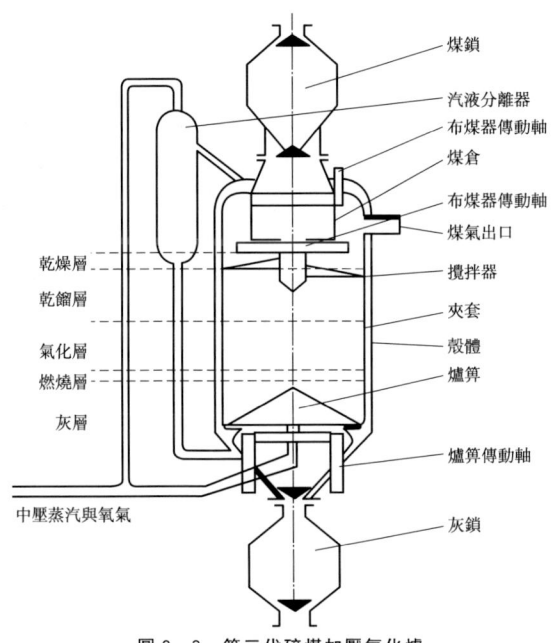

圖 2－3 第三代碎煤加壓氣化爐

加壓固定床氣化爐在高於大氣壓力下進行煤的氣化操作，採用的原料粒度為 6～50mm。以氧氣和水蒸氣為氣化劑，隨著氣化壓力的提高，氣化強度大幅提高，煤氣的熱值增加。魯奇碎煤加壓氣化技術由於其原料適應範圍廣，商業運行經驗豐富，是世界上建廠數量較多的煤氣化技術。(中國)國產化率高，在中國煤氣行業也有較多的使用。魯奇爐生產的合成氣中甲烷含量高(8%～10%)，廢水中含焦油和酚等物質。需要設置廢水處理及回收裝置、甲烷分離裝置。生產流程長，投資大。若是用於多聯產則有優勢(氣體組成和物耗見表 2－2、表 2－3)。

表 2-2　碎煤加壓氣化爐組分

組分	CH$_4$	H$_2$	C$_n$H$_m$	CO	CO$_2$	O$_2$	N$_2$+Ar	H$_2$S
v%	10.2	39.3	0.73	16.72	32.1	0.4	0.45	0.1

表 2-3　碎煤加壓氣化爐物耗

耗氧	蒸汽耗	煤氣產率
0.154Nm^3/Nm^3(淨煤氣)	1.03kg/Nm^3(淨煤氣)	0.71Nm^3/kg(淨煤氣)
0.207Nm^3/kg 煤	1.41kg/kg 煤	1329Nm^3/t 煤

對於乾法排渣的氣化爐來說，氣化爐最高溫度區(氧化區)低於煤的軟化溫度，煤在爐內從上至下溫度逐步升高。在乾餾層，煤的揮發分基本全部乾餾出來進入氣相，乾餾的過程與煉焦相當，乾餾氣組分與焦爐煤氣相似，從而煤氣中有機物含量高。與氣流床熔渣爐相比，煤在爐內經歷的整個過程溫度都較低，氣化過程水蒸氣分解率低，煤中有機物質分解不徹底，因而煤氣成分複雜。隨之而來的問題是煤氣淨化流程長，煤氣水量大且成分複雜。因此，對煤氣水的處理和回用，以及有效地控制煤氣水對環境的污染，煤氣水處理系統就成了整個生產工藝中必不可少的組成部分。

操作條件對氣化結果有一定的影響：①提高壓力，有利於甲烷的生成，可提高煤氣的熱值；②提高氣化反應溫度，有利於 H$_2$ 和 CO 的生成，提高有效氣含量，但操作溫度的高低取決於煤的灰分熔點(T$_2$ 軟化溫度)，受煤種灰分熔點的制約。

煤種對煤氣組分和產率有一定的影響：①揮發分越高的煤，乾餾組分在煤氣中占的比例越大。由於乾餾氣中的甲烷比氣化段生成的甲烷量要大，越年輕的煤種，氣化後煤氣中的甲烷含量越高。年輕煤種的半焦活性高，氣化層的溫度較低，這樣有利於有機物的生成。煤種越年輕，產品氣中甲烷和 CO$_2$ 呈上升趨勢，而 CO 呈下降趨勢。②煤中揮發分越高，轉變為焦油等有機物就越多，轉入焦油中的碳越多，進入真正氣化區生成煤氣的碳量就相對較少，煤氣產率相對較低。

碎煤加壓氣化中產生不少副產物，具體如下。

(1)硫化物

煤中的硫化物在加壓氣化時，一部分以硫化氫和各種有機硫形式進入煤氣中。一般煤氣中的硫化物總量占原料煤中硫化物總量的 70%～80%，煤越年輕，合成氣中的有機硫含量越高，對煤氣淨化中硫的去除越困難。

(2)氨

在通常操作條件下，煤中的氮有 50%～60%轉化為氨，氣化劑中的氮也有約 10%轉化為氨，氣化溫度越高，煤氣中的氨含量就越高。

(3)焦油、輕油和有機物

一般煤的變質程度由淺到深，其所產合成氣中的焦油及有機物含量也由高到低。與高溫乾餾焦油(焦化焦油)相比，加壓氣化焦油比重較輕，烷烴、烯烴含量高，酚類含量也高。褐煤的焦油產率一般在 2%～5%。煤種不同，所產焦油的性質也不同，一般隨著煤的

變質程度增加，其焦油中的酸性油含量降低，瀝青質增加，焦油的比重增大。

碎煤加壓氣化有以下優點：①原料適應範圍廣，不黏結或弱黏結性、灰分熔點較高的褐煤或活性好的次煙煤、貧煤等多煤種可作為其氣化原料；②氣化壓力較高，氣流速度低，可氣化較小粒度的碎煤（粒度為 5~50mm）；③可氣化水分、灰分較高的劣質煤；④氣化年輕的煤時，可以得到有價值的焦油、輕質油及粗酚等多種副產品；⑤在各種採用純氧為氣化劑的氣化工藝中耗氧最低；⑥（中國）國產化率高，可達到 100%，投資省；⑦粗合成氣中甲烷及有機物含量較高，煤氣的熱值高，最適合作燃料氣。

碎煤加壓氣化與氣流床加壓氣化工藝（如水煤漿、Shell 及 GSP 氣化工藝）相比，主要存在以下不足：①單爐能力相對較小，第三代氣化爐的生產能力為 35000~55000Nm³/h，操作複雜，運行人工費用高。②蒸汽消耗高，氣化操作溫度受煤的灰分熔點限制，需大量蒸汽來避免爐內超溫，相對較低的爐溫導致蒸汽分解率降低，需要煤氣水處理裝置能力大。③氣化爐結構複雜，有煤分布器和爐箅等轉動設施，特別是所處環境較為惡劣，降低了氣化爐連續長週期運轉的可靠性。④粗煤氣淨化複雜，由於氣化系統操作溫度相對較低，煤氣中粉塵和焦油含量相對較高，雖經多級處理，但後續系統的設備、管道堵塞問題仍然突出。首先是對變換的催化劑的影響，粗煤氣的成分不能滿足甲醇合成 H_2/CO 的比例要求，必須設置變換裝置來調整煤氣組分，煤氣中的煤塵和焦油將附著在催化劑上，變換爐床層阻力增加，同時降低催化效率，直到無法正常運行；其次是對低溫甲醇洗的影響，輕油在低溫甲醇洗過程中冷凝，進入甲醇液中累積。因此，在低溫甲醇洗系統內必須增設除油和油分離設施，增加了系統的複雜性。⑤環境保護方面，由於操作溫度相對較低，氣化過程水蒸氣分解率低（<40%），煤中有機物質分解不徹底，隨之而來的問題是煤氣水量巨大且成分複雜。因此，對煤氣水的處理和回用，有效地控制煤氣水對環境的汙染，煤氣水處理系統就成了整個生產工藝中必不可少的組成部分。雖然採取煤氣水分離、酚回收、氨回收及生化處理等措施，但使廢水達到排放標準仍非常困難。總之，環保問題是碎煤加壓氣化技術最難解決的問題；氣化工段排水量大，且含有高濃度的揮發性酚、多元酚、氨氮等組分，無法直接進汙水處理裝置，需要先進行酚、氨回收。經回收後的排放汙水中 COD_{Cr}、BOD_5、酚、氨氮、油等各類汙染物質濃度仍很高，僅靠生化處理手段無法達標排放，還需要增加物化處理的手段。汙水處理部分的流程長，投資、運行費用高。⑥操作彈性小，氣化劑通過寶塔型爐箅入爐，爐布風主要依靠爐箅，而爐箅的孔隙率一定，為使爐膛內布風均勻，氣化劑的入爐量必須相對穩定。⑦操作管理要求嚴格，對操作工的技術水準要求較高。首先要求供應的煤質穩定，如果煤中可燃成分、機械強度、熱穩定性等指標有較大變化，可能使氣化爐內料層阻力和阻力分布發生變化，氣流分布不均，造成料層內局部過熱、結渣，引起氣化反應條件惡化。

2010 年以來，魯奇公司開發的第四代 FBDB 氣化爐 Mark＋，增加了氣化爐的生產能力（為 Mark4 的 2 倍）；增加設計壓力為 6MPa，以保證氣化過程更好的經濟性。繼承了 Mark4 操作上獲得的改進，可氣化低到高階煤、不黏煤或黏結煤，還包括生物質和各種廢物氣化。

3. 賽鼎爐

賽鼎工程有限公司開發出了「賽鼎爐」。該公司開發的 φ3.8m、壓力 4.0MPa 碎煤加壓氣化爐，先後應用於內蒙古大唐克什克騰煤製天然氣專案和新疆慶華煤製天然氣專案，以及其他在建的煤製氣、合成氨、甲醇等專案。

賽鼎爐的工藝特點如下：有效氣體 CO＋H_2 含量低，一般在 65％左右，相比水煤漿爐、粉煤爐有效氣體高達 90％以上，差距巨大。因氣化爐氣化反應在灰分熔點以下，反應溫度低，一般在 1200～1400℃，固態排渣。導致水蒸氣分解率低，廢水量大，甲烷含量高，有效氣體低。同時因屬於固體移動床反應，反應床層存在乾餾層、乾燥層，導致粗煤氣產物中含有大量像煉焦工藝一樣產生的焦油、苯、酚、油類等高分子量有機物。

賽鼎爐的一大技術優勢是可以氣化特高的抗碎強度、特低的哈氏可磨指數，以及 1500℃以上的高灰分熔點的山西晉城無煙煤。

4. BGL 爐

BGL(British Gas Lurgi)固定床液態排渣加壓氣化技術，由英國煤氣公司與德國魯奇能源與環境公司合作開發。可將 BGL 氣化爐理解為是碎煤加壓氣化乾灰式氣化爐的改進型，即液體排渣型移動床氣化爐。氣化過程與碎煤加壓氣化相近，區別在於燃燒區的操作溫度，碎煤加壓氣化是乾法排渣，控制該溫度低於煤渣的軟化溫度；而 BGL 採用液態排渣工藝，控制該溫度高於煤渣的流動溫度。煤在爐內自上而下經歷乾燥段、乾餾段、還原段、氧化段，最後煤渣以液態形式排出氣化爐反應段。在氣化爐的下部設有 4～6 個噴嘴，水蒸氣和氧的混合物以 60m^3/s 的速率由噴嘴噴入燃料層的底部，可在噴口周圍形成一個處於擾動狀態的燃燒空間，維持爐內的高溫，高溫使灰熔化，並供熱用於煤氣化反應。液態灰渣排到爐底渣池裡，然後自動排入渣箱上部的液渣激冷裝置。用循環激冷水冷卻，激冷室內充水 70％，由排渣口下落的液態渣淬冷形成玻璃態熔渣固體，在激冷室內達到一定量後，卸入渣箱內，並定時排出爐外。圖 2-4 所示為 BGL 氣化爐示意，圖 2-5 所示為 BGL 氣化爐氣化工藝流程。

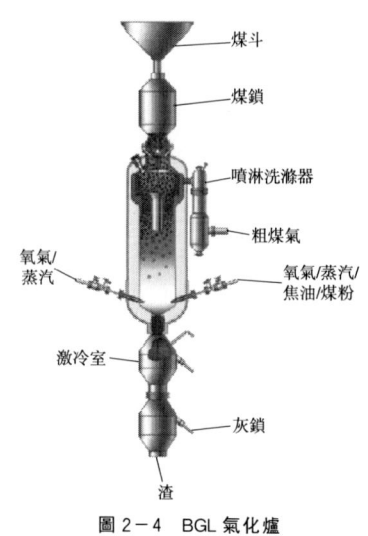

圖 2-4　BGL 氣化爐

BGL 氣化可以石油焦、無煙煤、煙煤等煤炭作為原料，具有冷煤氣效率高、碳轉化率高等方面的優勢，其產生的煤氣利用價值高，能滿足工業燃氣需要。

BGL 氣化操作壓力約為 2.5MPa，氣化強度比魯奇加壓氣化爐高。1990 年代中後期，在德國東部德勒斯登附近的黑水泵煤氣化廠建設了 1 臺內徑 3.6 公尺的 BGL 氣化爐，與 3 臺同爐徑魯奇Ⅳ型加壓氣化爐並聯交替使用(用 3 臺魯奇爐作為單臺 BGL 爐的備用爐)，氣化採用當地劣質褐煤製成的型煤與固體廢料混合的投料，生產合成氣，為大型發電廠提供燃料氣和為甲醇生產提供原料氣(表 2-4、表 2-5)。

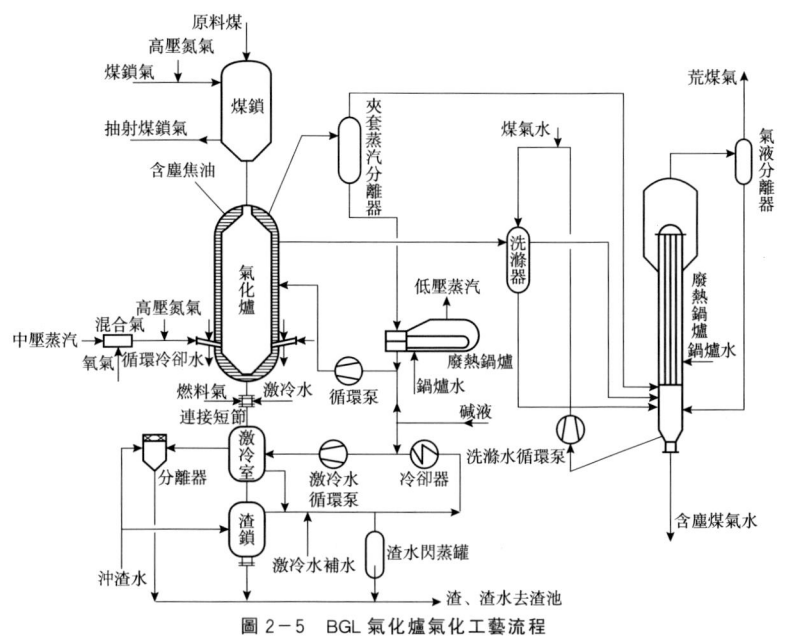

圖 2-5 BGL 氣化爐氣化工藝流程

表 2-4 BGL 氣化爐操作參數

處理能力/(t/h)	加料頻率/(次/h)	產氣量/(Nm³/h)	壓力/bar	溫度/℃
35	6～9	35000	25	1600

耗氧量/(Nm³/h)	蒸汽用量/(t/h)	產渣量/(t/h)	出氣化爐溫度/℃	水洗後溫度/℃
6000	6～9	7.5	500～700	<200

表 2-5 BGL 氣化技術合成氣組成

組成	體積分數/%	組成	體積分數/%
H_2	28	C_2H_4	0.1
CO	56	C_3H_8	<0.05
CO_2	2.8	C_3H_6	<0.05
CH_4	6	$i-C_4H_{10}$	<0.01
N_2	6	$n-C_4H_{10}$	<0.01
O_2	0.1	H_2S	0.3
C_2H_6	0.4	芳烴	0.3

BGL 熔渣氣化爐的操作工藝和爐體結構與魯奇爐相似，主要差別在於爐底排渣部分。其對魯奇爐的改造主要包括：①取消轉動爐箅系統；②渣口下增加激冷室；③增加有關的水路冷卻系統；④爐內增加耐火襯裡。操作時通過調節供入燃燒區蒸汽和氧氣量來控制燃

燒區溫度,以實現液態排渣。

通過提高操作溫度,提高了碳的轉化率,同時,蒸汽分解率也大大提高,減少了氣化產生的廢水量。當使用高灰分熔點的煤時,可以加入一定的助熔劑,以確保灰渣流動性,使它能順利流入激冷室,被水淬冷後通過渣鎖斗煤斗排出。

BGL固定床液態排渣氣化主要特點如下:①具有碎煤加壓氣化爐的特點,原料煤與產品氣逆流接觸並傳熱質傳,出爐氣體溫度低,爐膛內熱利用率高,原料煤入爐後,逐步受熱被乾燥、乾餾等,產出高附加值的焦油、酚等副產品,原料適應性寬;②BGL氣化區溫度在1300～1600℃範圍,較魯奇爐大幅度提高了氣化率、成倍提高了氣化強度,同時將蒸汽使用量減少到魯奇爐消耗量的10%～15%,蒸汽分解率超過90%;③較少的蒸汽加入量和較高的分解率,使煤氣中的剩餘水蒸氣很少,氣化單位質量的煤所生成的溼粗煤氣體積遠小於固態排渣,因而煤氣氣流速度低,帶出物減少,在相同帶出物條件下,液態排渣氣化強度大幅提高;④爐體下部的特殊排灰機構,取消了固態排渣爐的轉動爐蓖,使氣化爐內部結構更簡單,改變了布風方式,提高了單爐的氣化爐調節生產負荷的靈活性;⑤加入水蒸氣量少,水蒸氣分解率高,使得粗煤氣中的水蒸氣含量大幅下降,冷凝液減少。因此,煤氣水分離、氨酚回收、汙水處理等裝置的水處理量大為減少,僅為碎煤加壓氣化固態排渣的1/4～1/3。

BGL存在的主要不足有:①BGL在繼承碎煤加壓氣化技術優點的同時,也繼承了其某些缺點。如對原料的粒徑要求、熱穩定性要求等;粗煤氣中有機物含量較高,煤氣淨化系統較為繁雜;汙水處理困難等,環保問題未得到解決。②與氣流床熔渣氣化爐相似,希望煤的灰分熔點盡可能低,煤的灰分熔點稍高,可通過添加助熔劑來解決;但太高的灰分熔點的煤不宜作為該氣化技術的原料。③中國的成功運行裝置還較少,工程經驗也較少。

2.2.2 流化床工藝流程

Winkler首先把流態化技術應用於細粒煤的氣化,第一座採用Winkler氣化工藝的商業化工廠於1926年建於德國。

流化床煤氣化又稱沸騰床煤氣化,它是以小顆粒(小於10mm)煤為氣化原料,小顆粒煤在自下而上的氣化劑的作用下,保持連續不斷地、無秩序地沸騰和懸浮狀態運動,迅速地進行混合和熱交換,促使整個床層溫度和組成均一,並使氣、固兩相呈流化態,煤與氣化劑在一定溫度和壓力條件下反應生成煤氣。

流化床煤氣化工藝有U-gas(Utility-gas)氣化技術、恩德爐、灰熔聚氣化技術、灰黏聚氣化技術、高溫溫克勒氣化技術、KBR(Kellogg, Brown and Root)輸運床氣化爐等。流化床氣化壓力低、單爐生產能力小、氣化效率低、煤氣中塵含量高、渣中殘碳高、碳轉化率低,不適合大型化裝置。

(1)U-gas氣化技術

美國SES公司的U-gas流化床煤氣化工藝屬於灰團聚氣化法。U-gas氣化爐是一個單段流化床氣化爐(圖2-6)。氣化爐主體帶有兩個旋風分離器的粉煤流化床。氣化爐是一個直立的圓筒體,分為上下兩段,上部的直徑較大,氣流速度較低,氣流中含有尚未完

全氣化的焦粉和半焦粉，與下部相比，顆粒濃度較低，稱為稀相段，此處是氣化產生的焦油和輕油進行裂解的主要場所；下部的直徑較小，氣速較高，顆粒較大的粉煤、粉焦和灰渣都集中在這裡，形成流化床的濃相段。原料煤被輸送到濃相段，這裡是氣化反應發生的主要場所。

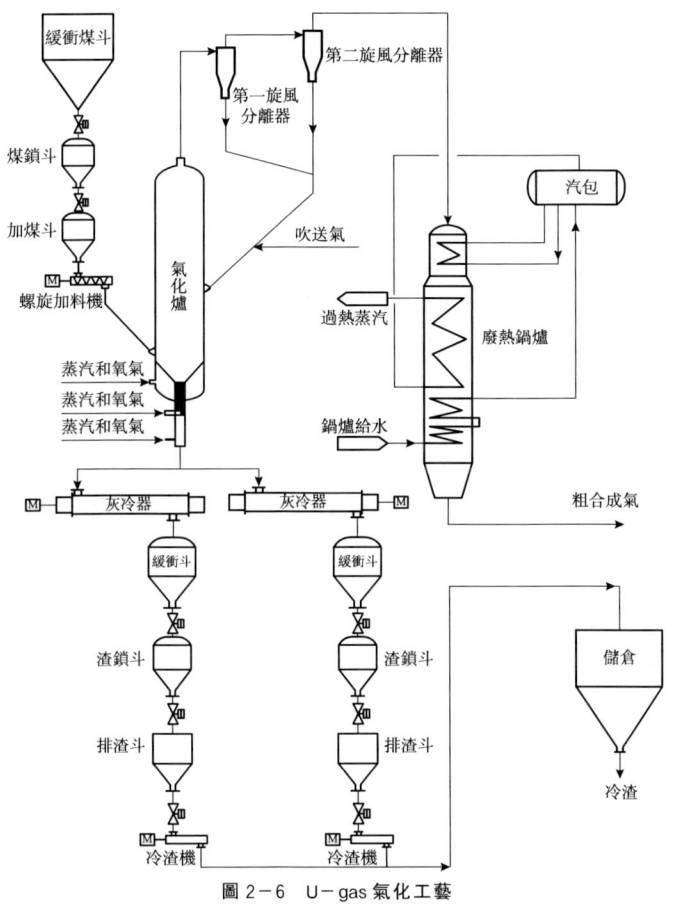

圖2-6 U-gas氣化工藝

U-gas在灰分熔點的溫度下操作，使灰黏聚成球，可以選擇性脫去灰塊。該氣化爐對原料煤有一定要求。當用煙煤時，粒度要求在0~6.35mm，氣化溫度在1000~1100℃。屬流化床加壓氣化，有效氣體CO+H_2達到37.1%，CH_1 3.4%，碳轉化率為96.07%，空氣耗為2.8~3.3kg/Nm^3（淨煤氣）、蒸汽耗為0.4~0.6kg/Nm^3（淨煤氣）、灰渣含碳為5%~10%，煤氣熱值為5860kJ/m^3。工藝煤粉在氣化爐內被從底部高速進入的氧化劑氧氣（或富氧）、空氣和水蒸氣流化，使床層的煤粒、灰粒沸騰起來，在1000℃高溫下發生煤的乾燥、乾餾、燃燒和熱解，水蒸氣被分解，並與碳發生還原反應，最終達到氣化。U-gas氣化爐在氣化床下部設有灰黏聚分離裝置，爐內形成局部高溫區，使灰渣在高溫區內

• 17 •

相互黏結，團聚成球，藉助重量的差異達到灰球和煤粒的分離，降低灰含碳量，提高碳的利用率。

U－gas 氣化技術的特點：①煤種適應範圍廣，適合褐煤、煙煤、無煙煤、焦粉等多種原料煤的氣化，且適合低成本的高灰煤、高硫煤、高灰熔融點、低活性煤、石油焦和其他「低價值」碳氫化合物的氣化。並且允許原料煤中含有一定範圍內的細粉，可接納10%小於200目(0.07mm)的煤粉。對煤的灰分熔點沒有特殊要求，可最大限度地因地制宜、原料本地化。有利於劣質資源的利用，提高資源利用率和利用範圍，具有良好的經濟效益和社會效益。②氣化爐內部結構簡單，為單段流化床，爐體內部無轉動部件，容易製造和維修，設備可以(中國)國產化，裝置投資少。③氣化爐內中心高溫區使灰渣熔融團聚成灰球，使煤粉和灰球有效分離，從而提高了碳的轉化率，降低了灰渣中的含碳量。④水蒸氣從分布板進入氣化爐，形成一個相對低溫區域，可以有效地避免爐內結渣現象的發生。⑤煤氣中夾帶的飛灰經第一、第二級旋風分離器回收，並通過料腿返回爐內再次進行燃燒、氣化，進一步提高了碳的轉化率。⑥煤氣中幾乎不含焦油和烴類，洗滌廢水含酚量低，淨化簡單，無廢氣廢水排放，是一種環保型氣化爐。⑦床層溫度高，碳轉化率高，氣化強度高，氣化強度是一般固定床氣化爐的3～10倍，氣化爐操作控制方便，運行穩定、可靠。⑧氣化爐出口溫度適中，煤氣中的顯熱經廢熱系統回收，產生蒸汽，提高了熱效率，降低了煤氣溫度，減少了後續系統的冷卻水用量。⑨灰渣含碳量低(<10%)，可用作建材等，煤氣化效率可達到75%以上。⑩煤中所含硫可全部轉化為 H_2S，容易回收，簡化了煤氣淨化系統，有利於環境保護。⑪裝置操作彈性高，增減負荷運行幅度可高達70%。⑫與熔渣爐(Shell)相比，氣化溫度低得多，耐火材料使用壽命可達到10年以上。

(2) 灰熔聚流化床粉煤氣化技術

灰熔聚流化床粉煤氣化技術是由中科院山西煤炭化學所開發的具有自主智慧財產權的煤氣化技術。該氣化技術具有煤種適應性廣、投資較小的優點。其適用煤種從高活性褐煤、次煙煤擴展到煙煤、無煙煤。

灰熔聚流化床粉煤氣化技術是根據中心射流原理設計的獨特的氣體分布器和灰團聚分離裝置。其中心射流區形成床內局部高溫區，促使灰渣團聚成球，並藉助灰渣自身重量的差異實現灰團與半焦的分離。灰熔聚流化床粉煤氣化裝置分為進煤系統、供氣系統、氣化系統、排渣系統、除塵和細粉返回系統、廢熱回收系統和煤氣冷卻七大系統。

灰熔聚流化床粉煤氣化以小於6mm碎煤為原料，以空氣、富氧或氧氣為氧化劑，水蒸氣或 CO_2 為氣化劑，在適當的氣速下。使床層中粉煤沸騰，床中物料強烈返混，氣固二相充分混合、溫度均一，在部分燃燒產生的高溫(950～1100℃)下進行煤的氣化。煤在床內一次實現破黏、脫揮發分、氣化、灰團聚及分離、焦油及酚類的裂解等過程。

灰熔聚流化床粉煤氣化工藝(圖2－7)有效氣體 $CO+H_2$ 達到40.3%，CH_4 達到2.3%。碳轉化率為90.6%，富氧/煤0.59，蒸汽/煤0.9，灰渣含碳8.2%，煤氣熱值為9120kJ/m³。在工藝裝置方面，含 $H_2O>8$% 的原煤入爐易堵塞，操作溫度波動大。乾燥到5%以下才適應。由於選用煤粒太細，小於1mm的占35%～40%，細粉易被帶到煤氣洗滌水中，造成碳損失大，要求煤粒度小於1.0mm的應控制在20%以下。

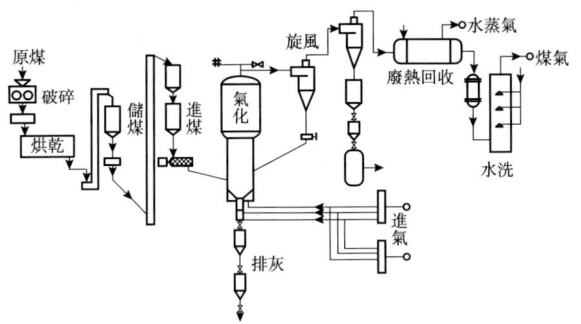

圖2-7 灰熔聚流化床粉煤氣化工藝流程

(3) 灰黏聚循環流化床粉煤氣化技術

灰黏聚循環流化床粉煤氣化技術是由陝西秦晉煤氣化工程設備有限公司、陝西秦能天脊科技有限公司研究開發的具有中國自主智慧財產權的煤氣化技術。

一般流化床煤氣化爐不能從床層中排出低碳灰渣。這是因為要保持床層中高的碳灰比和維持穩定的不結渣操作，流化床內必須混合良好。因此，排出的灰渣組成與爐內混合物料組成基本相同，故排出的灰渣碳含量較高(15%～20%)。若提高流化床層內局部區域溫度，就可促使煤中的灰分在軟化點(Softening Point Temperature, ST)而未熔融的狀態下，相互碰撞黏結成含碳量較低的灰球，從而有選擇地排出爐外。與固態排渣相比，降低了灰渣中的殘碳量；而與液態排渣相比，減少了灰渣帶走的顯熱損失，從而提高了氣化過程中碳的利用率。

灰黏聚循環流化床粉煤氣化工藝與一般流化床氣化工藝的不同之處在於：爐內設置了中心管，利用富氧度高的氣化劑形成中心高溫區。使爐渣在中心高溫區內黏聚成灰球；氣化爐底部設置了灰的黏聚分離裝置，藉助重量差異將煤粉與灰球分離，從而達到選擇性排灰的目的。

灰黏聚循環流化床粉煤氣化工藝由進煤、氣化、除塵、餘熱回收、煤氣洗滌冷卻及排渣、排灰等過程組成(圖2-8)。

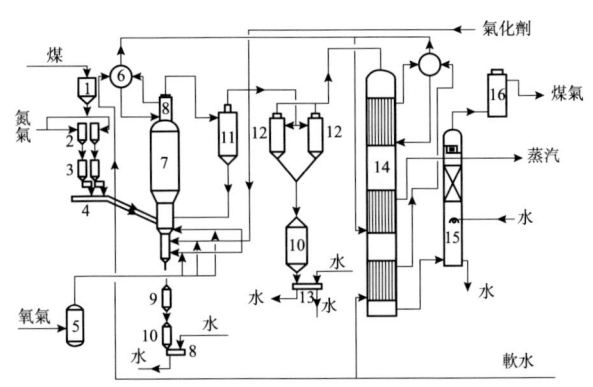

圖2-8 灰黏聚循環流化床粉煤氣化工藝
1—料倉；2—中間倉；3—煤鎖；4—螺旋進料口；5—氧氣緩衝器；
6—汽包；7—氣化爐；8—氣體冷卻器；9—上灰鎖；10—下灰鎖；
11—一級旋風除塵器；12—二級旋風除塵器；13—冷灰機；
14—廢熱回收器；15—洗氣塔；16—靜電除塵器

①原料煤經破碎、篩分、乾燥後送入煤斗，經煤鎖及螺旋給煤機計量後連續加入氣化爐底部。

②氣化劑(氧氣、過熱蒸汽、二氧化碳)按不同比例混合後從氣化爐底部分三路從中心管、環管及分布板進入氣化爐，與加入爐內的粉煤進行氧化反應。產生的煤氣由氣化爐頂部導出，灰渣從爐底排渣管進入渣鎖後定時排出系統。

③氣化爐頂部出來的煤氣經氣體冷卻器降溫後依次經一級旋風除塵器、二級旋風除塵器後進入熱回收系統。一級旋風除塵器分離的細粉經回料管返回氣化爐進一步氣化，二級旋風除塵器分離的細灰返回氣化爐進一步氣化或進入灰鎖經螺旋冷卻後增溼排出系統。

④出二級旋風除塵器的煤氣依次經過廢熱鍋爐、蒸汽過熱器、鍋爐給水預熱器回收煤氣餘熱。產生的蒸汽送入工廠蒸汽管網。根據工廠蒸汽管網參數，廢熱回收系統可產生0.6MPa、1.2MPa 或 3.82MPa 等不同壓力等級的飽和或過熱蒸汽。

⑤回收餘熱後的煤氣進一步除塵後，再經煤氣洗滌後送出系統。煤氣水溫度為 50～65℃，含塵量為 100×10^{-6}～300×10^{-6}。煤氣水經降溫、過濾處理後可循環使用，或排入工廠水處理系統集中處理後循環使用。要求循環煤氣水的溫度約 32℃，含塵量$\leqslant 5 \times 10^{-6}$。

工藝特點：①可充分利用 6mm 以下粉煤作為原料。不僅擴大了煤氣化的資源量，而且簡化了原料煤的預處理，節省了入爐煤的處理費用。②煤種適應性寬，有利於實施原料煤本地化。在工業裝置上已試燒了甘肅華亭煙煤、陝西彬縣煙煤、山西大同黏結性煙煤、山西唐安無煙煤及平頂山高灰分煙煤等煤種，均收到好的效果。③核心設備氣化爐結構簡單、製造方便，維護、檢修工作量小，易於實現穩定、長週期運行。④碳的轉化率達到 90%以上。⑤能夠充分利用煤氣餘熱，產生的蒸汽除供裝置本身使用外，尚有較大富餘。⑥環境友好。裝置實現連續氣化，無廢氣排放，煤氣中不含焦油、多酚等，氨氮含量低，煤氣水易於處理。

(4)恩德爐粉煤流化床氣化技術

恩德爐粉煤流化床氣化技術是北韓恩德「七·七」聯合企業在溫克勒粉煤流化床氣化爐的基礎上，經長期的生產實踐，逐步改進和完善的一種煤氣化工藝(圖 2-9)。該項煤氣化技術由撫順恩德機械有限公司於 1990 年代引進中國，並於 2001 年在江西景德鎮投產了 10000m³/h 的生產裝置。恩德爐是在溫克勒爐的基礎上改造而來的，由於具有鮮明的技術特點，因此可以視為一種新型的煤氣發生爐。其主要改進有以下三點：①將溫克勒爐的底部改為錐體結構，一次風、二次風噴嘴代替原有的布風爐箅，解決了底部結渣、偏流問題，使煤粉均勻沸騰。②在煤氣爐煤氣出口增加了旋風分離器和返料裝置，減少爐內帶出粉塵，提高了煤的利用率，降低了殘渣含碳量。③將廢熱鍋爐位置移到旋風除塵器後，減輕了爐內帶出物對廢熱鍋爐爐管的磨損。④在恩德爐引進中國後，根據中國的技術條件將原北韓儀表控制系統改為 DCS 集散控制系統，進一步提高了工藝的穩定性。恩德爐適用煤種較廣，主要有長焰煤、褐煤、不黏煤或弱黏煤。

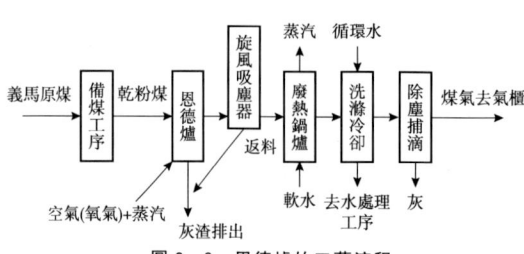

圖 2-9 恩德爐的工藝流程

由於恩德爐是乾法排灰，為防止結渣，對煤的灰分熔點有一定的要求。由於爐內停留時間較固定層短，要求煤的反應活性較好，另外為防止堵塞，入爐煤水分含量應小於10%，對水含量較高的原料煤應設計粉煤乾燥系統。恩德爐氣化用煤的基本要求：熱值＞16.7MJ/kg；灰分＜40%、灰分熔點＞1250℃、活性(950℃)＞68%、粒度≤10mm。

(5)HTW氣化工藝

溫克勒煤氣化爐(Winkler gasifier)是指以德國人溫克勒命名的一種煤氣化爐型(圖2-10、表2-6)。特點是用高活性的煤(如褐煤)為原料，用氧和蒸汽為氣化劑，以沸騰床方式進行氣化。HTW(High Temperature Winkler)氣化技術由溫克勒公司(原伍德公司)開發，已成功應用於德國褐煤製甲醇生產裝置，以及日本的廢物製能源/氫等專案，包括在瑞典和印度的生物質製甲醇專案。自1970年代以來，聯邦德國萊茵褐煤公司在常壓溫克勒氣化技術的基礎上，通過提高氣化壓力和反應溫度來進一步發展此技術，開發了高溫溫克勒氣化工藝(簡稱HTW氣化工藝)。HTW氣化工藝是在加壓下氣化，其氣化強度比常壓氣化高。加壓下氣化，能降低下游化工合成流程如合成氨、甲醇的壓縮動力消耗，提高過程的能源利用率。加壓下氣化，其相應操作速度較低，氣體中帶出物少。而且，在HTW氣化工藝中將排出的灰粒循環返入氣化爐，藉此提高碳轉化率。高溫下氣化，有利於增加反應速率和提高合成氣質量。此外，氣化溫度雖高，但仍低於原料煤的灰分熔點，因此氣化劑耗量少，效率較高。

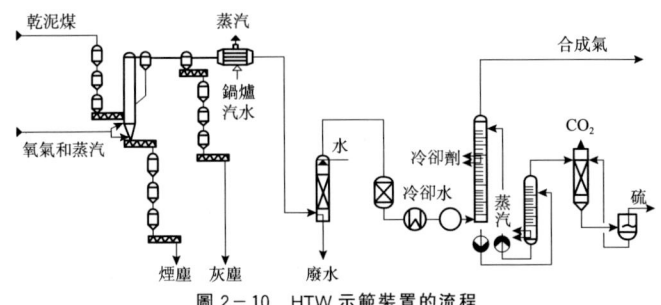

圖2-10　HTW示範裝置的流程

表2-6　德士古法和高溫溫克勒法對比

項目	德士古法	高溫溫克勒法
工藝原理	氣流床	流化床
進料	水煤漿	乾煤
原料預處理	濕磨	粉碎、乾燥
顆粒組成	粉狀	≤6mm
氣化溫度	＞灰分熔點(1400℃)	≤灰分熔點(900℃)
氣化劑	氧氣	氧氣或空氣
灰渣排放	粒狀灰渣	乾灰
氣化壓力	最高8MPa	最高2.5MPa
適宜煤種	硬煤、殘渣	活性煤、泥煤、木材

(6) KBR 輸運床氣化爐

KBR 輸運床氣化爐(TRIG)是美國 Kellogg Brown and Root 公司開發的流化床氣化技術,是一種加壓循環流化床氣化技術。美國 KBR 公司在充分借鑑流化催化裂化(Fluid Catalytic Cracking,FCC)技術的基礎上,開發了 TRIG(Transport Integrated Gasification)煤氣化技術,最初的目的是氣化低階煤生產合成氣用於 IGCC 發電。

TRIG 氣化爐的機械設計和運行操作是基於 KBR 的 FCC 技術,FCC 技術已有 70 多年的成功商業運行經驗。與傳統的循環流化床相比,TRIG 煤氣化技術的主要特點是循環倍率高[(50~100):1],固體循環速率、氣體流速、提升管密度均要高很多,使氣固兩相在氣化爐內混合接觸更為均勻,因此具有較高的傳熱和質傳速率,以及較高的生產能力和碳轉化率。TRIG 氣化爐能夠在空氣氣化和純氧氣化兩種模式下工作。TRIG 氣化爐操作壓力可達到 3.4~4.0MPa,操作溫度一般在 900~1000℃。

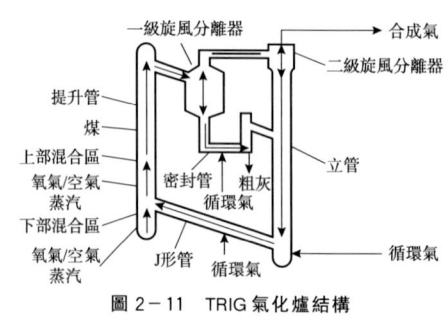

圖 2-11 TRIG 氣化爐結構

TRIG 氣化爐主要由以下部件構成:上下混合區、下提升管、上提升管、一級旋風分離器、下料管、密封罐、立管及 Y 形立管、J 形管、二級旋風分離器等(圖 2-11)。TRIG 氣化爐所有部件均內襯兩層襯裡,與介質直接接觸的內部第 1 層為耐磨層,耐磨層與鋼殼之間為耐熱層。耐磨層襯裡主要起到抗內部混合介質磨蝕的作用,耐熱層則主要起到隔熱以降低鋼殼溫度的作用。

兩層襯裡的總厚度在 300mm 左右。外殼的金屬壁溫一般控制在 200℃ 左右,過低會引起合成氣在內壁的冷凝腐蝕,過高則會影響外殼金屬材料的選擇。氣化爐各部件間採用銲接連接,以保證氣化爐的整體密封性能。

TRIG 氣化技術的特點如下:

① TRIG 氣化技術適合於氣化高灰分和高水分的低階煤,如褐煤、次煙煤等低階煤種。

② 由於採用加壓氣化技術,具有溫和的操作溫度,操作壓力為 3.4~4.0MPa,操作溫度一般在 900~1000℃。

③ 清潔的合成氣產品,幾乎不含焦油和酚類。

④ 氣化爐採用碳鋼外殼加耐火材料設計,無內部件、膨脹節和煤燒嘴,無任何易損件,結構簡單,製造費用低。

⑤ 採用廢鍋流程,副產大量高品位的過熱高壓蒸汽。

2.2.3 氣流床工藝流程

氣流床氣化過程將一定壓力的煤粉(或者水煤漿)與氣化劑通過燒嘴高速噴射入氣化爐中,原料快速完成升溫、裂解、燃燒及轉化等過程,生成以 CO 和 H_2 為主的合成氣。通常,原料在氣流床中的停留時間很短。為保證高氣化轉化率,要求原料煤的粒度盡可能小

(90μm 以下大於 90%)，確保氣化劑與煤充分接觸和快速反應。因此原料煤可磨性要好，反應活性要高。同時，大部分氣流床氣化技術採用「以渣抗渣」的原理，要求原料煤具有一定的灰含量，具有較好的黏溫特性，且灰分熔點適中。

1930 年代，德國克柏斯(Koppers)公司和美國德士古(Texaco)公司開始進行氣流床煤氣化技術的研究。1952 年，Koppers－Totzek 氣流床氣化爐(K－T 爐)成功實現了工業化，這是煤氣化技術發展史上第四次重大突破。從煤氣化技術的發展歷史看，氣流床技術工業化起步最晚。但因其易於實現高壓連續進料、採用純氧氣化、反應溫度高、處理負荷大、煤種適應性廣，契合現代煤化工發展對煤氣化技術單系列、大型化等方面的需求，氣流床氣化技術得到了快速發展。世界上 18 個國家、20 家工廠先後使用了 77 臺 K－T 爐技術，主要用於工業合成氨、甲醇、製氫或燃料氣。數據表明其氣化效率高，$CO+H_2$ 產率高達 90%。但由於是常壓操作，其經濟性和操作方面尚存在一些不足。由於存在冷煤氣效率低、能源消耗高和環保方面的問題，K－T 爐已基本停止發展。

K－T 爐是一種高溫氣流床熔融排渣氣化設備。採用氣－固相並流接觸，煤和氣化劑在爐內停留僅幾秒。壓力為常壓，溫度大於 1300℃。從技術發展的源流來看，Shell 加壓粉煤氣化工藝是在 K－T 氣化工藝上演變出來的。大多數粉煤氣化的氣流床氣化爐都是在 K－T 氣化爐的基礎上開發的。

氣流床煤氣化根據進料狀態的不同，分為粉煤氣流床氣化和水煤漿氣流床氣化兩類。

1. 乾煤粉加壓氣化工藝

乾煤粉加壓氣化工藝的前身是常壓 K－T 爐，K－T 爐最大單爐投煤量為 500t/d，主要用於生產合成氨。隨著技術進步，常壓 K－T 爐逐步被加壓操作的乾粉爐所取代。

西方粉煤氣化代表性的工藝有 Shell 乾煤粉氣化、GSP(Gaskombinat Schwarze Pumpe)乾煤粉氣化、Prenflo 氣化技術(Pressurized Entrained－Flow Gasification)等。中國的粉煤氣化技術有 HT－LZ(航太爐)乾煤粉氣化技術、五環爐、二段加壓氣化技術、SE－東方爐粉煤加壓氣化技術、神寧爐、四噴嘴粉煤氣化技術。

(1) Shell 乾煤粉氣化

Shell 氣化工藝於 1972 年開始研究，1993 年在荷蘭推出，用於燃氣發電，投煤量為 2000t/d。裝置包括原料煤運輸、煤粉製備、氣化、除塵和餘熱回收等工序，其中乾粉煤加壓輸送需要 N_2 或 CO_2。Shell 氣化爐單爐生產能力大，該氣化工藝對原料煤適應範圍廣，如氣煤、煙煤、次煙煤、無煙煤、高硫煤及低灰分熔點的劣質煤、石油焦等均能用作氣化原料。原料煤含灰量在 30% 左右也能氣化，灰分熔點可高達 1400～1500℃。Shell 爐的主要特點是乾煤粉進料、多噴嘴氣化、水冷壁內襯，氣化的高溫煤氣上行進入廢熱鍋爐進行冷卻回收熱量。冷卻後的粗煤氣經除塵後進行氣體淨化，其中一部分冷合成氣去氣化爐循環激冷高溫煤氣。該工藝具有煤轉化率高、冷煤氣效率高、有效合成氣組分高、高位餘熱回收效果好、系統無須備爐的優點。存在的不足有：①設備造價高，投資高的主要因素是採用帶膜式水冷壁的廢熱鍋爐、高溫高壓陶瓷過濾器及激冷循環氣壓縮機；②激冷用的循環合成氣需加壓，功耗較大，壓縮機也易出故障；③氣化關鍵設備結構比較複雜、製造週期長，導致專案建設週期長。

Shell 氣化爐操作壓力在 2.0～4.2MPa，單爐最大投煤量為 3000t/d。操作壓力 4.2MPa，投煤量 2000t/d 的 Shell 氣化爐殼體內徑約 4.6m，高約 31.6m。4 個噴嘴位於爐子下部同一水平面上，沿圓周均勻布置，藉助撞擊流以強化熱質傳遞過程，使爐內橫截面氣速相對趨於均勻。爐襯為膜式水冷壁和 SiC 保護層。爐殼與水冷管排之間有約 0.5m 間隙，做安裝、檢修用。煤氣攜帶煤灰總量的 20%～30%沿氣化爐軸線向上運動，在接近爐頂處通入循環煤氣激冷。激冷煤氣量占生成煤氣量的 60%～70%，煤氣降溫至 900℃，溶渣凝固，出氣化爐，沿斜管道向上進入管式餘熱鍋爐。煤灰總量的 70%～80%以熔融態流入氣化爐底部，激冷凝固，自爐底排出。粉煤由 N_2 或 CO_2 攜帶，密相輸送進入噴嘴。工藝氧(純度為 95%)與蒸汽也由噴嘴進入。氣化溫度為 1300～1700℃。冷煤氣效率為 79%～81%；原料煤熱值的 13%通過鍋爐轉化為蒸汽。

圖 2-12 所示為 Shell 氣化工藝液程。Shell 氣化爐由承壓殼體、內件及附屬設備構成。是集動、靜設備於一體，集燃燒、反應、換熱、急冷等工藝於一身的複合設備。氣化爐按工藝功能可分為 6 部分：氣化反應段、急冷段、輸氣管段、氣體返回段、冷卻段、輔助設備。氣化爐按機械結構可分為 3 部分：殼體、內件、輔助設備。氣化反應段主要由承壓殼體、內件渣池、熱裙、擋渣屏和反應段膜式壁組成。承壓殼體由 Cr—Mo 耐熱鋼製作，內壁噴塗 40mm 厚的耐火材料 130RGM，耐火材料由焊在內壁上的「龜甲網」支承固定，防止事故狀態下的高溫，保護外殼金屬的熱損傷。內件渣池由 Incoloy 合金製造，熱裙是由 Incoloy 合金 Ω 管銲接而成的筒體結構，以防高溫及渣水和冷凝液腐蝕，擋渣屏和反應段膜式壁由 Cr—Mo 耐熱鋼管與翅片相間銲接而成，膜式壁內壁都銲接有保溫釘，以固定耐火材料 SiC75P，耐火材料平均厚度為 14mm。

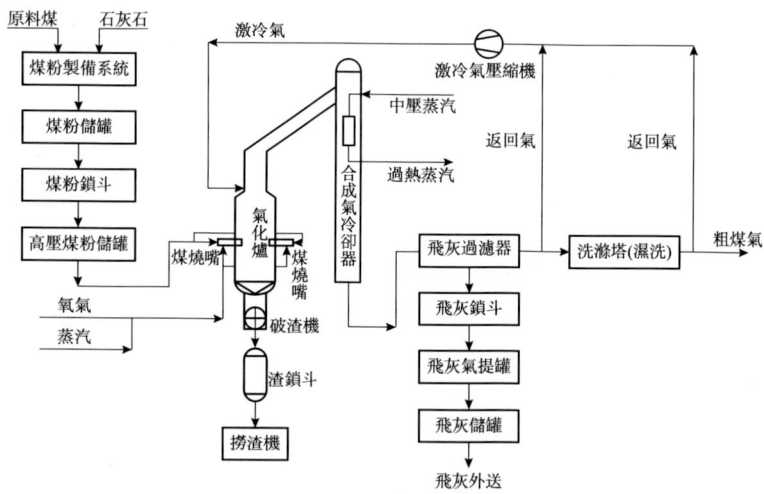

圖 2-12　Shell 粉煤氣化工藝流程

急冷段主要由急冷段外殼體、急冷區和急冷管組成。急冷段外殼由 Cr—Mo 耐熱鋼製造，內襯耐火材料，其作用與氣化段殼體相同。急冷區由兩個功能區組成：第一個是由淫

洗單位經過冷卻過濾後的合成氣（約 200℃）被送入反應段頂部流出的高溫合成氣中（約 1500℃），比例大約為 1：1，混合後的合成氣溫度驟降到 900℃ 左右；第二個是「急冷底部清潔區」，將高壓氮氣送入該區，由 192 根噴管進行噴吹，以便減少或清除氣化段出口區域積聚的灰渣。急冷區部件全部由 Incoloy 合金製造，以承受高溫與腐蝕。急冷管則是用 Cr－Mo 耐熱鋼製造，為管子－翅片－管子（膜式壁）結構，合成氣通過急冷管進一步冷卻。輸氣管段主要由輸氣管外殼和輸氣管組成。輸氣管外殼由 Cr－Mo 耐熱鋼製造，內襯耐火材料，作用與氣化段殼體相同。輸氣管是由 Cr－Mo 耐熱鋼 Ω 管銲接而成的膜式壁結構。輸氣管內下半部分焊有保溫釘，用於固定一種耐沖刷腐蝕的耐火襯裡。

氣體返回段主要由氣體返回段外殼和內件組成。氣體返回段也由 Cr－Mo 耐熱鋼製造，內壁噴塗耐火材料，作用和氣化段相同。內件是由 Cr－Mo 耐熱鋼管與翅片相間銲接而成的膜式壁結構。

氣體冷卻段主要由外殼、中壓蒸汽過熱器、二段蒸發器、一段蒸發器組成。其中一段蒸發器又分成 2 個管束。氣體冷卻器外殼 Cr－Mo 耐熱鋼製造，內壁噴塗耐火材料，作用與氣化段相同。中壓蒸汽過熱器是由 Incoloy 合金鋼管－翅片相間銲接而成的盤管筒體結構，由 6 個不同直徑的筒體相互套在一起，這些筒體能夠向下自由膨脹。一段、二段蒸發器由 Cr－Mo 耐熱鋼管與翅片相間銲接而成，結構與中壓過熱器相同。二段蒸發器由 6 個不同直徑的筒體相互套在一起，一段蒸發器由 5 個不同直徑的筒體相互套在一起。中壓蒸汽過熱器和一段、二段蒸發器的外圍是一個外筒體，也是中壓蒸發器的器壁。器壁是由 Cr－Mo 耐熱鋼管－翅片－管子相間銲接而成的膜式壁結構。

輔助設備包括敲擊器、煤燒嘴、開工、點火燒嘴及其插入裝置、火焰監測器、恆力吊。敲擊器是由專業廠商製造的成套設備，主要包括氣缸和振動器，通過氣化爐外殼法蘭連接在一起。振動導桿和膜式壁及蒸發器、過熱器的敲擊點緊密相連，主要作用是防止內件集灰。氣化爐共安裝 58 套敲擊裝置，因反應器與輸氣管內壁襯有耐火材料，為防止耐火材料脫落，這兩個部位未安裝敲擊器。煤燒嘴由專業製造商製造，主要作用是把煤粉、蒸汽和氧氣的混合物送入氣化爐內。開關、點火燒嘴及其插入裝置為專業廠商製造的成套設備，其作用是在氣化爐投煤粉前升溫升壓。火焰監測器由專業製造商製造，其主要作用是從氣化爐外部窺視點火及燃燒狀況。恆力吊是由專業廠商製造的成套設備，其作用是支承氣化爐氣體冷卻器的重量，在熱態氣化爐膨脹時，能使其自由膨脹。氣化爐內件膜式壁與外殼之間形成一個「環形空間」，膜式壁分為 4 段，由 3 個膨脹節連為一體，保持內件熱態的自由膨脹，在熱裙上部與中壓蒸汽過熱器上部，設計安裝有 2 個密封隔板，以保證熱的合成氣不能竄入「環形空間」內，造成殼體超溫。為保證「環形空間」與合成氣空間之間的壓力平衡，在急冷段底部板上開有 120 個 Φ53mm 的圓孔。循環水管線、氮氣管線、蒸汽管線等分布管線全部布置在「環形空間」內。在外殼體上焊有多個導向點，保證整個膜式壁可以自由膨脹。

Shell 粉煤氣化工藝具有如下特點：①煤種適應性廣，從無煙煤、煙煤、褐煤到石油焦化均可氣化，對煤的灰熔融性適應範圍寬，即使高灰分、高水分、高含硫量的煤種也同樣適應；②氣化爐內部採用膜式水冷壁，可承受高達 1700℃ 的氣化溫度，對原料煤的灰熔

點限制較少；③乾粉煤進料，粗合成氣中有效氣(CO＋H_2)濃度高達90％；④氣化效率高，原料煤及氧氣消耗低，碳轉化率≥99％，原料利用率高；⑤單爐能力大，有利於大型化裝置；⑥採用水冷壁及廢鍋，副產動力蒸汽，能量綜合利用合理；⑦多組對列式燒嘴配置，可通過關閉一組或多組燒嘴來調整合成氣的產出量，操作彈性較大。

　　Shell工藝存在的不足主要是：①氣化爐及廢熱鍋爐結構複雜，製造難度大，其內件及關鍵設備還需引進，相同生產規模，投資較高；②設備外形尺寸較大，給運輸和安裝帶來了一定的困難；③因為無備用爐，工廠必須具有很好的管理水準和操作水準；④中國有10多套裝置已建成投產，從運行情況看，都存在著各式各樣的問題，滿負荷、長週期、穩定運行難以實現，還處於摸索和積累運行經驗階段，生產負荷和長週期穩定運行還有待進一步提高。

　　(2)GSP氣化技術

　　GSP氣化工藝於1975年由民主德國燃料研究所(German Fuel Research Institute)開發，1984年建成第一套130MW的商業裝置，用於生產甲醇和聯合循環發電，投煤量為720t/d。該技術現為西門子德國燃料氣化技術公司所有。氣化裝置包括原料煤輸送、煤粉製備、氣化、除塵和餘熱回收等工序，其中乾粉煤加壓輸送使用N_2或CO_2，從爐子頂部聯合燒嘴進入。該氣化爐與殼牌爐的區別為：1個聯合噴嘴(單燒嘴)、合成氣下行、噴水激冷降溫、水冷壁為水進水出，熱水在廢鍋內與鍋爐給水換熱副產低壓蒸汽。而殼牌爐為飽和水進，吸熱後水氣混合物進入中壓汽包分離副產比氣化爐高1.0～1.4MPa的中壓蒸汽。GSP爐的主要特點是乾煤粉進料、單噴嘴氣化、水冷壁內襯，氣化爐外殼設有水冷夾套，內件反應室由圓管繞成圓筒形的水冷壁，水冷壁向火面敷有碳化矽耐火襯裡保護層。煤粉和氣化劑(氧氣＋過熱蒸汽)通過設在爐頭上的一個燒嘴噴入氣化反應室，產生的高溫煤氣通過反應室和激冷室，與激冷室內噴嘴噴入的水進行冷卻後從出氣口快速離開氣化爐。爐渣經底部排渣口匯集到鎖斗煤斗中，定期排入渣池。該工藝具有冷煤氣效率高、有效合成氣組分高、採用激冷流程、投資較低的優點。存在的不足：①採用單個聯合噴嘴(開工噴嘴與生產噴嘴合而為一)，熱負荷大，渣口磨損大，3個月左右需要維修；②合成氣中含灰量大，會影響下游工段的正常運行；③耗水量較大，點火燒嘴點火可靠性存在問題；④碳轉化率比Shell低，灰中殘碳量可達到30％左右。煤燒嘴與氣化爐反應室匹配不是最佳，導致氣化爐膜式水冷壁燒損較嚴重。

　　GSP乾煤粉加壓氣流床氣化技術可以氣化超過90種氣化物料。其中有35種煤、25種市政或工業汙水汙泥、石油焦、廢油、生物油、生物漿料等，該爐型對各種氣化原料有廣泛的適應性。2001年，巴斯夫公司(BASF)在英國的塑膠廠採用GSP氣化技術建成30MW工業裝置，其原料主要是氣化塑膠生產過程中所產生的廢料。2008年，捷克Vresova工廠採用GSP氣化技術建設的140MW工業裝置開車，其氣化原料為煤焦油，用於聯合循環發電專案(IGCC)。

　　GSP粉煤加壓氣化技術，採用乾煤粉進料、合成氣全激冷流程，兼具GEGP氣化和Shell優點。圖2-13所示為GSP氣化工藝流程。GSP氣化工藝主要由粉煤密相輸送系統、氣化反應系統、排渣系統、粗合成氣處理系統和黑水處理系統5部分組成。

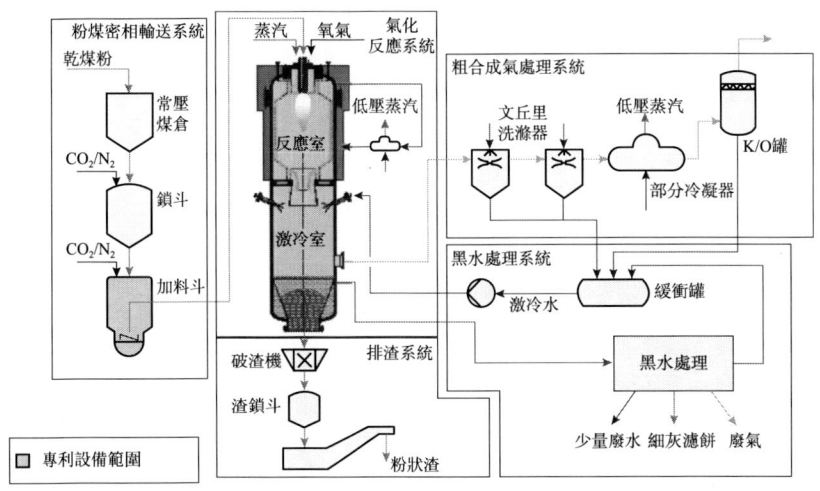

圖 2-13 GSP 氣化工藝流程

GSP 氣化爐分為上、下兩部分：上部為反應室，下部為激冷室。反應室由承壓鋼殼和水冷壁兩部分組成。水冷壁的主要作用是抵抗 1350～1750℃ 高溫及熔渣的侵蝕，水冷壁系由水冷盤管及固定在盤管上的抓釘與 SiC 耐火材料共同組成。由於所形成的渣層保護，水冷壁的表面溫度小於 500℃。水冷壁和承壓殼體之間的間隙受燃料氣或惰性氣體的吹掃及水冷壁內的冷卻作用，間隙之間的溫度小於 200℃。水冷壁水冷管內的水採用強制密閉循環，在循環系統內，有一個廢熱鍋爐生產低壓蒸汽，將其熱量移走，使水冷壁水冷管內水溫始終保持在恆定範圍。激冷室為一承壓空殼，外徑和氣化室一樣，上部設有若干冷激水噴頭。在此將煤氣驟冷至 220℃，煤氣由激冷室中部引出，激冷室下部為一錐形，內充滿水，熔渣遇冷固化成顆粒落入水浴中，排入渣鎖斗煤斗。氣化爐的結構見圖 2-14。

GSP 氣化爐採用組合式氣化噴嘴，該噴嘴由配有火焰檢測器的點火噴嘴和生產噴嘴組成，故稱為組合式氣化噴嘴。受到高熱負荷的噴嘴部件由噴嘴循環冷卻系統來強制冷卻。噴嘴的材質為沃斯田鐵不鏽鋼，高熱應力的噴嘴頂端材質為鎳合金。燒嘴由中心向外的環隙依次為氧氣、氧氣/蒸汽、煤粉通道。幾根煤粉輸送管均布進入最外環隙，並在通道內盤旋，使煤粉旋轉噴出。給煤管線末端與噴嘴頂端相切，在噴嘴外形成一個相當均勻的煤粉層，與氣

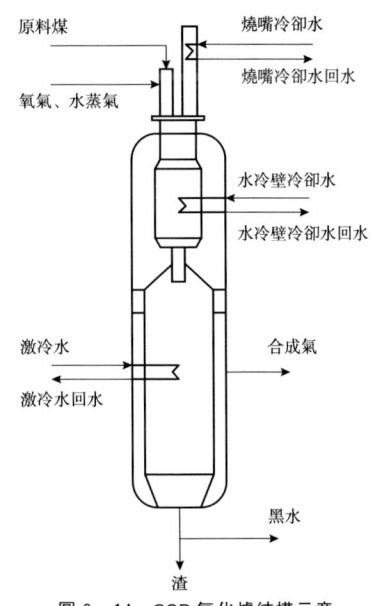

圖 2-14 GSP 氣化爐結構示意

化介質混合後在氣化室中進行氣化。因此從給煤管出口到噴嘴頂端之間只產生很小的熱應力。

GSP氣化爐的主要特點：①煤種適應性強，該技術採用乾煤粉作氣化原料，不受成漿性的影響，由於氣化溫度高，可以氣化高灰分熔點的煤，故煤種的適應性更為廣泛，從較差的褐煤、次煙煤、煙煤、無煙煤到石油焦均可使用，也可以兩種煤摻混使用，即使高水分、高灰分、高硫含量和高灰分熔點的煤種基本都能進行氣化；②環境友好，氣化溫度高，有機物分解徹底，無有害氣體排放，汙水排放量少，汙水中有害物質含量低，易於處理，可達到汙水零排放；③技術指標優越，氣化溫度高，一般在 1350~1750℃，碳轉化率可達到 99%，不含重烴，合成氣中 $CO+H_2$ 高達 90% 以上，冷煤氣效率高達 80% 以上（依煤種及操作條件的不同有所差異）；④工藝流程短、操作方便，採用粉煤激冷流程，流程簡潔，設備連續運行週期長，維護量小，開、停車時間短，操作方便，自動化水準高，整個系統操作簡單，安全可靠；⑤裝置大型化，氣化爐大型化，設備臺數少，維護、運行費用低。

(3) Prenflo 工藝

Prenflo 氣化技術是由德國 Krupp－Uhde 公司在繼承了 K－T 爐優點的基礎上開發出的加壓氣流床粉煤氣化技術。1970 年代，Krupp－Uhde 公司與 Shell 公司聯合開發了加壓 K－T 工藝，先後建成了 6t/d 的實驗裝置和 150t/d 的 Shell－Koppers 的工業示範裝置。1986 年，Uhde 公司在德國建成一套 48t/d 的示範裝置，並正式命名為 Prenflo 氣化法。該示範裝置順利氣化了很多種煤而沒有遇到問題，其碳轉化率高達 99% 以上，冷煤氣效率和熱效率也很高。在中間試驗的基礎上，1992 年西班牙 ELCOGAS 採用 Prenflo 氣化技術建成 IGCC 示範電站，該裝置耗煤量為 2600t/d，發電量為 300MW。

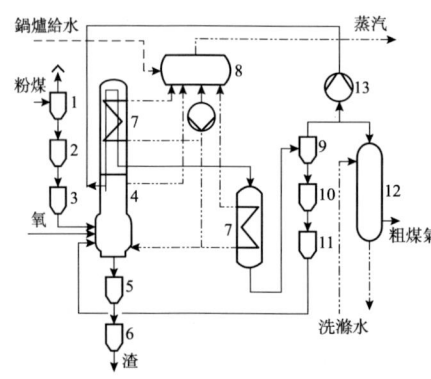

圖 2－15 Prenflo 煤氣化工藝流程
1—常壓旋風過濾器；2，10，11—閘式料斗；
3—常壓加料斗；4—Prenflo 氣化爐；5—集渣器；
6—渣鎖斗料斗；7—廢熱鍋爐；8—蒸汽包；9—過濾器；
12—洗滌塔；13—激冷氣循環壓縮機

Prenflo 氣化與 Shell 氣化工藝基本相同（圖 2－15），主要差別是用純度為 85% 的氧氣取代 Shell 氣化中純度為 95% 的氧氣作氣化劑，以此可適當降低空分裝置的耗功。但是由此也帶來了冷煤氣效率降低、氧消耗率增加和蒸汽消耗略有增加的後果。

Prenflo 氣化適合於煤製合成氣專案。氣化技術具有乾粉進料，高反應溫度的特點，適用於含灰量高的煤種，熱效率高，消耗少，由於其採用多噴嘴水平對置，特別適用於大規模的煤氣化技術（單爐投煤量達 4000~5000t/d），具有較好的前景。

氣化煤先經過破碎、研磨、乾燥後，煙煤水分控制在 2%，褐煤水分控制在 6%~8%，粉煤粒度達到 75%~80% 通過 75μm (200 目) 的篩孔。由自動閘門儲料器系統將粉煤自旋風過濾器送入常壓進料斗，煤粉在常壓加料斗內通過氮氣輸送與氧、水蒸氣

(有時可不加)一起送入氣化爐噴嘴。爐腔內火焰溫度約為2000℃。氣化爐內襯循環鍋爐水管，煤中灰渣形成遮蔽層保護氣化爐外殼，冷卻管內產生飽和蒸汽。自爐中排出的液態渣在集渣器冷卻成固體。集渣器中有破渣機，可將較大的渣塊破碎。灰渣臨時收集在灰鎖斗煤斗，並定期將渣排出系統。反應生成的粗煤氣進入廢熱鍋爐，在此處經激冷氣循環壓縮機打回廢熱鍋爐的激冷煤氣激冷後混合煤氣溫度約為900℃，粗煤氣夾帶的熔渣變成固體，廢熱鍋爐產生高壓蒸汽。混合煤氣出廢熱鍋爐經過濾器除塵分離後大部分進入洗滌塔，經洗滌塔除塵後煤氣含塵量為$1mg/m^3$送往後工序。

(4)航太爐氣化技術

HT－LZ是由中航科技集團第一研究院開發的乾煤粉氣化技術，採用廢鍋流程。該工藝煤種適應性較寬，石油焦、氣煤、煙煤、無煙煤、焦炭等均可作為氣化原料，氣化溫度可在1400～1500℃。裝置包括原料煤輸送、煤粉製備、氣化、除塵和餘熱回收等工序，其中乾粉煤加壓輸送需要N_2或CO_2，中國在建的氣化爐規模最大為2000t/d。該技術採納了GSP和GE成熟的氣化工藝優點，氣化爐上端與GSP相近，採用單個組合燒嘴、螺旋水冷壁結構，結構較為簡單(圖2－16)。下段借鑑GE的激冷方法，採用全水激冷，使合成氣增溼飽和，有利於煤化工下游的氣體淨化等工藝。有效氣體$CO+H_2$達到92％左右，熱效率約95％，碳轉化率為99％，冷煤效率為83％，比耗氧為360。氣化爐結構採用水冷壁，無耐火磚襯裡，具有維修簡單等優點。多燒嘴、合成氣上行、走廢鍋流程，飽和水進，吸熱後水氣混合物進入中壓汽包分離副產比氣化爐高1.0～1.4MPa的中壓蒸汽。該工藝存在的不足：①氣化爐煤燒嘴與氣化反應室匹配不是最佳，膜式壁易燒壞，渣口易磨損，噴水環易燒壞，下降管易堵塞；②灰水處理工藝要進一步完善，水耗大，廢水排放量大。

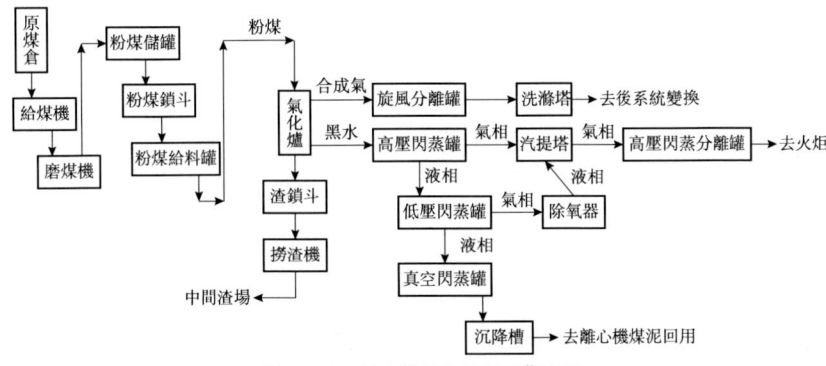

圖2－16　航太爐氣化技術工藝流程

(5)五環爐

五環爐由中國五環工程有限公司開發。氣化爐採用激冷流程，共有3臺爐子。五環爐內件採用豎管膜式水冷壁結構(圖2－17)，氣化溫度高，副產蒸汽，四噴嘴旋流，顆粒停留時間長，炭轉化率高。合成氣與灰渣逆行，渣是依靠重力落入渣池，磨損較小，適用於

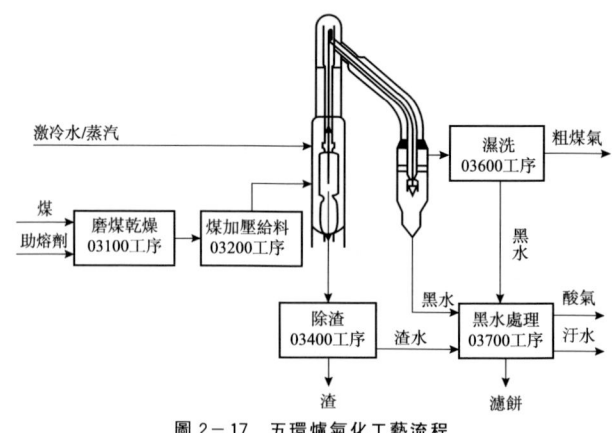

圖 2-17 五環爐氣化工藝流程

氣化高灰分熔點、高灰、高硫煤。採用水激冷高溫合成氣流程,主要特點為在氣化反應室上方出口設置激冷機構。正常操作時,通過設在激冷室筒壁上的多排多個水/汽組合型噴嘴實現對高溫合成氣霧化冷卻和固灰,取代傳統用後續返回合成氣進行激冷的方法,不需採用循環氣壓縮機,降低了工程投資,節省了運行費用。在輸氣管出口設置了火管式合成氣冷卻器和多管式高效旋風除塵器,取代昂貴的水管式鍋爐和高溫高壓飛灰過濾器,對氣體進行降溫和除塵。副產高壓蒸汽或中壓蒸汽,大幅降低能源消耗,減少水耗,縮短了關鍵設備的製造週期,降低了工程投資。該氣化爐有效氣體CO+H_2達到90%左右,熱效率達到95%,碳轉化率為98%,冷煤效率為83%,比耗氧為350,採用水冷壁結構,1400~1700℃的粗合成氣上升至氣化爐中部或上部時被水/汽混合霧液部分激冷至800℃左右,再通過管道送入水浴式激冷器浸水除塵激冷至180~260℃後離開。存在的不足是還有待於投產後進一步驗證各項氣化爐設計指標。

(6)二段加壓氣流床粉煤加壓氣化技術

二段加壓氣化爐由西安熱工研究院開發(圖2-18)。對煤種具有較寬的適應性,石油焦、氣煤、煙煤、無煙煤、焦炭等均能用作氣化原料,氣化溫度在1400~1500℃範圍,採用廢鍋流程。裝置包括原料煤輸送、煤粉製備、氣化、除塵和餘熱回收等工序,其中乾粉煤加壓輸送需要N_2或CO_2。氣化爐有效氣體CO+H_2達到91%左右,熱效率高達95%,碳轉化率為98%,冷煤效率為84%,比耗氧為330。氣化爐結構採用水冷壁、無耐火磚襯裡,維修簡單。與殼牌爐的區別:二室二段反應,分級氣化。二段多噴嘴,上段噴煤粉和水蒸氣,下段噴煤粉、蒸汽和氧氣。合成氣上行走廢鍋流程,飽和水進,吸熱後水氣混合物進入

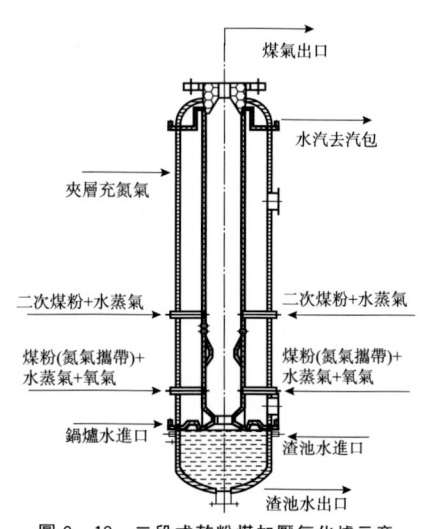

圖 2-18 二段式乾粉煤加壓氣化爐示意

中壓汽包分離副產比氣化爐高1.0~1.4MPa的中壓蒸汽,無冷煤氣循環冷卻。內件採用膜式水冷壁結構,爐膛分為上爐膛和下爐膛兩段。下爐膛是第一反應區,側壁上對稱地正

對布置4個燒嘴用於輸入粉煤、蒸汽和氧氣，反應所產生的高溫氣流向上流動到上爐膛反應室。上爐膛為第二反應區，在上爐膛的側壁上設有兩個對稱的正對布置二次粉煤進口，上爐壁也是膜式水冷壁。工作時，由氣化爐下段噴入乾煤粉、氧氣及蒸汽，所噴入的煤粉量占總煤量的80%～85%，下段氣化反應溫度約為1500℃。爐膛噴入粉煤和過熱蒸汽，所噴入粉煤量占總煤量的15%～20%。上段爐噴入乾煤粉和蒸汽使溫度高達1500℃的高溫煤氣急冷至1050℃左右，在氣化爐上部經噴淋冷卻水激冷至900℃左右，使其中夾帶的熔融態灰渣顆粒固化，粗煤氣離開氣化爐，進入廢鍋或激冷罐。Shell氣化存在的不足：①兩段氣化使得合成氣中含有少量的焦油，為後續煤氣處理帶來一定的難度；②廢熱鍋爐易黏灰堵塞，長週期運行有一定的難度，有待進一步完善。

兩段式乾煤粉氣化工藝是對Shell氣化爐的一種改進形式，採用部分粉煤激冷，具有Shell氣化特點，粗合成氣中甲烷含量稍高，耗氧稍低。但還存在Shell氣化的某些缺點，如工藝流程及氣化爐結構相對複雜（廢鍋或激冷流程），投資較大等。作為中國乾粉煤加壓氣流床氣化技術，兩段爐也屬於先進的煤氣化技術。

(7)科林乾粉煤加壓氣化

科林（CHOREN Coal Gasification）乾粉煤加壓氣化工藝(圖2-19)起源於前東德黑水泵工業聯合體下屬燃料研究所。該工藝煤種適應範圍較寬，石油焦、煙煤、無煙煤、焦炭、褐煤等均能用作氣化原料，氣化溫度在1400～1700℃。設計有效氣體$CO+H_2$達到93%左右，冷煤效率為83%，碳轉化率為99%，比煤耗為0.69，比耗氧為330，氣化爐採用水冷壁結構，激冷流程，副產低壓蒸汽。與殼牌爐區別：全激冷流程、水冷壁採用水進水出，熱水在廢鍋內與鍋爐給水換熱副產低壓蒸汽，取消了昂貴的對流廢鍋、陶瓷過濾器、循環氣壓縮機；投資低，雙爐運行；多噴嘴頂置下噴、同向布置可克服對置噴嘴互相磨蝕，保證粉煤在反應空間分布均勻。

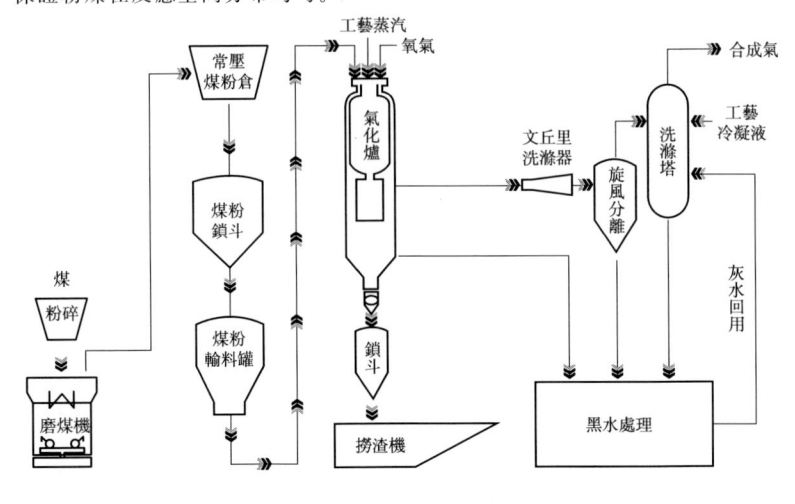

圖2-19 科林乾粉煤加壓氣化工藝流程

科林爐採用三燒嘴(以120°的角度分布)頂噴式進料，每個燒嘴內部有旋流塊，形成旋流場。火焰近壁面高溫區位於氣化爐中上部，煤種流動溫度大於1450℃，需要添加一定比例的石灰石。水冷壁採用盤管式，水循環倍率高，能源消耗增加。水冷壁採用不飽和水循環，副產低壓蒸汽(也可根據要求產中壓蒸汽)。黑水循環和合成氣初步淨化系統採用華東理工大學的黑水循環專利，設置兩級閃蒸，為閃蒸汽和灰水直接換熱式，能源效率和防堵性優於間接換熱式。

科林乾粉煤加壓氣化包括6個工藝流程。

① 磨煤乾燥

磨煤乾燥的作用是將原煤乾燥並磨製成合格的煤粉。本單位由磨煤、惰性氣體輸送和煤粉過濾3部分組成，使用常規的原煤研磨、乾燥技術。來自煤倉的碎煤經秤重給煤機計量後進入磨煤機，被磨成煤粉，並由高溫惰性氣體烘乾、輸送，通過粉煤袋式過濾器實現煤粉與惰性氣體的分離，粉煤螺旋輸送機進入粉倉，惰性氣體循環利用。

② 煤粉輸送

來自磨煤乾燥單位的合格乾煤粉儲存於常壓煤粉倉內，粉煤給料罐通過3條並行管道以穩定的質量流量持續向氣化爐燒嘴系統供料。煤粉鎖斗煤斗聯通常壓倉與給料罐，常壓下接收煤粉倉煤粉後加壓向給料罐放料，循環進行。根據氣化爐大小，煤粉輸送系統採用2～4個煤鎖斗煤斗，可實現加壓用惰性氣體在鎖斗煤斗間的循環利用。

③ 氣化與激冷

氣化與激冷為氣化爐，由氣化室和激冷室組成。科林氣化爐操作壓力為2.5～4.4MPa(G)，可實現高壓投料，氣化操作溫度控制在1400～1700℃。在氣化室內，煤粉與氧氣和蒸汽通過快速反應生成合成氣。其主要成分為CO和H_2，並含有少量的CO_2和N_2，同時還含有微量的CH_4、HCl等(10^{-6}級)。

在氣化爐頂部，以120°的角度設置3個煤粉燒嘴，每個燒嘴都有自己獨立的煤粉輸送管道。採用多個獨立的噴射燒嘴，煤粉流和氣化劑流在燒嘴外進行混合，可以在大體積的反應室內使煤粉分布更均勻。在燒嘴布置的中央位置(反應室中軸處)，設置點火燒嘴(長明燈)。在開車階段，採用燃料氣為燃料點燃點火燒嘴，再利用點火燒嘴點燃煤粉燒嘴；當氣化爐正常運行時，點火燒嘴則作為長明燈一直處於運行狀態，不需要任何CO_2作為保護氣。

氣化爐內壁採用盤管水冷壁結構，通過水泵使鍋爐水在管內強制循環，並副產低壓蒸汽。煤灰融化後，一部分灰渣會掛在水冷壁上形成渣層，達到以渣抗渣的作用。合成氣經過激冷環進入激冷室，在激冷室內經過降溫、增溼、除塵、洗滌後被水飽和，以液態形式從氣化室流下來的熔渣則迅速固化。

④ 合成氣淨化

合成氣淨化系統包括文丘里洗滌器、旋風分離器和洗滌塔。粗合成氣經文丘里洗滌器進一步潤溼後，進入旋風分離器，並將約70%的細灰(粒徑＞0.1μm)分離。在粗合成氣中殘存的極小顆粒灰塵可在後續的合成氣洗滌塔中通過凝聚/冷凝的形式被分離出來。淨化後的合成氣含塵量低於1mg/Nm^3。

⑤排渣系統

排渣系統的作用是將渣與黑水分離後輸送到界區外，被冷卻到220℃的渣塊通過重力作用進入破渣機中，並被破碎成直徑小於50mm的顆粒，隨後進入渣鎖斗煤斗中，通過鎖斗煤斗降壓後排入渣池，灰渣被撈渣機撈出後排出系統，黑水則藉助機泵送入黑水處理系統。

⑥黑水處理

黑水處理的作用是將系統產生的含固、高溫廢水減壓至常壓，回收熱量，盡可能地將懸浮的固體分離，並將得到的灰水返回工藝系統中。黑水通過兩級減壓閃蒸處理，將壓力降低至0.5MPa(G)和-0.05MPa(G)，溫度冷卻至大約155℃和75℃，閃蒸出的廢蒸汽被用於預熱灰水。經過減壓冷卻的黑水在重力作用下進入澄清池，通過添加相應的絮凝劑將固體物分離出來，在灰水返回系統中使用。為了限制有害物的積累，部分灰水將作為廢水排出，並補水維持系統水平衡。

(8)SE－東方爐

中石化寧波工程有限公司與華東理工大學共同研發SE(SINOPEC+ECUST)粉煤加壓氣化技術(簡稱SE－東方爐)。SE－東方爐氣化技術研發的主要目的是解決高灰分熔點、高灰分煤的氣化難題，形成安全、穩定和高效的寬煤種適應性的粉煤氣化成套技術，SE－Ⅱ型東方爐是氣化爐採取頂置複合式單噴嘴、膜式水冷壁結構。SE－Ⅱ東方爐粉煤加壓氣化技術由煤粉製備與加壓輸送、氣化與洗滌、渣水處理3個裝置單位組成。

東方爐採用多通道單噴嘴頂置(圖2－20)、膜式水冷壁、純氧＋水蒸氣氣流床氣化，液態排渣，激冷流程－粗合成氣水激冷噴淋床與鼓泡床複合式高效洗滌冷卻流程，合成氣分級淨化採用「混合器＋旋風分離器＋水洗塔」組合技術。氣化爐高徑比較大，增加了煤粉停留時間，碳的轉化率和單噴嘴旋流場相當。火焰約束在爐膛中心，近壁面高溫區位於氣化爐中部偏下，有利於排渣，提高了煤種的適應性。水冷壁採用豎管式，水循環倍率低，能源消耗低，副產中壓蒸汽。設置兩級閃蒸，為閃蒸汽和灰水直接換熱式，防堵性優於間接換熱式。該技術在揚子石化工業園區進行的首套工業化示範，採用質量分數為60%的貴州無煙煤和40%的神木煤摻燒，設計能力為1000t/d，氣化溫度在1450~1600℃。

(9)四噴嘴對置式乾煤粉加壓氣化

四噴嘴乾法氣化是由華東理工大學、兗礦魯南化肥廠和天辰公司開發的乾煤粉氣化技術。2004年完成千噸級高灰分熔點、煤粉氣流床示範裝置及水冷壁氣流床中間試驗基地。採用激冷流程(圖2－21)，第一套裝置依託兗礦集團貴州開陽化工1200t/d

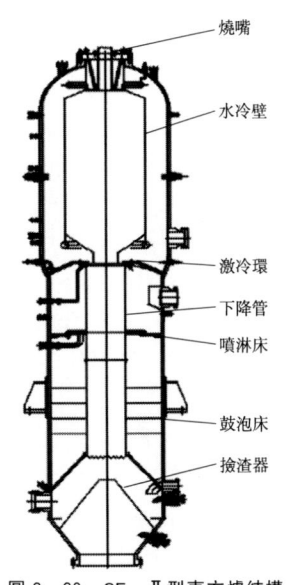

圖2－20 SE－Ⅱ型東方爐結構

工程。該工藝煤種範圍寬，石油焦、煙煤、無煙煤、焦炭等均能作為氣化原料，氣化溫度為1500℃。設有原料煤輸送、煤粉製備、氣化、除塵和餘熱回收等工序，其中乾粉煤加壓輸送需要 N_2 或 CO_2，屬氣流床加壓氣化。設計有效氣體 $CO+H_2$ 為89%左右，熱效率約為95%，碳轉化率為98%，冷煤效率為79%，比耗氧為350。氣化爐結構採用對置式水冷壁，無耐火磚襯裡。

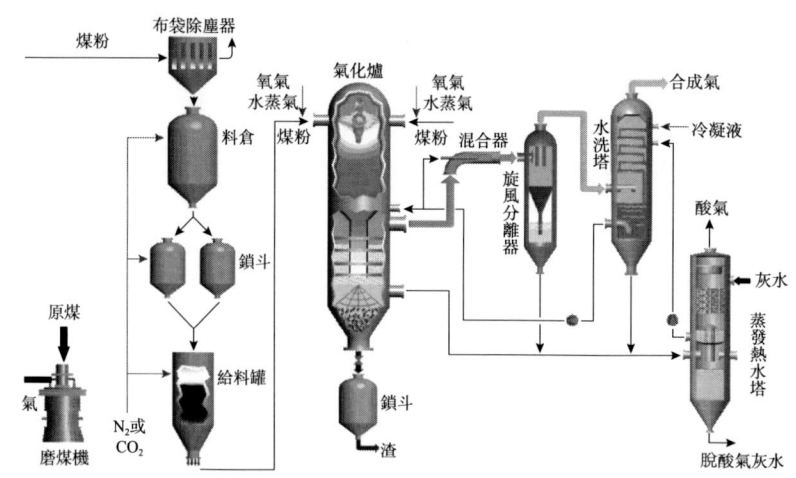

圖2-21 四噴嘴對置式乾煤粉加壓氣化工藝流程

(10)神寧爐

神華寧夏煤業集團依託集團煤化工板塊採用的3大煤氣化技術，即德士古廢鍋水煤漿加壓氣化技術、四噴嘴水煤漿加壓氣化技術和GSP乾煤粉加壓氣化技術，聯合中國五環工程公司於2012年開發出擁有自主智慧財產權的2000～3000t級乾煤粉加壓氣化技術——神寧爐氣化技術。實現了裝置內全部設備(中國)國產化率大於98.5%，同時也擔負起後續煤化工專案煤氣化裝置採用自主技術示範性工程的作用。神華寧煤集團開發完成具有自主智慧財產權的2000t/d乾煤粉加壓氣化(激冷流程)技術(中國)國產化示範裝置。新開發的「寧煤爐」煤種適應能力強、氣化效率高，克服了「移植」技術水土不服的缺點。神寧爐正在寧東煤化工基地由神華寧煤集團建設6臺氣化爐。

神寧爐氣化技術以粉煤為原料，氧氣和水蒸氣作為氣化劑，生產以 H_2 和 CO 為主要成分的合成氣，氣化裝置包括煤粉乾燥製備工序、煤粉加壓輸送工序、氣化工序、除渣工序、合成氣洗滌工序、黑水處理工序、黑水閃蒸工序、N_2/CO_2/氧氣工序及公用工程工序(圖2-22)。神寧爐燃燒室內徑為 ϕ2800mm，激冷室內徑為 ϕ4000mm，單臺氣化爐有效氣($CO+H_2$)產量為130000～140000Nm³/h，年操作時間為8000h，氣化爐碳轉化率>98.5%，有效氣($CO+H_2$)體積分數>91%，合成氣含塵質量濃度≤0.5mg/Nm³，操作負荷在77%～108%(表2-7)。

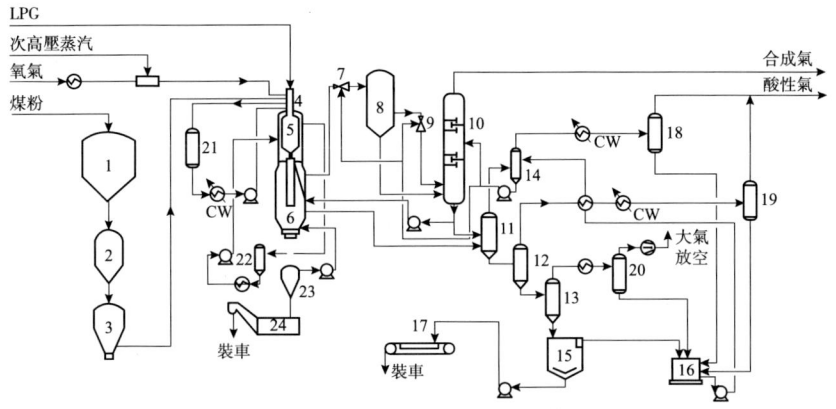

圖 2-22 神寧爐乾粉煤氣化技術工藝流程

1—粉煤倉；2—煤鎖斗煤斗；3—發料罐；4—組合式燃燒器；5—燃燒室；6—激冷室；7——級文丘里；
8—氣液分離器；9—可調文丘里；10—洗滌塔；11—閃蒸塔；12—中壓閃蒸罐；13—真空閃蒸罐；
14—減濕器；15—沉降槽；16—循環水罐；17—真空過濾機；18—閃蒸汽液分離罐 1；19—閃蒸汽液分離罐 2；
20—閃蒸汽液分離罐 3；21—燒嘴冷卻水罐；22—水冷壁循環水罐；23—渣鎖斗煤斗；24—撈渣機

表 2-7 神寧爐與 GSP 技術的對比

項目	GSP 爐	神寧爐
氣化爐壓力/MPa	3.9	4.4
氣化爐溫度/℃	1450~1650	1450~1650
有效氣含量/%	87~92	90~94
比耗氧/(m³/km³)	360	290
比煤耗	500	529
碳轉化率/%	>98	>98
有效氣產量/m³	145000	14000
洗滌後粗煤氣壓力/MPa	3.6	4.1
洗滌後粗煤氣溫度/℃	195	209

神寧爐具有以下優點：

①煤種適應性強：該技術採用乾煤粉作為氣化原料，不受成漿性的影響；設計煤種含灰分質量分數為 16%~18%；氣化溫度高，可以氣化高灰分熔點的煤，對煤種的適應性更為廣泛。

②高效氣化爐：採用乾煤粉加壓氣化、氣化爐頂置單個下噴式組合燒嘴、水冷壁、渣氣並流向下而行、降膜泡核蒸發激冷、水浴鼓泡和破泡方式除塵、液態排渣的結構，具有結構簡單、尺寸緊湊、便於維修、設備總噸位低、合成氣灰含量低等特點。

③選用新型側出料發送技術及點式硫化器：配置 4 根煤粉輸送管線，煤粉的輸送密度為 400kg/m³，需要的輸送氣體量少；給料器與氣化爐之間的壓差為 0.6MPa；在 4 根煤粉輸

送管線上均設置煤粉流量調節閥以平衡壓差，保證 4 根煤粉輸送管線內的煤粉流量均衡。

④具有自主智慧財產權的組合燒嘴：優化設計了點火燒嘴，解決了點火燒嘴點火不穩定、可靠性差的技術難題；開發設計了新型三合一火焰檢測系統，為氣化爐即時操作提供了可靠的影片化檢測手段。

⑤高效的合成氣洗滌系統：進入激冷室的合成氣及熔渣經過激冷環的激冷水激冷，液態熔渣冷卻固化後與合成氣一起沿激冷室的下降管進入激冷室水浴，灰渣落入激冷室底部進入除渣單位；合成氣夾帶少量灰渣從激冷室水浴上升，經破泡網破泡後進入下游一級文丘里＋分液罐＋二級文丘里＋洗滌塔進行分級洗滌。

⑥裝置互備率高，有效降低氣化爐停車風險：低壓煤粉輸送、黑水閃蒸處理、公用工程配置均進行了互備，有效避免因個別設備、閥門等故障造成氣化爐停車的風險。

⑦採用先進成熟的控制系統：成功消化吸收了引進的 DCS 和 SIS 儀表控制系統，氣化爐的啟停和投料實現一鍵啟動，同時優化了系統順控、聯鎖、儀表保護功能，使得儀表系統更加精煉、可靠與完善。

⑧「三廢」易於處理，對環境友好。

⑨全套氣化技術僅燒嘴和氣化爐為專利專有設備，其他設備均可自給。

2. 溼法水煤漿加壓氣化工藝

溼法氣化代表性的工藝有 GE 單噴嘴水煤漿加壓氣化、四噴嘴水煤漿加壓氣化、多元料加壓氣化、熔渣非熔渣水煤漿二級氣化、清華爐水冷壁水煤漿加壓氣化和 E－gas 水煤漿氣化。

(1) Texaco 水煤漿加壓氣化工藝

GEGP 工藝（GE 水煤漿加壓氣化技術，又稱 Texaco、GEGP 工藝），即原 Texaco 水煤漿加壓氣化工藝［2004 年 Texaco 被 GE（General Electric Company）併購］，是美國 Texaco 石油公司在重油氣化的基礎上發展起來的。1945 年 Texaco 公司在洛杉磯近郊蒙特貝羅建成第一套中間試驗裝置，並提出了水煤漿的概念，水煤漿採用柱塞隔膜泵輸送，克服了煤粉輸送困難及不安全的缺點，後經各國製造商及研究單位逐步完善，1980 年代投入工業化生產，成為具有代表性的第二代煤氣化技術。水煤漿氣化技術在中國已有多年的應用業績，技術成熟，投資較省。

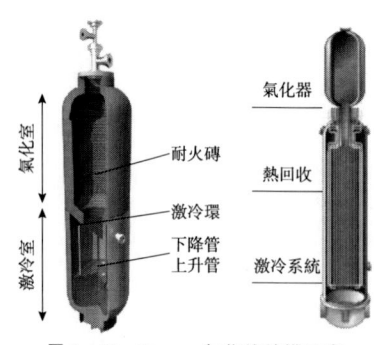

圖 2－23　Texaco 氣化爐結構示意

Texaco 氣化爐有兩種設計形式，即直接激冷式和廢鍋－激冷式。在這兩個方案中氣化部分結構是完全相同的。

Texaco 氣化爐氣化部分是由一個用耐火磚砌成的高溫空間，水煤漿和純度為 95% 的氧氣從安裝在爐頂的一個特製的燃燒噴嘴中向下噴入其間，形成一個非催化的、連續的、噴流式的部分氧化過程（圖 2－23）。反應溫度一般在 1500℃以下。粗煤氣的主要成分是 CO、H_2 和 H_2O，還有一定數量的 CO_2。此外，還會有微量的 CH_4、N_2、Ar、

H$_2$S 和 COS 等，不含任何重質碳氫化合物、焦油和其他有害副產品。

由於 Texaco 爐採用水煤漿，因而粗煤氣中水蒸氣含量較高。煤中所含的灰分在氣化過程中首先熔融成為液體狀態，當它被激冷水噴淋時，從位於氣化爐下部的輻射冷卻器流入爐底的水槽中時，將凝聚成為玻璃狀的顆粒，通過鎖氣式排渣斗排出爐體。由於它是惰性的，故可以作為建築材料。為了使煤中的灰分能在 Texaco 爐內以液態排渣方式排出，就不宜採用灰分熔點高的煤種，否則必須採用降低灰分熔點的添加劑。一般來說，適用於 Texaco 氣化爐的煤種的灰分熔點應控制在 1149～1482℃ 範圍內。

激冷式氣化爐與裝有煤氣冷卻器的氣化爐的主要差別在於對高溫粗煤氣所含的顯熱的回收利用。在激冷式氣化爐中，溫度高達 1370℃ 的粗煤氣在激冷室中用水噴淋，激冷到 200～260℃，進而去除灰和脫硫。顯然，在激冷過程中會使粗煤氣損失掉一部分物理顯熱，它大約等於低位發熱量的 10%。裝有煤氣冷卻器的氣化爐又稱為全熱能回收式氣化爐，它通過輻射冷卻器和對流冷卻器，可以把粗煤氣的溫度從 1370℃ 降低到 400℃ 左右；藉以加熱鍋爐給水，使之產生相當數量的水蒸氣（圖 2-24）。這樣，就能提高煤氣的效率。從能量有效利用的觀點來看，這種方案是合理的，但是輻射冷卻器和對流冷卻器很龐大，價格昂貴。

Texaco 氣化爐使用的水煤漿是用溼式磨煤機磨製的。水煤漿的濃度與原煤的特性相關。通常，水煤漿中固體煤的質量分數為 60%～70%。水煤漿可以存放較長時間，便於煤漿泵送到氣化爐頂的噴嘴中去霧化、燃燒和氣化。

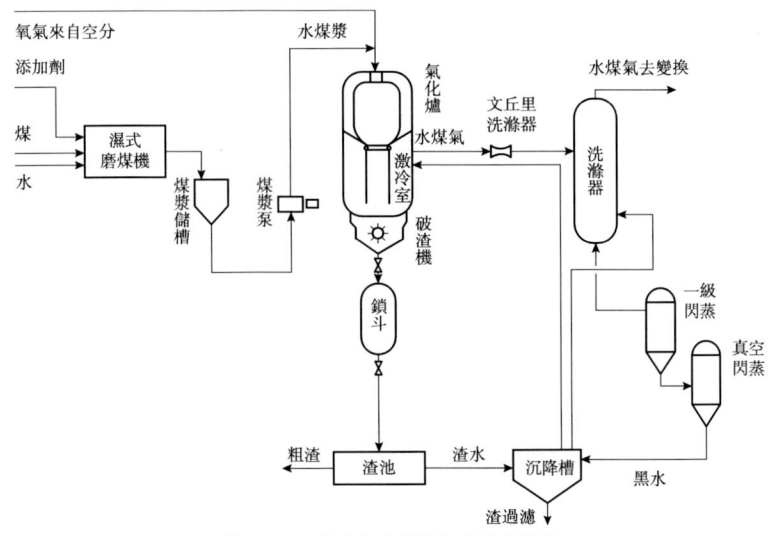

圖 2-24 德士古水煤漿氣化激冷流程

德士古水煤漿氣化優點如下：

①水煤漿連續進料純氧氣化，耐火磚熱壁爐，液態排渣，激冷或廢鍋流程，生產能力大，流程簡單可靠，實現電腦集散控制。

②原料適應性相對較寬，可氣化廣泛採用水力開採的粉煤、石油焦、煤液化殘渣等。各種煙煤、石油焦、煤加氫液化殘渣均可作為氣化原料，以年輕煙煤為主，對煤的粒度、黏結性、硫含量沒有嚴格要求。但是，中國企業運行證實水煤漿氣化對使用煤質仍有一定的選擇性：灰分熔點溫度 T3 低於 1350℃；煤中灰分含量不超過 15%，越低越好，並有較好的成漿性能，才能使運行穩定，並能充分發揮水煤漿氣化技術的優勢。

③合成氣有效氣($CO+H_2$)80%，相對較高；$CH_4<0.2\%$，$N_2<1.6\%$，含量低；不含烯烴及高級烴，有利於甲醇合成氣耗的降低及保證甲醇質量。

④1300℃以上高溫反應，不產生含酚、氰、焦油廢水。處理廢水：氣化、甲醇產生的廢水可用作製漿。灰渣是磚窯生產的上好原料。

⑤氣化技術成熟。製備的水煤漿可用隔膜泵來輸送，操作安全又便於計量控制。氣化溫度：1350~1400℃，燃燒室內由多層特種耐火磚砌築。有激冷和廢鍋兩種類型。

德士古水煤漿氣化的不足如下：

①由於氣化爐採用的是熱壁，為延長耐火襯裡的使用壽命，煤的灰分熔點應盡可能低，通常要求不大於 1300℃。對於灰分熔點較高的煤，為了降低煤的灰分熔點，必須添加一定量的助熔劑，這樣就降低了煤漿的有效濃度，增加了煤耗和耗氧，降低了生產的經濟效益。而且，煤種的選擇面也受到限制，不能實現原料採購本地化。

②燒嘴的使用壽命短，停車更換燒嘴頻繁（一般 45~60d 更換一次），為穩定後工序生產必須設置備用爐，無形中就增加了建設投資。

③一般一年至一年半更換一次爐內耐火磚。

(2)四噴嘴水煤漿加壓氣化

四噴嘴水煤漿加壓氣化由華東理工大學、兗礦魯南化肥廠和中國天辰化學工程公司開發。與 GE 氣化爐的區別是多噴嘴對置式氣流床氣化爐單爐負荷大，消除短路。多噴嘴對置式實現氣化區流場結構多元化，有射流區、撞擊區、撞擊流區、回流區、折流區和管流區，霧化加撞擊混合效果好，平推流長氣化反應進行完全。同時多噴嘴氣化吸收了 GE 的一些優點，採用側壁燒嘴對置布置，對激冷室進行了創新，避免渣堵塞氣流通道。有效氣體 $CO+H_2$ 達到 84.9%，熱效率高達 85%，碳轉化率為 98.8%，冷煤效率為 76%，比耗氧為 309，比煤耗為 535。氣化爐為耐火磚襯裡，造價低。採用激冷流程，煤氣除塵簡單，四（多）噴嘴，有備爐。

四噴嘴對置氣化工藝流程見圖 2-25。相對於 Texaco 爐單噴嘴，通過四噴嘴對置、優化爐型結構及尺寸，在爐內形成撞擊流，以強化混合和熱質傳遞過程，並形成爐內合理的流場結構，碳轉化率達到 98% 以上，從而達到良好的工藝與工程效果。該技術高效、節能，正常運行時的「三廢」排放量少、易處理，處理費用低。同時，氣化生產裝置內設備選型及材料選擇滿足裝置生產工藝的特殊要求並經濟合理。

多噴嘴對置式水煤漿氣化工藝技術特點：多噴嘴對置式水煤漿氣化工藝與 GE（德士古）水煤漿氣化工藝原理相同，具有相同的技術特點及要求。均以純氧和水煤漿為原料，採用氣流床反應器，在加壓非催化條件下進行部分氧化反應，生成以 CO 和 H_2 為有效成分的粗煤氣。但在具體的工程實現上有一定的差異及特點：①採用對置式多噴嘴，通過噴

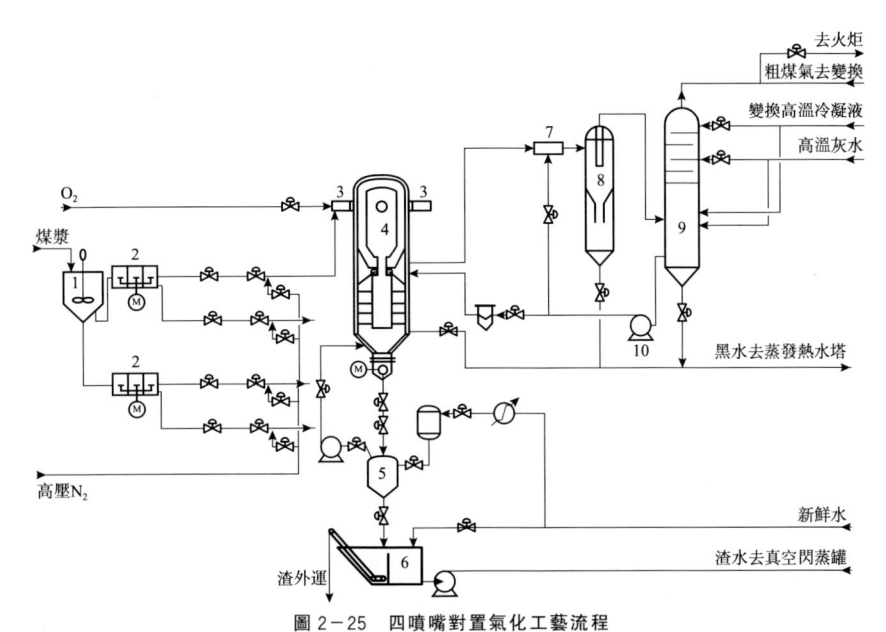

圖 2-25 四噴嘴對置氣化工藝流程

1—煤漿槽；2—煤漿給料泵；3—燒嘴；4—氣化爐；5—鎖斗煤斗；6—渣池；
7—混合器；8—旋風分離器；9—水洗塔；10—黑水循環泵

嘴對置，在爐內形成撞擊流，以強化混合和熱質傳遞過程，並形成爐內合理的流場結構，從而達到良好的工藝與工程效果；有效氣成分高、碳轉化率高，適應單爐大型化的要求。②煤氣初步淨化單位由混合器、旋風分離器、水洗塔組成，高效節能。煤氣的水洗塔為噴淋床與鼓泡床組成的複合床，具有良好的抑制煤氣帶水、帶灰功能。③黑水熱回收與除渣單位採用蒸發熱水塔，不設高壓灰水換熱器，採用蒸汽與返回灰水直接接觸工藝，灰水溫度高、蒸汽利用充分。

存在的不足：①合成氣體帶水較嚴重、阻力降大、激冷罐液位不易控制等問題；②溼法所具有的共同特點，含水量高達40％左右，能源消耗高，水的蒸發消耗氧氣；③燒嘴和氣化爐耐火磚的使用壽命決定必須有備爐。

(3) 多元料漿加壓氣化技術

多元料漿氣化工藝是由西北化工研究院開發的技術。料漿濃度在60％～68.5％，有效氣體$CO+H_2$達到83.4％，熱效率高達85％，碳轉化率為98％，冷煤效率為73％，比耗氧為362，比煤耗為575。氣化爐為耐火磚襯裡，造價低。採用激冷流程，有備爐。與GE爐的區別：煤液化殘渣、生物質、紙漿廢液和有機廢水等原料適應範圍廣，既可液態也可固態排渣，不會形成對耐火材料腐蝕；氣化劑可選用空氣、富氧和純氧；氣化爐分為熱壁爐和冷壁爐兩種，可供選擇，激冷室由下降管、上升管和溢流式激冷結構組成；噴嘴採用多通道結構，霧化效果與氣化爐結構匹配；氣化工藝後續關鍵部分也有較大改進。存在的不足與GE和四噴嘴存在的問題類似。

多元料漿經高壓料漿泵送入工藝燒嘴，料漿和氧氣按一定比例混合，經工藝燒嘴噴入氣化爐內，進行氣化反應。多元料漿氣化反應在氣化爐燃燒室中進行，製取煤氣（圖2—26）。氣化溫度為1300～1400℃，氣化壓力約為4.0MPa。氣化原料中的未轉化部分和由部分灰形成的液態熔渣與生成的粗煤氣一起流入氣化爐下部的激冷室。激冷水進入位於激冷室下降管頂端的激冷環，並沿下降管內壁向下流入激冷室。激冷水與出氣化爐渣口的高溫氣流接觸，部分激冷水氣化對粗煤氣和夾帶的固體及熔渣進行淬冷、降溫。經氣化爐渣斗定期排出灰渣，煤氣從氣化爐上部排出。

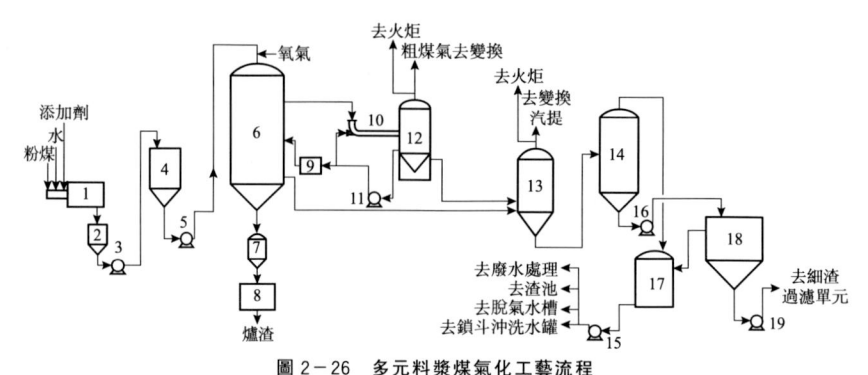

圖2—26　多元料漿煤氣化工藝流程

1—磨煤機；2—磨機出料槽；3—低壓料漿泵；4—料漿儲槽；5—高壓料漿泵；6—氣化爐；7—鎖斗煤斗；8—撈渣機；9—黑水過濾器；10—文丘里洗滌器；11—灰水循環泵；12—洗滌塔；13—低壓閃蒸罐；14—真空閃蒸罐；15—灰水泵；16—澄清槽進料泵；17—灰水槽；18—澄清槽；19—過濾機給料泵

多元料漿氣化技術採用涇法氣流床氣化概念，以煤、石油焦、石油瀝青等含碳物質和油（原油、重油、渣油等）、水等經優化混配形成多元料漿，料漿與氧通過噴嘴混合後瞬間氣化，具有原料適應性廣、氣化指標先進、技術成熟可靠、投資費用低等特點，整套工藝及料漿製備、添加劑技術、噴嘴、氣化爐、煤氣後續處理系統等已獲得多項專利。多元料漿氣化技術各項技術指標與引進相當，在合成氨和甲醇領域都有成功的使用經驗，已投產的和在建的裝置超過30套，是推廣業績較好的中國大型煤氣化技術。

(4)清華爐

清華爐是北京清華大學聯合北京盈德清大科技有限責任公司共同開發的具有自主智慧財產權的煤氣化工藝。不僅包括自主創新的氣化爐，還包括氣化工藝全流程的優化、配套技術的創新，改善了氣化爐的煤種適應性，提高了氣化系統的穩定性和可靠性，降低了氣化爐的能源消耗，綜合形成了以清華爐為核心的經濟型氣流床氣化技術體系。該技術如今已經開發至第三代。與前兩代清華爐相比，第三代清華爐的科技創新點在於核心部件輻射式蒸汽發生器借鑑液態排渣旋風鍋爐的進口和結構設計理念，能有效避免西方同類技術存在的堵渣和積灰問題；改進結構設計能減少雙面受熱面的布置比例，設備體積和投資減少；通過回收高溫合成氣熱量、副產高溫高壓蒸汽等方式，可提高能源轉換效率。

第一代清華爐耐火磚氣化技術（非熔渣—溶渣分級氣化技術）大型工業示範裝置於2006年1月在山西陽煤豐喜肥業（集團）臨猗分公司投入運行。隨後分別在大唐呼倫貝爾化肥有

限公司18萬t/a合成氨、30萬t/a尿素專案(簡稱大唐呼倫貝爾18/30專案)、鄂爾多斯金誠泰化工有限責任公司(一期60萬t/a甲醇裝置)、山西焦化、內蒙古國泰等公司投入運行。

第二代清華爐——水煤漿水冷壁清華爐的成功研發和投入運行,從根本上徹底解決乾法進料水冷壁氣化爐穩定性問題和溼法進料耐火磚氣化爐煤種適應性問題;實現了「三高」煤的氣化,使氣化用煤當地化,降低入爐煤成本;同時水煤漿水冷壁氣化技術特點符合當前煤炭清潔高效利用的發展趨勢。

第三代清華爐採用水煤漿+水冷壁+輻射式蒸汽發生器的氣化爐(圖2-27)。可用於煤製天然氣、煤製油、煤製烯烴、煤製乙二醇等新型煤化工產業,具有重要意義。解決了山西省高灰、高硫、高灰分熔點煤的氣化難題,煤種適應性提高;一爐變兩爐,不僅能生產合成氣,每小時還可生產約40t、5.4MPa的高溫高壓蒸汽,用於熱電聯產發電,能量利用高。

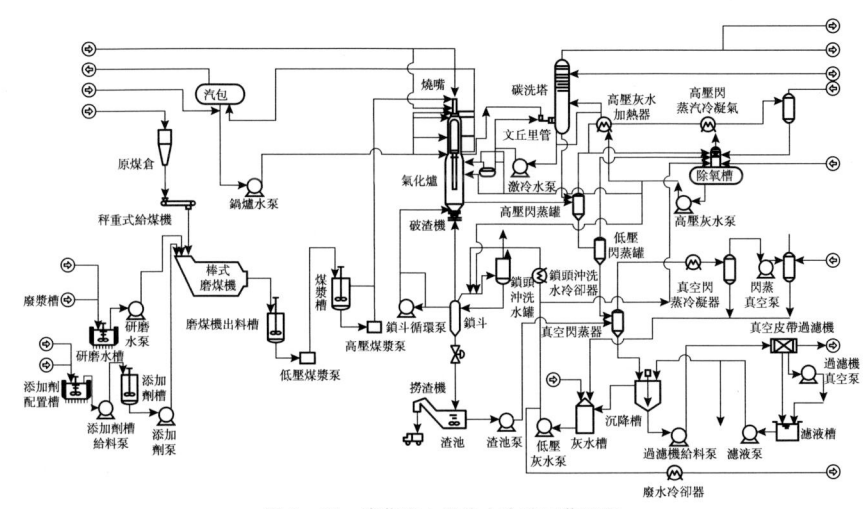

圖2-27 清華爐水煤漿水冷壁工藝流程

清華爐在具體應用中還有以下特點:

①安全性好。清華爐採用全密封垂直管結構,水冷壁和氣化爐殼體之間充滿保護氣,高溫氣與氣化爐承壓鋼殼之間另有保護氣隔離保護,因此不存在爐壁超溫的問題。運行過程中外殼運行溫度最高點僅110℃左右,比耐火磚氣化爐溫度低120℃左右。

②穩定性好。正常運行時,清華爐水冷壁的蒸汽產量能直接反映氣化爐的爐溫,如煤漿泵打量不好,蒸汽產量會瞬間增大,操作工可以及時處理,避免事故擴大。

③開停迅速。由於清華爐水冷壁保護塗層對升溫速率要求遠低於耐火磚氣化爐,因此開車速度快,一般只需1h就可以完成。而且由於蓄熱很少,一般停爐後很快就可以開車,不需要備爐。

④負荷率高。在相同直徑下,清華爐燃燒室容積可增加到20m³,而耐火磚氣化爐僅

為 12.5m³。燃燒室容積增加後，為擴產創造了條件。在相同煤種、相同負荷下，水煤漿在清華爐內的停留時間長，有效氣含量相對有所提高，煤的碳轉化率也得到了提高。

⑤工藝燒嘴運行時間長。清華氣化爐燒嘴冷卻採用夾套結構，燒嘴冷卻水採用汽包鍋爐水，溫度在 250℃ 以上，燒嘴運行的工藝條件得到優化，耐火磚氣化爐燒嘴存在的露點腐蝕、硫腐蝕和應力腐蝕等問題都得到解決。燒嘴冷卻沒有突出部件，不易損壞，冷卻水壓力比氣化爐高，即使燒嘴冷卻水洩漏，也不必立即停車。

⑥開工費用低。單臺耐火磚氣化爐每次烘爐大致需要消耗熱值為 2300 大卡的燃料氣 36000Nm³ 左右，而清華爐烘爐僅需要消耗同等熱值燃料氣約 4000Nm³。

⑦運行維護費用低。在相同煤質、相同負荷條件下，清華爐每小時可副產 50～80t 蒸汽，每年可生產高壓飽和蒸汽 400000～640000t。清華爐擺脫了耐火磚氣化磚磨損的更換問題，每年可減少維護費用 300 萬元。

⑧煤種適用性廣。清華爐燃燒室不受耐火磚限制，可使用成本更低的高灰分熔點煤，實現原料煤本地化，降低原料成本。單爐日投煤量以 1500t 計，若採用高灰分熔點煤，每臺每年可減少原料成本 2000 萬元以上。

⑨環境友好。清華爐內部塗有 30mm 厚的碳化矽塗層，在運行時不需更換，也不會脫落，對環境無害。此外，清華爐耐火材料烘爐時間很短，一般 1h 即可直接投料，放空的廢氣量少。

(5)E－gas 氣化技術

E－gas 氣化是在德士古水煤漿氣化基礎上發展的，1979 年由 Dow 化學公司根據二段氣化概念開發，1983 年建 550t/d 空氣氣化、1200t/d 氧氣氣化示範裝置，1985 年 Dow 化學在路易斯安那建設了 1475t/d 乾煤氣化爐用於 160MW IGCC 發電裝置，後改為 Destec 氣化。與 GE 爐區別在：採用二段反應分級氣化，第一段水平安裝，在高於煤的灰分熔點 1300～1450℃ 下操作，進行部分氧化反應，第一段兩頭同時進煤漿和氧氣，熔渣從底部經激冷減壓後排出；煤氣經中央上部進入二段，這也是一個氣流夾帶反應器，垂直安裝在第一段中央。入口噴 10%～20% 的煤漿，利用一段煤氣顯熱來氣化二段煤漿。該工藝與 GE 煤氣化工藝齊名，同樣是水煤漿進料，加壓純氧氣流床氣化工藝，因此其具有 GE 工藝的優點。

圖 2－28 所示為 E－gas 兩段氣化爐剖面示意，圖 2－29 所示為其工藝流程。第一段稱為反應器的部分氧化段，在 1316～1427℃ 的熔渣溫度下運行。該段可以看作一個水平圓筒，筒的兩端相對地裝有供煤漿和氧氣進料的噴嘴，圓筒中央的底部有一個排放孔，熔渣由此排入下面的激冷區。中央上部有一個出口孔，煤氣經此孔進入第二段，圓筒內襯有耐熔渣的高溫磚。第二段是一個內襯耐火材料垂直於第一段的直立圓筒，該段採用向上氣流床形式。另外有一路煤漿通過噴嘴把煤漿很好地均勻分布到第一段來的熱煤氣裡。第二段是利用一段煤氣的顯熱來氣化在二段噴入的煤漿。二段水煤漿噴入量為總量的 10%～15%。噴到熱氣體的煤漿發生一串複雜的物理和化學變化，除了水分被加熱及蒸發之外，煤顆粒經過加熱、裂解及吸熱氣化反應，從而降低混合物的溫度到 1038℃，以保證後面熱回收系統正常工作。

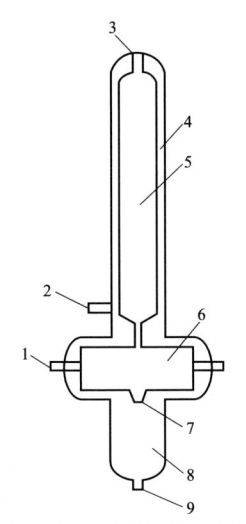

圖 2-28 E-gas 兩段氣化爐剖面示意
1—水煤漿氧氣入口；2—水煤漿入口；3—粗煤氣出口；4—耐火材料；5—第二段；
6—第一段；7—熔渣排出口；8—熔渣淬冷；9—熔渣出口

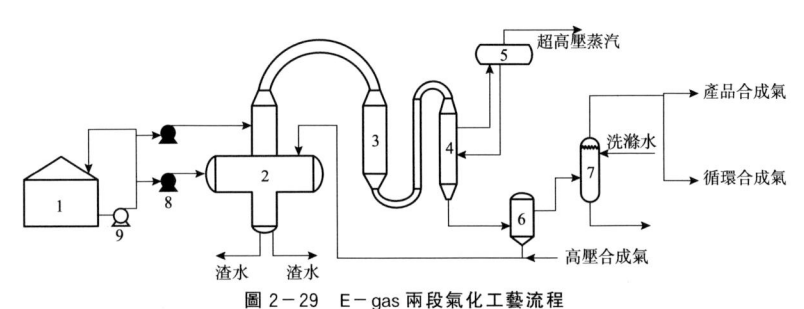

圖 2-29 E-gas 兩段氣化工藝流程
1—煤漿罐；2—氣化爐；3—停留段；4—合成氣冷卻器；5—汽包；
6—焦過濾器；7—氣洗塔；8—煤漿進料泵；9—煤漿循環泵

由於 E-gas 氣化爐採用特有的兩段氣化的特點，因此與傳統的一段式水煤漿氣化技術相比具有一定的優勢：由於進入氣化爐第二段的水煤漿，在不額外添加氧氣的條件下予以轉換利用，從而減少了裝置的耗氧量；由於它通過調節二段水煤漿進料，來調節合成氣中 H_2 和 CO 的比例，從而有效地降低了後序處理設備的成本。

E-gas 煤漿氣化工藝主要有如下特點：①適用於加壓下(最高壓力 8.5MPa)氣化，在較高的氣化壓力下，降低合成氣壓縮功；②氣化爐進料穩定，由於氣化爐的進料由可以調速的高壓煤漿泵輸送，所以煤漿的流量和壓力較易得到保證，便於操作負荷的調節；③工藝技術成熟可靠，(中國)國產化率高；④水煤漿加壓氣化先進、成熟、穩妥可靠；⑤採用激冷流程，工藝流程短，設備結構簡單；⑥氣化溫度高，有機物分解徹底，汙染物少，對於特別難處理的廢水、廢渣可加入煤漿中入爐氣化處理，可以滿足越來越高的環保要求；

⑦技術支持性，中國已擁有成功的工程經驗和大量的各方面的技術人才。

E-gas氣化爐存在的不足是：①由於氣化爐採用的是熱壁，為延長耐火襯裡的使用壽命，煤的灰分熔點應盡可能地低；②燒嘴連續使用週期短，燒嘴更換維修頻繁；③對煤漿濃度有要求，煤漿濃度相對不低於60%，否則能源消耗增加，效益低。

(6)晉華爐

山西陽煤化工機械(集團)有限公司與清華大學合作，研發出具有自主智慧財產權的晉華爐1.0、2.0、3.0先進煤氣化技術。晉華爐水煤漿氣化技術廣泛應用於煤製合成氨、煤製甲醇、煤製乙二醇、煤製氫等多個領域。

晉華爐1.0是分級給氧水煤漿耐火磚結構。將燃燒領域的分級送風思想引入煤氣化領域，通過分級給氧改善了氣化爐內的溫度分布。於2006年1月，投資2.4億元人民幣，用於年產10萬t甲醇裝置，在豐喜集團臨猗分公司投入運行，並一次開車成功。晉華爐1.0特點：第1代採用水煤漿＋耐火磚＋激冷流程氣化工藝流程。

晉華爐2.0為水煤漿＋水冷壁氣化工藝。徹底解決了現有耐火磚氣化爐的煤種灰分熔點限制問題。突破水冷壁大量吸熱的傳統認識，設計了能穩定形成高熱阻熔渣保護層的水冷壁澆注料結構，水冷壁吸熱量不到燃料熱量的0.2%，水冷壁氣化爐的熱效率高於耐火磚氣化爐。2011年8月，在陽煤豐喜一次開車成功；解決了高灰分熔點煤氣化的難題。晉華爐2.0特點：水煤漿＋膜式壁＋激冷流程氣化工藝流程。

2016年4月1日，晉華爐3.0在陽煤豐喜一次開車成功。晉華爐3.0特點：晉華爐3.0採用水煤漿＋膜式壁＋輻射式蒸汽發生器＋激冷流程氣化工藝流程。

晉華爐4.0特點：採用水煤漿＋膜式壁＋輻射式蒸汽發生器＋對流蒸汽發生器氣化工藝流程(圖2-30)，在陽煤豐喜集團公司進行工程示範。

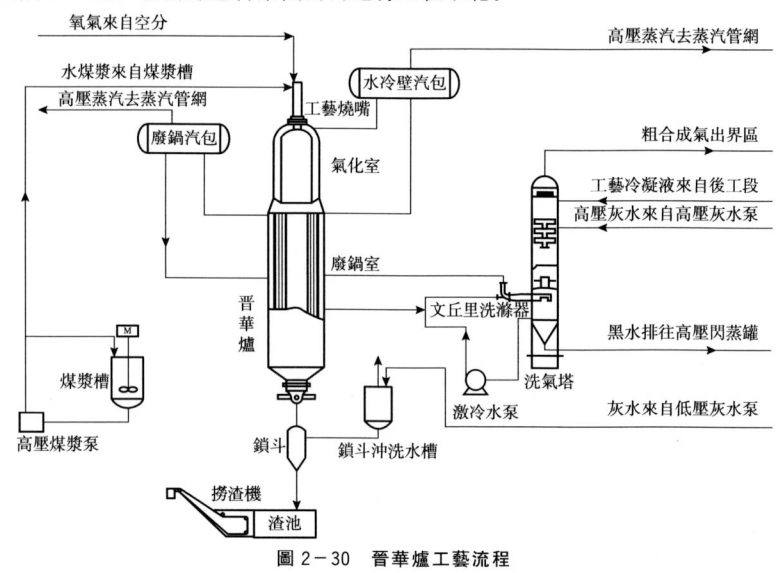

圖2-30 晉華爐工藝流程

低灰分熔點煤是水煤漿最常用的原料，可使用灰分熔點為1150～1550℃，灰分質量分數為6%～30%，揮發分質量分數為4%～36%的煤。晉華爐在水煤漿氣化爐燃燒室採用膜式水冷壁，高熱阻的渣層對水冷壁起到保護作用，使氣化溫度可達到1700℃，突破了水煤漿氣化無法使用高灰分熔點原料的限制，拓寬了氣化爐適用原料範圍。晉華爐可以氣化高灰分高熔點和高硫的「三高」煤種、低灰分熔點煤、半焦、焦炭、褐煤和高鹼性渣煤等，可以實現原料煤的本地化。

2.3 其他煤製氫技術

(1) 超臨界水－煤氣化技術製氫

超臨界水指高於水的臨界溫度374℃、臨界壓力22.1MPa而接近臨界點難以區分其為氣態或液態的流體超臨界水。分別具有與液態水相似的溶解、傳熱能力，與氣態水相似的黏度係數、擴散係數。超臨界水在與煤的氣化反應中發揮了極大作用，既可作為反應原料直接參與反應，又可作為反應介質促使反應混合物均相化，顯著提高氣化效率。水作為清潔溶劑，可存留產物中的有毒有害物質，降低污染性。超臨界水雖在氣化反應中發揮了溶劑化效應、加快反應進程等作用，但在氣化過程中無機物的溶解度急劇降低，在反應器內壁可能會形成一層薄膜，對反應器造成腐蝕且影響實驗效率。

煤是一種複雜的混合物，成分的不同造成超臨界水－煤氣化過程非常複雜。超臨界水氣化過程中存在兩種競爭的反應途徑：一種為在較低溫度和較高壓力下有利的離子反應，另一種為自由基反應，是較高溫度和較低壓力下的主要反應，為氣相產物的主要來源。超臨界水－煤氣化反應中主要涉及3個過程。

① 煤的熱解

熱解過程中，分離出部分氣相產物如 CO_2、CH_4 等，留下固定碳 $[C_xH_yO_z]_{FC}$。

$$[C_xH_yO_z]_{coal} \longrightarrow [C_xH_yO_z]_{FC} + CO_2 \qquad (2-14)$$

$$[C_xH_yO_z]_{coal} \longrightarrow [C_xH_yO_z]_{FC} + CH_4 \qquad (2-15)$$

② 固定碳的消耗（蒸汽重整反應）

$$[C_xH_yO_z]_{FC} + (x-z)H_2O \longrightarrow xCO + (x+y/2-z)H_2 \qquad (2-16)$$

③ 氣體相互轉化

$$CO + H_2O \rightleftharpoons CO_2 + H_2 \qquad (2-17)$$

$$CO + 3H_2 \rightleftharpoons CH_4 + H_2O \qquad (2-18)$$

由於褐煤穩定性、成漿性高，故應用較多；該技術尚未實現大規模工業化，故反應器類型主要為適用於小批量、多種類、支持較長停留時間的間歇式反應器；較低的氣化溫度（<500℃）氣化效果不理想，而較高的氣化溫度（>650℃）對反應器腐蝕作用較大。因此，氣化溫度多集中於500～650℃；依靠催化劑催化氣化可大幅提高氣化效率，實驗中催化劑使用率高達72%，其中，以經濟性較高且催化效果較強的鹼性催化劑為主。

(2) 煤電解製氫

在酸性條件下，煤漿電解製氫氣的主要反應如下：

$$C(s)+2H_2O(l) \longrightarrow 2H_2(g)+CO_2(g) \qquad (2-19)$$

陽極： $$C+H_2O(l) \longrightarrow CO_2(g)+4H^+ +4e^- \qquad (2-20)$$

陰極： $$4H^+ +4e^- \longrightarrow 2H_2(g) \qquad (2-21)$$

在陽極產生的氣體主要是CO_2，而煤中的N、S等元素經電解會形成酸留在溶液中，不會對大氣造成汙染。陰極產生的氣體主要是純淨的H_2。因此，該技術是綠色、清潔的。傳統製氫氣的方法是電解水，其理論電解電壓為1.23V，實際電解電壓為1.6～2.2V。而電解煤漿製氫氣比電解水能源消耗低，理論電解電壓為0.23V，實際電解電壓卻為0.8～1.2V。這是因為普通的水電解是電能提供全部水分子分裂所需的能量，而煤漿電解過程只有部分能量是由電能提供的，伴隨著煤的陽極氧化則提供另一部分能量。這種製氫的方法實際消耗的能量是電解水製氫的1/3～1/2。因此，該技術能源消耗低，成本低。但是由於電解效率不理想，至今沒有實質性的進展。

2.4 煤製氫HSE和發展趨勢

中國煤質種類繁多、煤化工產品路線各異，煤氣化過程中產生的合成氣組分及佔比根據氣化時所用煤的性質、氧化劑的類別、氣化過程的條件及氣化反應器的結構不同而不同。煤氣化技術正呈現多元化以適應不同煤質、不同煤化工產品路線的發展趨勢。

成熟的煤氣化技術有幾十種，雖然不同煤氣化技術形式存在優劣之分（表2-8），但不代表可以只選擇最先進的技術來進行生產，事實上不同技術形式有自身適用條件，且涉及經濟成本問題，因此企業在煤氣化技術運用之前應當根據生產條件、自身經濟狀況慎重選擇技術形式。

表2-8 不同煤氣化工藝參數對比

項目		Texaco	Shell	恩德爐	灰黏聚	固定床
氣化爐溫度/℃		1200～1400	1400～1600	950～1050	1050～1200	800～1250
爐內停留時間		幾秒鐘	幾秒鐘	幾分鐘	幾分鐘	4～5h
運行方式		加壓連續	加壓連續	常壓	常壓或加壓	間歇循環
煤種活性要求		不嚴格	不嚴格	高活性	有要求	不嚴格
煤種灰分熔點/℃		<1500	<1500	不嚴格	不嚴格	>1200
煤種成漿型		有限制	不限制	不限制	不限制	不限制
煤種要求		不限制	不限制	義馬煤	不限制	不限制
投資費用		大	大	中	中	小
排渣方式		液態	液態	固態	固態	固態
煤氣成分/%	H_2	33	26.7	39	32	45
	CO	46	63.3	28	40	32
	CO_2	19	1.5	21	23	7
	CH_4+Ar	1	1.1	2.9	2.5	1.5

技術形式選型規則如下：①根據生產目的。生產合成氨、甲醇或者市政燃氣、煉廠用氫對氣化產品有不同的要求，應根據實際需要和各氣化工藝特徵進行遴選。②根據生產條件。不同技術對原料煤的要求不同，應根據周邊煤資源的特性選擇合適的氣化工藝。③參照自身經濟條件，選擇最經濟實惠的技術形式，即保障技術能夠在現實生產條件下運作的情況中，企業需要根據自身經濟條件進行進一步選擇，否則可能因為無法承擔技術運維成本而放棄，不但帶來經濟損失，還不利於生產。④若選用進口工藝流程，盡量選擇（中國）國產化程度高的工藝。

(1) 氣化渣處置和應用

隨著煤氣化技術在中國的蓬勃發展，在煤氣化過程中不可避免地產生大量氣化殘渣，2019年，中國年生產氣化渣超過3300萬t。由於受各種因素限制，中國煤氣化渣的處理方式主要為堆存和填埋。這樣的處理方式不僅嚴重地汙染環境，而且造成巨大的土地資源浪費。因此，如何消除煤化工產業發展帶來的廢渣汙染，實現煤化工廢棄物科學處置、變廢為寶，是煤氣化產業可持續發展需要突破的重要課題。隨著中國基建行業的飛速發展，當前中國土木工程建設所需的天然原材料十分緊缺，工業固體廢物在大宗土木工程材料中的資源化利用，是消耗大量固體廢物的重要途徑。

煤氣化渣的主要化學成分是 SiO_2、Al_2O_3、CaO、Fe_2O_3、C。分為粗渣與細渣，粗渣產生於氣化爐的排渣口，占60%~80%；細渣產生於合成氣的除塵裝置，占20%~40%。針對氣化渣應用的研究主要集中於以下幾個方面：①建工建材製備：骨料、膠凝材料、牆體材料、免燒磚等；②土壤、水體修復：土壤改良、水體修復等；③殘碳利用：殘碳性質、殘碳提質、循環摻燒等；④高附加值材料製備：催化劑載體、橡塑填料、陶瓷材料、矽基材料等。

氣化渣規模化處置利用主要聚焦在建工建材、生態治理等方面。但因其含碳量高、雜質高等特點，導致建工建材摻量低、質量不穩定，生態治理二次汙染嚴重等問題，經濟效益和環境效益差。因此煤氣化灰渣規模化安全處置技術急待解決。在資源化利用方面，結合氣化渣資源特點，主要在碳材料開發利用、陶瓷材料製備、鋁/矽基產品製備等方面引起廣泛關注。雖然經濟效益相對顯著，但均處於實驗室研究或擴試試驗階段，主要存在成本高、流程複雜、雜質難調控、下游市場小等問題，無法實現規模化利用。因此為了提高企業經濟效益，同時解決企業環保難題，結合煤氣化渣堆存量大、產生量大、處理迫切的現狀，以及富含鋁矽碳資源的特殊屬性，氣化渣的綜合利用採取「規模化消納解決企業環保問題為主＋高值化利用增加企業經濟效益為輔」處置思路。開發過程簡單、適應性強、具有一定經濟效益的煤氣化渣綜合利用技術路線，是氣化渣利用的有效途徑和迫切需要。

(2) 煤氣化廢水處理

煤氣化行業最大的特點是耗水量和廢水量巨大，廢水水質複雜，汙染物濃度高，處理難度大。

中國煤氣化的產業布局通常優先選擇在煤炭資源地或煤炭集散地。而中國煤炭資源主要分布在水資源相對匱乏、生態比較脆弱的中西部地區（如山西、內蒙古、陝西、新疆、寧夏等），其中很多地區水資源嚴重匱乏，生態環境脆弱，沒有納汙水體或納汙能力薄弱。

即使煤氣化廢水經過處理達到中國排放標準，當地的生態環境仍不允許外排。同時，極大的耗水量與水資源的嚴重短缺也迫切要求提高煤氣化廢水處理的水回收率，亟須對廢水進行深度處理，達到或接近「零排放」，否則會嚴重破壞生態環境，制約中國現代煤化工的可持續發展。

煤氣化廢水主要來源於氣化過程的洗滌、冷凝和分餾工段。在氣化過程中產生的有害物質大部分溶解於洗氣水、洗滌水、儲罐排水和蒸汽分流後的分離水中，形成了煤氣化廢水。煤氣化廢水是一種典型的難以生物降解的廢水，外觀一般呈深褐色，黏度較大，泡沫較多，有強烈的刺激性氣味。廢水中含有大量固體懸浮顆粒和溶解性有毒有害化合物（如氰化物、硫化物、重金屬等），可生化性較差，有機汙染物種類繁多，化學組成十分複雜，除了含有酚類化合物（單位酚、多元酚）、稠環芳烴、咔唑、萘、吡咯、呋喃、聯苯、油等有毒、有害物質，還有很多的無機汙染物如氨氮、硫化物、無機鹽等。其中無機鹽主要來源於煤中含有的氯、金屬等雜質；酚類等芳香族化合物主要來源於某些煤氣化工藝中產生的焦油、輕質油高溫裂化；氨氮、氰化物及硫化物主要來源於煤中含有的氮、硫雜質，在氣化時這些雜質部分轉化為氨、氰化物和硫化物，而氨和氣化過程生成的少量甲酸又可以反應生成甲酸氨，高濃度的氨氮造成煤氣化廢水的碳氮比（C/N）極不均衡，進一步增加了生化處理的難度。

此外，隨著原料煤種類（褐煤、煙煤、無煙煤和焦炭）及煤氣化工藝[固定床（魯奇爐）、流化床（溫克勒爐）和氣流床（德士古爐）]的不同，煤氣化廢水水質差異很大。

煤氣化廢水處理一般採用常規的三級處理，即預處理—生化處理—深度處理的方法。其中預處理和生化處理是保證深度處理的必要條件。預處理單位中油類物質的去除通常採用隔油、氣浮等方法；酚類物質的去除主要採用溶劑萃取法；而氨類的去除採用蒸汽汽提法。二級處理即生化處理，採用厭氧、好氧、厭氧/缺氧/好氧（A_2/O）及強化工藝降解廢水中的有機物；三級處理為深度處理，採用混凝沉降、高級氧化（臭氧氧化、Fenton 氧化等）、膜技術（超濾、納濾、反滲透、電滲析等）、蒸發結晶（蒸發塘、機械再壓縮蒸發、多級閃蒸、多效蒸發等）等方法提高廢水水質、滿足排放或回用的要求。

煤氣化廢水處理過程中，預處理及生化處理工藝相對成熟，深度處理與回用工藝仍有很大的問題，需要進一步探索。

(3) 煤製氫 CCUS 技術整合

2018 年，全球化石燃料燃燒產生的 CO_2 排放高達 331 億 t，其中中國佔比約 28.7%，居全球首位。煤製氫生產 1kg 氫氣排放 20kg CO_2。

CCUS 技術主要包括 CO_2 捕集、運輸、利用及封存 4 個技術環節。在 CO_2 捕集方面，中國僅有基於化學吸收法的燃燒前捕集技術進入商業化應用階段；在 CO_2 運輸方面，中國僅有 CO_2 車運技術能夠商業化應用，可大規模輸送 CO_2 的陸地管道運輸技術仍處在工業示範階段；在 CO_2 利用方面，中國僅有 CO_2 轉化為食品和飼料技術已實現商業化應用；在 CO_2 封存方面，尚未有相關技術達到商業化應用階段。截至 2019 年，中國已建成投產 20 餘個示範工程，橫跨電力、煤製油、天然氣處理等多個領域，整體來看 CCUS 技術在中國已具備大規模示範基礎。

從資源的地理分布情況來看，中國的煤礦主要分布在華北、西北及東北地區，而可用於 CO_2 地質封存的油田、氣田及深部鹹水層也主要集中分布在這些地區。因此，中國的煤炭資源與 CO_2 封存地資源呈現出高度的空間匹配度，這為中國未來煤製氫與 CCUS 技術的整合化應用奠定了良好的基礎，尤其是新疆、陝西、山西及內蒙古等地，擁有豐富的煤炭資源、油氣資源及 CO_2 封存潛力，可作為未來發展煤製氫與 CCUS 技術整合應用的示範基地。

當煤製氫與 CCUS 技術整合應用時，前期投資成本和營運成本都將增加。IEA 針對中國煤製氫的評估結果顯示：在煤製氫生產中加入 CCUS 技術預計將使資本支出和燃料成本增加 5%，營運成本增加 130%。

中國擁有豐富的煤炭資源，煤製氫技術可在保障能源安全的前提下滿足中國的氫能需要，將在中國氫能發展的初期和中期階段發揮重要作用，但需降低其碳足跡（「灰氫」轉化為「藍氫」）。因此，煤製氫技術與 CCUS 技術的整合對中國能源低碳轉型及低碳化製氫具有重要意義，在中國也具有良好的發展前景。

(4) 煤氣化發展趨勢

從煤氣化技術的發展過程看，爐型從固定床到流化床，再到氣流床，入爐煤顆粒直徑從公分級到毫米級，再到微米級，反應溫度從中溫（800～900℃）到高溫（1300～1500℃），爐內反應速率逐漸增加，氣化爐單位體積處理能力不斷提升，煤中碳的轉化率不斷提高；氣化爐操作壓力從常壓變為高壓，顯著增強了氣化爐單位體積的處理能力；氣化煤種也從早期的焦炭、無煙煤逐步擴展到煙煤和褐煤，煤種適應性不斷改善。總之，煤氣化技術的發展過程就是煤種適應性不斷改善、碳轉化率不斷提高、單爐規模不斷增加、汙染物排放不斷減低的過程。

中國煤氣化技術近年來發展勢頭快速，技術升級加快，大型化、高壓化趨勢明顯，研發綜合實力不斷增強；展望未來，煤氣化技術將進一步朝著安全、高效、節能、綠色環保、專業化、智慧資訊化等方向發展。

習題

1. 列表對比歸納總結固定床工藝流程、流化床工藝流程和氣流床工藝流程的特點、適用場景。

2. 分析對比急冷流程和廢熱鍋爐流程的特點。

3. 簡述典型流化床工藝流程的特徵並對比分析其技術優劣。

4. 簡述典型固定床工藝流程的特徵並對比分析其技術優劣。

5. 某煉油廠由於新增用氫裝置，需要補充氫氣 10 萬 m^3/h，該煉廠周邊有煤礦。請你根據所學知識，結合文獻查閱，給該廠建議一種氫氣生產工藝。

6. 某氣化煤的平均分子式為 $CH_{0.75}S_{0.02}$，擬採用 Shell 乾煤粉氣化技術進行計算，試計算其碳排放量（$kgCO_2/kgH_2$）。

第3章 天然氣製氫

天然氣是用量大、用途廣的優質燃料和化工原料。天然氣化工是以天然氣為原料生產化工產品的工業。天然氣通過淨化分離和裂解、蒸汽轉化、氧化、氯化、硫化、硝化、脫氫等反應可製成合成氨、甲醇及其加工產品(甲醛、醋酸等)、乙烯、乙炔、二氯甲烷、四氯化碳、二硫化碳、硝基甲烷等。世界總產量 2020 年達到 40140 億 m^3。天然氣製氫是氫氣的主要來源。全球每年約 7000 萬 t 氫氣產量,約 48% 來自天然氣製氫,大多數歐美國家以天然氣製氫為主。天然氣製氫技術路線包含天然氣蒸汽重整製氫、甲烷部分氧化法製氫、天然氣催化裂解製氫及 CH_4/CO_2 乾重整製氫等技術路線。

3.1 天然氣蒸汽重整製氫

3.1.1 天然氣蒸汽重整製氫的反應原理

天然氣化學結構穩定,在高溫下才具有反應活性。天然氣蒸汽重整(Steam Methane Reforming,SMR)是指在催化劑的作用下,高溫水蒸氣與甲烷進行反應生成 H_2、CO_2、CO。蒸汽重整工藝是工業上應用最廣泛、最成熟的天然氣製氫工藝。發生的主要反應如下:

$$CH_4 + H_2O \rightleftharpoons CO + 3H_2 \quad (\Delta H = +206.3 kJ/mol) \quad (3-1)$$

$$CO + H_2O \rightleftharpoons CO_2 + H_2 \quad (\Delta H = -41.2 kJ/mol) \quad (3-2)$$

反應(3-1)為強吸熱反應,所需熱量由燃料天然氣及變壓吸附解吸氣燃燒反應提供。對甲烷含量高的天然氣蒸汽轉化過程,當水碳比太小時,可能會導致積炭,反應式如下:

$$2CO \rightleftharpoons C + CO_2 \quad (\Delta H = -172 kJ/mol)$$

$$CH_4 \rightleftharpoons C + 2H_2 \quad (\Delta H = +74.9 kJ/mol)$$

$$CO + H_2 \rightleftharpoons C + H_2O \quad (\Delta H = -175 kJ/mol)$$

反應動力學是研究化學反應速率及各種因素對化學反應速率影響的學科。絕大多數化學反應並不是按化學計量式一步完成的,而是由多個具有一定程序的基元反應構成。反應進行的這種實際歷程稱反應機理。化學反應工程工作者通過實驗測定,來確定反應物系中各組分濃度和溫度與反應速率之間的關係,以滿足反應過程開發和反應器設計的需求。

反應平衡常數是在特定條件下(如溫度、壓力、溶劑性質、離子強度等),可逆化學反應達到平衡狀態時生成物與反應物的濃度(方程式序係數冪次方)乘積比或反應產物與反應

底物的濃度（方程式序係數冪次方）乘積比。用符號「K」表示。從熱力學理論上來說，所有的反應都存在逆反應，也就是說所有的反應都存在著熱力學平衡，都有平衡常數。平衡常數越大，反應越徹底。

可根據表3-1中的經驗公式估算不同反應溫度的反應平衡常數。對於蒸汽重整反應，溫度越高，平衡常數越大。

表3-1 不同反應溫度平衡常數的估算

反應	平衡常數	單位
蒸汽重整	$K_{p2}(T)=1.198\times10^{11}e^{(-26830/T)}$	$(MPa)^2$
變換反應	$K_{p2}(T)=1.767\times10^{-2}e^{(4400/T)}$	$(MPa)^0$

該反應體系中常見的熱力學參數，如標準生成焓 $[\Delta_f H_m^\ominus(298K)]$，標準生成吉布斯函數 $[\Delta_f G_m^\ominus(298K)]$ 及標準熵 $[\Delta_f S_m^\ominus(298K)]$ 見表3-2。

表3-2 反應體系的熱力學參數

物質	$\Delta_f H_m^\ominus(298K)/$ (kJ/mol)	$\Delta_f G_m^\ominus(298K)/$ (kJ/mol)	$\Delta_f S_m^\ominus(298K)/$ [J/(mol·K)]
$CH_4(g)$	-71.48	-50.72	188.0
$H_2O(g)$	-241.82	-228.57	188.83
$CO(g)$	-110.52	-137.17	197.67
$H_2(g)$	0	0	130.88
$CO_2(g)$	-393.51	-394.36	213.7

文獻中有根據蒸汽與甲烷物質的量的比 m，蒸汽轉化過程 CH_4 轉化率 x，變換反應過程中 CO 轉化率 y，計算其平衡組成和各組分分壓的方法（表3-3）。

表3-3 計算其平衡組成和各組分分壓

組分	反應前/mol	平衡時/mol	平衡分壓/MPa
CH_4	1	$1-x$	$p_{CH_4}=\dfrac{1-x}{1+m+2x}P$
H_2O	m	$m-x-y$	$p_{H_2O}=\dfrac{m-x-y}{1+m+2x}P$
CO		$x-y$	$p_{CO}=\dfrac{x-y}{1+m+2x}P$
H_2		$3x+y$	$p_{H_2}=\dfrac{3x+y}{1+m+2x}P$
CO_2		y	$p_{CO_2}=\dfrac{y}{1+m+2x}P$
合計	$1+m$	$1+m+2x$	P

其平衡常數可根據各個組分的分壓進行計算。

$$K_{P1} = \frac{p_{CO} p_{H_2}^3}{p_{CH_4} p_{H_2O}} = \frac{(x-y)(3x+y)^3}{(1-x)(m-x-y)} \left(\frac{P}{1+m+2x}\right)^2$$

$$K_{P2} = \frac{p_{CO_2} p_{H_2}}{p_{CO} p_{H_2O}} = \frac{y(3x+y)}{(x-y)(m-x-y)}$$

對於常用的鎳催化劑上的蒸汽重整反應，認可度比較高的一種反應機理認為反應歷程如下：

(1) $CH_4 + Z \longrightarrow Z-CH_2 + H_2(*) + Z-H$

(2) $Z-CH_2 + H_2O \longrightarrow Z-CO + 2H_2$

(3) $Z-CO + Z \longrightarrow Z + CO$

$CH_4 + H_2O \longrightarrow CO + 3H_2$

(4) $H_2O(g) + Z \longrightarrow Z-O + H_2$

(5) $CO + Z-O \longrightarrow CO_2 + Z$

$CO + H_2O \longrightarrow CO_2 + H_2$

第(1)步為反應速率控制步驟。

式中，Z 為鎳催化劑表面的活性中心；$Z-CH_2$ 為化學吸附的次甲基；$Z-CO$ 為化學吸附的 CO；$Z-O$ 為化學吸附的氧原子；$Z-H$ 為化學吸附的氫原子。

反應機理的研究對深入理解反應歷程，研究催化劑的去活化原因乃至研發新的催化劑都具有很強的指導意義。

反應動力學方程式是反應器設計的重要依據，如果將蒸汽轉化和變換反應都視為可逆反應，則其反應動力學方程式可用下面的公式表示：

$$r_{CO} = k_1 P_{CH_4}^{0.8} \left[1 - \frac{P_{CO} P_{H_2}^2}{K_{P2} P_{CH_4} P_{H_2O}^2}\right]$$

$$r_{CO_2} = k_2 P_{CH_4}^{0.8} P_{H_2O}^{1.5} \left[1 - \frac{P_{CO} P_{H_2}^4}{K_{P2} P_{CH_4} P_{H_2O}^2}\right]$$

式中，r_{CO} 和 r_{CO_2} 為 CO 和 CO_2 的生成速率動力學方程式，分別為蒸汽轉化的速率和變換反應的速率，mol/(s·g)；分壓 P_i（i 分別代表 CH_4、CO、H_2、H_2O）的單位為 atm；k_1 與 k_2 為反應的平衡常數，量綱分別為 atm 和 atm^2。k_1 和 k_2 可由 Arrhennius 方程式近似表示：

$$k_1 = 6.45 \times 10^5 \exp\left[-\frac{36200}{RT}\right]$$

$$k_2 = 512 \exp\left[-\frac{18780}{RT}\right]$$

式中，R 為理想氣體常數，$R = 8.314 J/(mol·K)$；T 為開爾文溫度。

文獻中提供了另一種 Ni/Al_2O_3 催化劑上不考慮內外擴散影響下的反應動力學方程式：

$$r_{CO} = A_1 \exp\left(-\frac{E_1}{RT}\right) P_{CH_4}^{C_1} P_{H_2O}^{C_2} \left[1 - \frac{P_{CO} P_{H_2}^3}{K_{P1} P_{CH_4} P_{H_2O}}\right]$$

$$r_{CO_2} = A_2 \exp\left(-\frac{E_2}{RT}\right) P_{CH_4}^{C_3} P_{H_2O}^{C_4} \left[1 - \frac{P_{CO}P_{H_2}^1}{K_{P_2}P_{CH_4}P_{H_2O}}\right]$$

式中，A 為前因子；E 為反應活化能；C 為壓力指數，其值如表 3-4 所示。

表 3-4 動力學方程式的常數

A_1/ [mol/(h·g·kPa$^{0.89}$)]	A_2/ [mol/(h·g·kPa$^{2.06}$)]	E_1/ (kJ/mol)	E_2/ (kJ/mol)
1.08×10^8	1.73×10^4	178.98	139.00
C_1	C_2	C_3	C_4
0.89	0	0.85	1.21

3.1.2 天然氣蒸汽重整製氫的工藝流程

英國的福斯特惠勒，丹麥的托普索，德國的林德、魯奇及伍德，法國的德希尼布等提供天然氣蒸汽重整製氫技術工藝包。天然氣水蒸氣重整是運轉臺套數最多、技術最成熟的工藝。經過淨化處理的天然氣與過熱水蒸氣在催化劑作用下發生重整反應，生成 CO、CO_2、H_2，此過程為吸熱反應，高溫有利於反應的進行。大規模的工業化裝置中，為節省裝置成本，主要採用高溫高壓反應模式；中國製氫裝置普遍採用的重整壓力在 0.6～3.5MPa，反應溫度為 600～850℃。天然氣蒸汽重整工藝流程包括天然氣預處理脫硫、蒸汽重整反應、CO 變換反應、氫氣提純等，其工藝流程見圖 3-1。

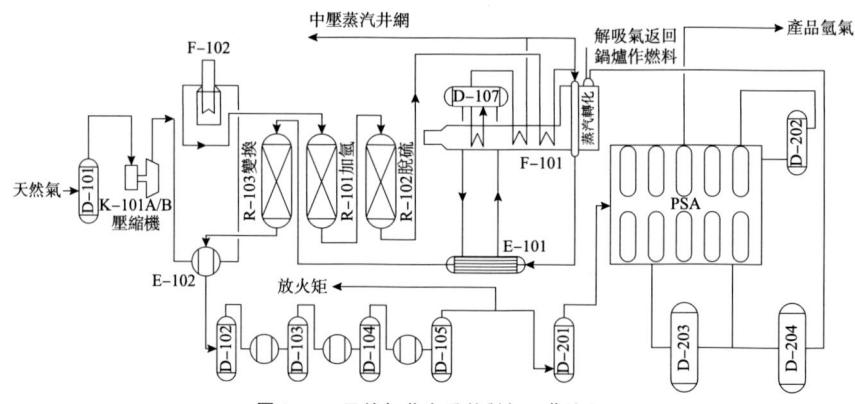

圖 3-1 天然氣蒸汽重整製氫工藝流程

此工藝流程為中國石油吉林石化公司煉油廠 $4 \times 10^4 m^3/h$ 天然氣製氫裝置。界區外輸入的天然氣進入儲罐 D-101，經過壓縮機 K-101A/B 增壓後進入加熱爐 F-102 對流段換熱升溫，之後進入加氫反應器 R-101，在加氫脫硫催化劑上將有機硫化物變為硫化氫，同時烯烴被加氫飽和。預處理脫硫後的天然氣進入氧化鋅反應器 R-102 中去除硫化氫。去除硫化氫後的天然氣與蒸汽混合後，混合氣進入轉化爐 F-101 進行蒸汽重整反應，生成 H_2、CO、CO_2。高溫轉化氣經廢熱鍋爐 E-101 換熱到 320～380℃ 後進入中溫變換反

應器 R－103 中進行 CO 與蒸汽的變換反應。中變氣經換熱，氣－水分離後氣相進入變壓吸附(PSA)單位進行淨化。從 PSA 得到純度大於 99.9％的產品氫氣。變壓吸附的低壓解吸氣送入轉化反應爐 F－101 燃燒，給甲烷蒸汽重整轉化反應提供熱量。

(1)天然氣的脫硫精製

由於天然氣形成過程中的地質作用，原料天然氣中一般含有硫化氫、硫醇、噻吩等含硫化合物。管輸天然氣中硫含量一般為 $20×10^{-6}$ 左右，達不到轉化催化劑所需要的低硫含量（總硫含量$≤1×10^{-6}$）。因此，在天然氣製氫工藝中，都會設置脫硫工序。根據原料天然氣含硫量、下游氫氣使用工況的不同，常設置鈷鉬加氫脫硫→氧化鋅脫硫→氧化銅精脫硫工序。

①鈷鉬加氫脫硫

鈷鉬加氫脫硫是指將有機複雜硫化物加氫轉化成硫化氫的過程。鈷鉬加氫催化劑對硫化物的去除反應如下。

a. 硫醇加氫：
$$R-SH+H_2 \longrightarrow RH+H_2S$$

b. 硫醚加氫：
$$R-S-R'+2H_2 \longrightarrow RH+R'H+H_2S$$

c. 二硫化物加氫：
$$R-S-S-R'+3H_2 \longrightarrow RH+R'H+2H_2S$$

d. 噻吩加氫：
$$C_4H_4S+4H_2 \longrightarrow n-C_4H_{10}+H_2S$$

e. 二硫化碳加氫：
$$CS_2+4H_2 \longrightarrow CH_4+2H_2S$$

f. 硫氧化碳加氫：
$$COS+H_2 \longrightarrow CO+H_2S$$

g. 稀烴加氫飽和：
$$C_nH_{2n}+H_2 \longrightarrow C_nH_{2n+2}$$

鈷鉬加氫工序還存在以下作用：

a. 加氫過程可使天然氣中含有的部分不飽和烴在加氫的過程中變為飽和烴；保護轉化催化劑。

b. 加氫過程可使有機氯轉變成氯化氫，氯化氫在後續的工序中被吸附除掉。

c. 鈷鉬加氫催化劑同時能將原料中的其他有害雜質如砷、鉛等去除，這些都是容易讓催化劑中毒的組分。

鈷鉬加氫反應是放熱反應，反應平衡常數大，有機硫、不飽和烴等物質加氫轉化去除率高。有機硫加氫轉化反應的共同特點是 S-C 鍵斷裂，形成 C-H 和 H_2S，碳環和雜環化合物加氫變成開鏈化合物，不飽和鍵被加氫飽和。其中，噻吩由於具有芳香性，是轉化難度最大的有機硫物種。

②ZnO 脫硫

ZnO 脫硫是在工業上去除低濃度硫效率最高的方法，ZnO 對低濃度硫的去除率可高

達 99.5%。鈷鉬加氫後再經過 ZnO 脫硫的工藝，能使淨化後的天然氣中硫含量低於 0.1×10^{-6}。ZnO 脫硫的反應過程如下：

$$H_2S + ZnO \longrightarrow ZnS + H_2O(g)$$

$$C_2H_5SH + ZnO \longrightarrow ZnS + C_2H_4 + H_2O(g)$$

$$C_2H_5SH + ZnO \longrightarrow ZnS + C_2H_5OH$$

由上述反應可知，ZnO 去除有機硫的過程並不需要氫環境，但其脫硫的過程是以犧牲 ZnO 為代價進行的。實際生產過程中，在 ZnO 脫硫工序後應定期檢測硫含量，若硫含量超過 1×10^{-6} 後，就應當及時更換 ZnO 脫硫劑以提高轉化催化劑的使用壽命。

卸出的 ZnO 脫硫劑可通過乾法或者溼法進行再生。其反應過程如下：

$$ZnS + 2O_2 \longrightarrow ZnSO_4 (乾法)$$

$$ZnS + H_2SO_4 + 1/2 O_2 \longrightarrow ZnSO_4 + S + H_2O(溼法)$$

$$ZnS + 3ZnSO_4 \longrightarrow 4ZnO + 4SO_2$$

$$2SO_2 + O_2 \longrightarrow 2SO_3$$

$$ZnSO_4 \longrightarrow ZnO + SO_3$$

在原料中摻雜高碳烴的流程中還包含脫氯過程。按照去除機理不同，脫氯有兩類，一類是物理吸附法，另一類稱為化學吸附法。物理吸附法一般用比表面積高的分子篩或者活性氧化鋁等吸附劑來去除 HCl。而化學吸附法中，待淨化的 HCl 與脫氯劑中的有效金屬組分反應而被固定下來。例如：

$$2NaAlO_2 + 2HCl \longrightarrow 2NaCl + Al_2O_3 + H_2O$$

天然氣中若含有有機氯（如氯代烴）時，難以被脫氯劑吸收。需經加氫催化劑將其轉化為 HCl 方可被去除。

(2) 蒸汽重整反應

天然氣蒸汽重整為強吸熱反應，反應條件非常苛刻。天然氣蒸汽重整反應通常的反應溫度為 750~950℃，反應空速為 800~1200h^{-1}，反應壓力為 0.6~3.5MPa，操作莫耳水碳比為 2.5~4.0。由於反應溫度高，天然氣在低水碳比下會產生積炭。積炭覆蓋在催化劑表面使其失去催化活性。在工業裝置中，常用高水碳比 6.0~7.0 的操作清除催化劑的表面積炭，使去活化的催化劑再生，不用頻繁停車更換催化劑，從而提高生產效率。甲烷蒸汽的比例取決於反應條件和所用催化劑的性質。該反應通常在鎳基催化劑上進行，得到主要含有 H_2（體積分數為 44.7%）、CO_2（體積分數為 5.9%）、CO（體積分數為 7.28%）、CH_4（體積分數為 3.5%）、H_2O（體積分數為 37.2%）的轉化氣（數據取自黑龍江某生產現場，反應溫度為 830℃，反應壓力為 2.0MPa）。

蒸汽重整反應是核心轉化工序，通常該反應在轉化爐中進行。轉化爐是整個裝置的核心設備，包括輻射段和對流段。輻射段排布裝填有催化劑的轉化反應管。通常在對流段設置換熱單位用以回收煙氣熱量，提高熱效率。脫硫後的原料氣體與過熱蒸汽混合。混合後的原料氣在進入轉化爐輻射段前，通常利用轉化爐對流段煙氣的熱量將混合氣預熱到 500~650℃，以便混合氣能在轉化管上段開始反應，提高轉化催化劑的利用率，降低轉化爐輻射段燃料的消耗。

在以下反應條件下容易發生積炭：①水碳比過低；②脈衝進料；③非甲烷總烴含量高；④反應溫度過高。原料會在催化劑表面產生積炭現象，導致碳沉積在催化劑活性晶面上，引起催化劑去活化、嚴重時碳聚集會堵塞反應管。但是低的操作水碳比意味著減少了通過裝置的蒸汽流量，降低了反應空速從而提高反應停留時間，因此設備尺寸變小，節省了裝置的投資。但是，過低的水碳比會造成轉化催化劑積炭且降低甲烷的轉化率，雖然可通過將轉化爐出口氣體溫度提高到920～930℃補償低水碳比帶來的影響，提高甲烷的轉化率，但過高的反應溫度會極大降低轉化爐管的使用壽命。因此，各設計院/用戶會根據原料的組分、裝置的預期消耗、催化劑抗積炭性能及運行成本綜合考慮水碳比的取值。

轉化後的氣體溫度為750～880℃，主要組成為CH_4、H_2、CO、CO_2和H_2O(蒸汽)。工業上通常要求出口CH_4含量<6%。高溫轉化氣經餘熱鍋爐回收熱量、副產蒸汽，同時將轉化氣溫度降低到CO變換反應所要求的溫度。在轉化爐有兩部分廢熱可以利用，一部分是轉化爐對流段煙氣廢熱，另一部分是轉化爐出來的轉化氣體熱量。充分利用好這兩股餘熱，是裝置降低能源消耗、增加效益的關鍵。天然氣製氫裝置在設計負荷下能實現蒸汽的自平衡且副產部分過熱蒸汽，副產的蒸汽可用於提高裝置自身的水碳比或通過公用工程管道向全廠提供過熱蒸汽。

(3)CO變換反應

天然氣經高溫轉化後，轉化氣中含有體積分數5%～8%的CO(溼基含量)。為提高H_2產率，可以將CO與轉化氣中的蒸汽經變換反應轉化為H_2和CO_2(各個工段物料典型組成見表3-5)。

$$CO + H_2O \longrightarrow H_2 + CO_2 \quad \Delta H_{298.15}^{\ominus} = -41.2 kJ/mol$$

表3-5　天然氣蒸汽重整物料典型組成(體積分數)　　%

組分	原料氣	轉化爐	變換器	產品氣
CH_4	88.95	3.58	3.58	0.08
N_2	1.36	0.24	0.24	0.02
CO_2	4.50	5.86	12.30	—
C_2H_6	3.20	—	—	—
C_3H_8	1.74	—	—	—
C_4H_{10}	0.24	—	—	—
COS	0.0025	—	—	—
H_2S	0.0075	—	—	—
CO	—	9.09	2.65	—
H_2O	—	34.09	27.65	—
H_2	—	47.14	53.58	99.90

按照變換溫度高低不同，變換工藝分為中溫變換(300～450℃)、低溫變換(180～260℃)。變換反應屬於放熱反應。298.15K時，變換反應的Gibbs自由能$\Delta G_{298.15}^{\ominus} = -28.6 kJ/$

mol，熵變 $\Delta S_{298.15}^{\ominus}=-42\text{kJ}/(\text{mol}\cdot\text{K})$。即使在常溫下，變換反應也可自發進行。從動力學角度考慮，反應溫度越高，反應速率越快；但是從熱力學角度考慮，高溫下平衡轉化率低；反應溫度低時轉化率高，但是反應速率慢。變換過程有絕熱變換和等溫變換兩種類型。與絕熱變換相比，等溫變換可以將變換過程控制在一個高反應活性區域，變換反應有較高的反應效率。由於過程不會出現過高的溫度，可避免焦點的出現，能有效保護催化劑。變換反應涉及大量的能量轉移交換過程，如果操作工藝不合理，會導致浪費大量能量，在變換反應中，應控制變換氣夾帶水量及熱量損耗。

傳統的高溫變換催化劑為 Fe 系催化劑，操作溫度為 300～450℃。由於操作溫度較高，原料氣經變換後 CO 平衡濃度較高，一般在 2%～3.8%。Fe－Cr 系變換催化劑具有一定的耐硫能力，適用於總硫含量低於 200×10^{-6} 的氣體，具有較高的機械強度、較好的耐毒性和耐熱性。但起活溫度較高，在低汽氣比條件下可被過度還原為金屬鐵和碳化鐵，從而催化 F－T 合成反應的進行，產生烴類副產物，不僅消耗氫影響產量，還危及高變爐和低變爐的正常運行。

銅基低溫變換催化劑主要為 Cu－Zn－Al 系和 Cu－Zn－Cr 系催化劑，操作溫度為 200～280℃。低溫變換催化劑通常串聯在高溫變換工藝後，將 CO 含量從約 3%降低到 0.3%左右。Cu－Zn 變換催化劑不具有耐硫能力，只適用於硫低於 0.1×10^{-6} 的氣體。由於鋁系催化劑生產成本較低，在生產和使用中無 Cr 汙染，因此多採用 Cu－Zn－Al 系低變催化劑。

(4)氫氣提純

變換反應後的變換氣經過逐級換熱降溫，變換氣中的水蒸氣經冷凝分出，進入氫氣提純工段。常用的氫氣提純技術有深冷法、膜分離法和變壓吸附法。每一種分離技術都有其優點和不足(表 3－6)。

表 3－6　PSA 和膜分離的對比

項目	PSA	膜分離法
裝置投資	1.3	1
最高使用壓力/MPa	4.0	1.5
最高氫濃度/%	99.999	99
最高氫回收率/%	85	95
操作難易程度	一般	簡單

深冷法分離的原理是根據混合物中各組分相對揮發度在不同溫度下存在差異。深冷法需要冷凍系統和進料氣膨脹器提供分離所需的能量，能源消耗大，是所有回收技術中設備投資最大的技術方案，因此工業上較少採用。

膜分離法(Membrane Separation)的原理是，不同組分通過氣體滲透薄膜時的相對滲透能力不同，因而在薄膜兩側同一組分存在分壓差，使容易通過薄膜的 H_2 得以分離出來。膜材料的選擇是膜分離技術實現的關鍵。

氣體分離膜按膜使用的材料不同可分為有機膜和無機膜兩類。無機膜包括金屬鈀及其

合金膜、微孔玻璃膜、陶瓷膜、分子篩膜、奈米孔碳膜、超微孔無定形氧化矽膜、碳分子篩膜、SrCeO₃鈣鈦礦型氧化物膜等種類。通常多數無機膜化學和熱穩定性較好，能夠在高溫、強酸的環境中工作。有機膜包括聚醯胺、聚碸、醋酸纖維、聚醯亞胺等。大多數高分子膜(如聚碸等)都存在滲透性和選擇性相反的關係(但聚醯亞胺膜是一種比較理想的材料)，而且需要在低溫高壓的條件下進行分離。膜分離的優點是可以設計膜的孔徑大小，達到相對較高的氫氣純度；不足之處是膜的成本較高，適用的範圍較小。

變壓吸附法(Pressure Swing Adsorption，PSA)的原理是，被分離物存在沸點和分子結構(如分子極性等)的差異，高壓力下非氫雜質組分容易被吸附劑吸附，從而使不容易被吸附的氫氣組分得到提純，降低壓力後被吸附的非氫雜質組分容易從吸附劑上脫附使吸附劑再生。通過循環改變壓力的方式，使雜質組分與氫氣分離開。吸附劑是變壓吸附過程實現分離的關鍵。

吸附劑常用的有分子篩、活性炭等比表面積高、選擇吸附能力強、吸附容量大、穩定性高的物質。吸附劑對氣體組分吸附能力順序為：$H_2 < O_2 < N_2 < CO < CH_4 < CO_2 < C_nH_m$。最難被吸附的氫氣將被保留在氣體中，非氫雜質被吸附在吸附劑上。高純度的氫氣經過吸附劑床層從出口流出。當吸附劑吸附一段時間後(該時間遠低於飽和吸附時間)，通過程序控閥門切換至再生好的吸附塔進行吸附操作，吸附飽和的吸附塔則進入再生過程。吸附飽和塔經過降壓、逆放、升壓等操作將吸附的雜質去除，實現再生過程。從而實現吸附劑的一次吸附和再生循環過程。PSA過程主要為物理吸附過程，具有再生速度快、能源消耗低、操作簡單穩定等優點。氫氣回收率達到80%～95%，產品氫氣純度(體積分數)很容易大於99.9%。在天然氣製氫工藝中，變壓吸附的部分逆放氣和解吸氣可以返回轉化爐燃燒，為轉化爐提供熱量。因此，從現有的技術發展程度來看，絕大部分製氫系統的氫氣提純單位均採用PSA分離技術。

圖3-2　某製氫裝置PSA工藝流程

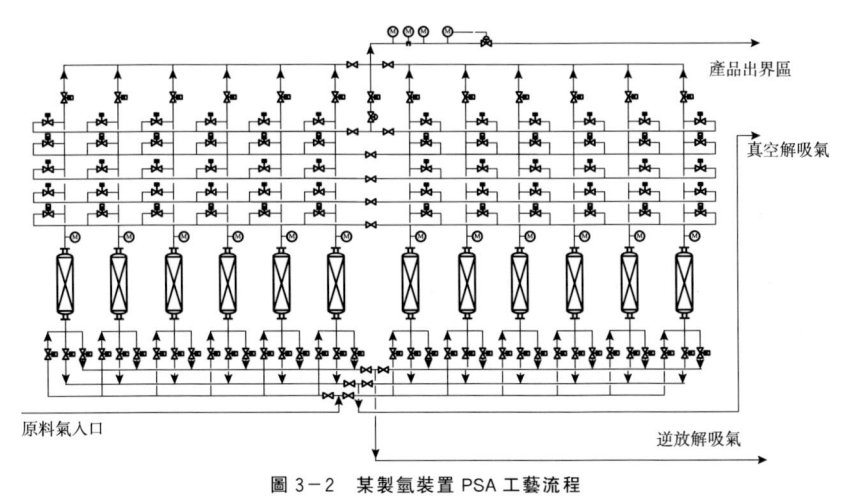

圖3-2所示為某製氫裝置PSA工藝流程。本變壓吸附裝置由12臺吸附塔和3臺緩衝

罐組成，採用 12－2－8 VPSA 工藝流程。裝置的 12 個吸附塔中始終有 2 個吸附塔處於同時進料吸附的狀態。其吸附和再生工藝過程由吸附、連續 8 次均壓降壓、逆放、抽真空、連續 8 次均壓升壓和產品最終升壓等步驟組成。具體吸附－再生循環過程如下。

①吸附過程

壓力為 4.0MPa(G)左右、溫度為 40℃ 的原料氣來自低溫甲醇洗系統，自塔底進入正處於吸附狀態的吸附塔(同時有 2 個吸附塔處於吸附狀態)內。在多種吸附劑的依次選擇吸附下，其中 H_2O、CO_2、N_2、CH_4 和 CO 等雜質被吸附，未被吸附的氫氣作為產品從塔頂流出，H_2 純度大於 99.5%，壓力大於 3.9MPa，經壓力調節系統穩壓後送出界區去用戶。

當被吸附雜質的質傳區尖端(稱為吸附尖端)到達床層出口預留段某一位置時，關閉該吸附塔的原料氣進口閥和產品氣出口閥，停止吸附。該吸附塔床層開始轉入再生過程。

②均壓降壓過程

在吸附過程結束後，通過打開相應吸附塔頂部之間的連通閥(均壓)，順著原料氣進入產品氣輸出的吸附方向將塔內較高壓力的氫氣放入其他已完成再生的較低壓力吸附塔，將該吸附塔內的壓力逐步降低至 0.38MPa(G)，即通常所說的順放過程。均壓降壓結束後，關閉相應吸附塔的均壓閥，該過程不僅是降壓過程，更是回收床層死空間氫氣的過程，本流程共有 8 次連續的均壓降壓過程，因而可保證氫氣的充分回收。

③逆放過程

在順放過程結束後，吸附尖端已達到床層出口，這時，打開塔底部逆放解吸閥，逆著吸附方向(原來氣進入產品氣輸出)將吸附塔壓力降至接近常壓 0.02MPa(G)，此時被吸附的雜質開始從吸附劑中大量解吸出來，逆放解吸氣經過自適應調節系統調節後進入逆放解吸氣緩衝罐，然後經穩壓調節閥調節後送解吸氣混合罐。逆放結束後，關閉塔底部的逆放閥。

④抽真空過程

逆放結束後，通過打開塔底部與真空泵系統相通的真空解吸閥，通過真空泵的抽吸，將吸附塔內壓力逐漸降低至 -0.08MPa(G)，進一步降低吸附塔內雜質組分的分壓，使吸附劑得以徹底再生。真空解吸氣進入解吸氣混合罐，在解吸氣混合罐中與逆放解吸氣混合後再送出界區。真空解吸結束後關閉塔底部的真空解吸閥。

⑤均壓升壓過程

在真空再生過程完成後，依次打開塔頂的均壓升壓閥，用來自其他吸附塔的較高壓力氫氣依次對該吸附塔進行升壓，逐步將吸附塔內壓力從真空狀態 -0.08MPa(G) 升至 3.55MPa(G)，這一過程與均壓降壓過程相對應，不僅是升壓過程，而且更是回收其他塔的床層死空間氫氣的過程，本流程共包括了連續 8 次均壓升壓過程。

⑥產品氣升壓過程(終升)

在 8 次均壓升壓過程完成後，為了使吸附塔可以平穩地切換至下一次吸附並保證產品純度在這一過程中不發生波動，通過打開塔頂的升壓調節閥緩慢而平穩地用產品氫氣將吸附塔壓力升至吸附壓力 4.0MPa(G)。

經這一過程後吸附塔便完成了一個完整的「吸附－再生」循環，又為下一次吸附做好準備。

12個吸附塔交替進行以上的吸附、再生操作(始終有2個吸附塔處於吸附狀態)，實現氣體的連續分離與提純。

3.1.3 天然氣蒸汽重整製氫的影響因素

天然氣蒸汽重整反應過程中很容易同時發生逆水煤氣變換反應和甲烷化反應等副反應。為減少副反應的影響，最有效的方法是優化操作條件，從而朝有利於正反應化學反應平衡的方向進行。天然氣水蒸氣重整有較大影響的工藝條件包括壓力、溫度、水碳比和空速等。

$$CO_2 + H_2 \longrightarrow CO + H_2O (逆水煤氣變換)$$
$$CO + 3H_2 \longrightarrow H_2O + CH_4 (甲烷化)$$

(1) 壓力

蒸汽重整屬於體積增大的反應，從化學反應轉化平衡角度來衡量，該反應適宜在低壓下進行。但大規模工業蒸汽天然氣轉化製氫裝置中，高壓力可節省動力消耗、提高過熱蒸汽熱回收的價值(壓力高，餘熱品位高)、減小設備容積從而節省投資，因此大裝置的操作壓力為2.5～3.5MPa。此外，反應壓力對氫氣產率也呈一定的正相關關係(圖3-3)。

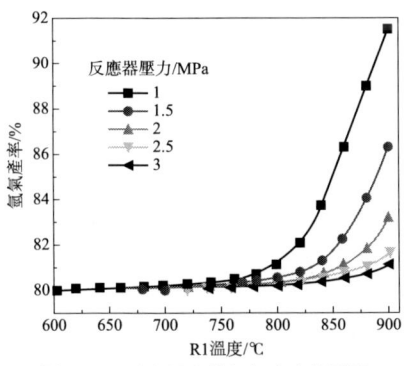

圖3-3 反應壓力對氫氣產率的影響

(2) 溫度

天然氣蒸汽重整反應焓變 $\Delta H = +206kJ/mol$，是較強的吸熱反應。無論從熱力學平衡還是動力學反應速率來考量，提高反應溫度對蒸汽轉化反應都是有利的。受轉化爐管材的耐熱限制，轉化爐出口溫度一般為750～880℃。轉化爐管內的催化劑一般是兩段，上段是抗積炭性能好的轉化催化劑，下段是甲烷轉化率高的轉化催化劑。兩種催化劑裝填比例一般為1:1(質量比)。在壓力和水碳比不變的條件下，轉化出口的溫度直接影響出口轉化氣的組成。提高轉化出口溫度，甲烷含量降低，氫氣收率增加；降低出口溫度，則甲烷含量升高，氫氣收率降低(圖3-4)。轉化爐管的壽命受溫度的影響非常大，當溫度升至超過850℃時，金屬爐管的使用壽命急速降低。因此開發出耐熱強度大的金屬反應器管材是提

升轉化爐壽命和降低轉化過程能源消耗的關鍵。

變換反應屬於放熱反應，其反應焓變 $\Delta H = -41kJ/mol$。從反應平衡來看，提高反應溫度不利於變換反應向右進行，從而降低氫氣的收率(圖3-5)。但溫度降低，反應速率也會降低，從而降低裝置的處理能力。

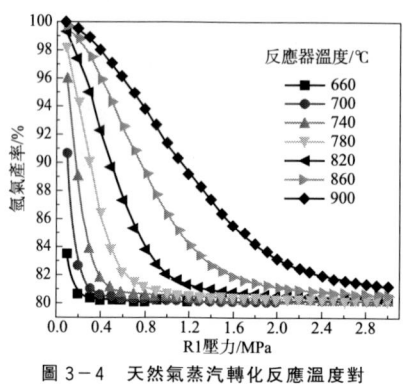

圖3-4 天然氣蒸汽轉化反應溫度對氫氣收率的影響

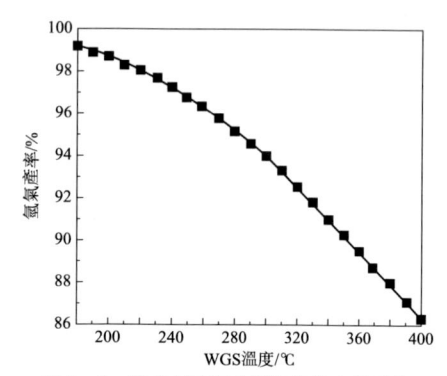

圖3-5 變換反應溫度對氫氣收率的影響

(3)蒸汽天然氣物質的量比

蒸汽的作用是攜帶一部分反應需要的熱量，充當反應原料，在特殊情況下也可以起到清除催化劑積炭的作用。從化學平衡角度考慮，提高廉價原料比例，可促進天然氣蒸汽轉化反應向右進行。從節省蒸汽消耗和降低燃料(氣或油)消耗角度考慮，蒸汽重整應選擇較低的水碳比。此外，選用高活性和抗結碳催化劑以避免結碳的發生，也可降低蒸汽的用量(圖3-6)。在設計的裝置中，水碳比已能從3.5降至2.5左右。

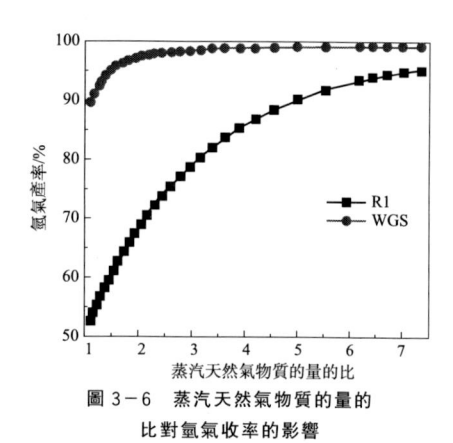

圖3-6 蒸汽天然氣物質的量的比對氫氣收率的影響

(4)空速

空速(空間速度，space velocity)表示單位體積催化劑每小時處理的氣體體積。此氣體體積可用不同的方法表示，可用原料氣在操作條件下的體積表示，稱為原料氣空速；也可用天然氣的碳的物質的量表示，稱為碳空速。空速可以衡量轉化催化劑的反應能力。空速越大，裝置生產能力越大，反應原料與催化劑的接觸時間越短，轉化越不充分，轉化反應器出口甲烷含量高，氫氣收率低；反之選用低操作空速，則裝置生產能力低，天然氣轉化充分，氫氣收率高。因此，合理選用操作空速是提高天然氣製氫裝置效率的重要指標。

3.1.4 天然氣蒸汽重整製氫的催化劑

(1)蒸汽重整催化劑

甲烷水蒸氣重整工藝催化劑大致可分為非貴金屬催化劑、負載貴金屬催化劑、過渡金屬氮化物及碳化物催化劑，這些催化劑均能在高空速下使反應達到熱力學平衡，甲烷轉化率和 CO/H_2 選擇性高。

①非貴金屬催化劑

以 Ni、Co 和 Fe 為主要活性組分，活性順序一般為 Ni>Co>Fe。這類催化劑因具有良好的催化活性和穩定性，並且價格低廉，已大規模用於工業生產，Ni/Al_2O_3 是甲烷水蒸氣重整工藝中最常用的催化劑，CH_4 轉化率為 90%～92%。但 Ni 基催化劑易因積炭而去活化，不能直接轉化含硫量高的原料氣。

②負載貴金屬催化劑

負載貴金屬包括 Rh、Pt、Ir 和 Pd 等，活性順序為 Rh>Pt>Pd>Ir，其中，Pt 和 Rh 抗積炭性能和反應活性更加優異。貴金屬 Ir 具有非常好的抗積炭性能，貴金屬 Pt 次之。但在高溫下貴金屬催化劑通常因活性組分易燒結和流失而造成去活化，並且貴金屬價格昂貴，不適於大規模工業化生產。

③過渡金屬氮化物及碳化物催化劑

過渡金屬氮化物及碳化物催化劑是指元素 N、C 插入金屬晶格中形成的一類金屬間充填化合物。由於 N 或 C 原子的插入，晶格發生了擴張，金屬表面密度增加，因而過渡金屬氮化物和碳化物的催化性能和表面性質與某些貴金屬相似，在有些催化反應中可作為替代品代替貴金屬催化劑。如 Mo 和 W 的碳化物均具有很好的反應活性及抗積炭性能，高比表面積的 W_2C 和 Mo_2C 反應活性和穩定性與貴金屬相當。

(2)變換催化劑

天然氣蒸汽轉化製氫工藝中傳統的高溫變換催化劑為鐵鉻系催化劑，變換反應溫度為 330～480℃。鐵鉻系變換催化劑活性相為 $\gamma-Fe_3O_4$，晶型為尖晶石結構的 Cr_2O_3 均勻地分散於 Fe_3O_4 晶粒之間，防止抑制 Fe_3O_4 晶粒長大，$Fe_3O_4-Cr_2O_3$ 組合稱為尖晶石型固溶體。典型的鐵基高溫變換催化劑中 Fe_3O_4 為 74.2%，Cr_2O_3 為 10%，其餘為助劑。作為穩定劑的 Cr_2O_3 含量≤14%。

由於反應溫度高，轉化氣經變換反應後，CO 平衡濃度較高，為 3%～3.88%。並且 Fe-Cr 系變換催化劑具有一定的耐硫能力，適用於總硫含量低於 200×10^{-6} 的場合。其優點是催化劑機械強度高、耐毒性和耐熱性高；缺點是起活溫度(能使催化劑產生催化活性的最低溫度)較高，在低蒸汽/轉化氣物質的量比條件下，可被過度還原為金屬鐵和碳化鐵而失去催化活性。當蒸汽/轉化氣物質的量比進一步降低時，容易發生歧化反應、費-托反應(以 CO 和 H_2 為原料，在催化劑和適當條件下合成液態的烴或碳氫化合物的工藝過程)等副反應，產生積炭，消耗大量 H_2。導致變換系統阻力升高，能源消耗增高。另外，鐵鉻系催化劑中 Cr 是劇毒物質，在生產、使用和處理過程中，對人員和環境的汙染和毒害作用很大，無鉻鐵系高溫變換催化劑的研發是大勢所趨。

因上述缺陷，鐵鉻系高溫變換催化劑進行了不少改進研發。通常是添加一定量過渡金屬及稀土元素進入 $\gamma-Fe_2O_3$ 晶格形成固溶體，增大其比表面積從而改善其性能。摻雜銅鹽能抑制 CO 的歧化反應，阻止積炭的發生，減少低蒸汽/轉化氣物質的量比下的費－托反應。其中 Cu^{2+} 最好。Li、Na、K、Cs、Th、V 等能促進變換反應的進行，其中 Cs 的促進作用最強。改進型鐵基高溫變換催化劑已經克服了之前的大部分缺點，但它抗費－托副反應的能力還是比較有限。當蒸汽/轉化氣物質的量比降至 0.26 以下時，費－托副反應仍然容易發生。Cr 汙染問題也依然存在。

銅基變換催化劑具有良好的選擇性、較好的低溫活性、蒸汽/轉化氣物質的量比下反應無費－托副反應發生，起到一定的節能降耗的作用，且消除了 Cr^{3+} 的汙染問題。但該催化劑最大的缺點是耐溫性差，活性組分易發生燒結去活化。因此，通過添加有效助劑，提高銅基高溫變換催化劑的抗燒結能力。研究發現，添加一定量的 K_2O、MgO、MnO_2、Al_2O_3、SiO_2 等，以及稀土氧化物等助劑，其抗燒能力得到提高。與鐵鉻系催化劑相比，該類催化劑的性能有較大的提高，能在較寬的蒸汽/轉化氣物質的量比條件下無任何烴類產物生成，適合低蒸汽/轉化氣物質的量比的節能工藝。

低溫變換催化劑(190～250℃)的成分是金屬氧化物，分為雙金屬氧化物、三金屬氧化物和四金屬氧化物 3 種類型。應用最多的是三金屬氧化物型，通常由 ZnO、CuO 和 Al_2O_3 組成。低溫變換催化劑具有較高的結構強度和熱穩定性，還具有較高的抗硫、氯和矽等毒物的抗中毒能力。Cu 是活性組分，Cu 的晶粒度和分散度的大小決定了活性的大小。ZnO 起抗毒作用，Al_2O_3 提供催化劑的熱穩定性和機械強度。改進製備方法可以提高低溫變換催化劑的活性和選擇性。共沉澱法製備的催化劑催化活性優於用浸漬法製備的。優化 Zn、Cu、Al 比例，改變催化劑的孔結構，增加游離 ZnO 的含量，都能提高催化劑的抗中毒能力。添加稀土化合物可改善催化劑的性能。添加 Mn 元素可增強低溫變換催化劑的熱穩定性。Co 元素的添加可提高 CO 轉化率，La、Ce 等元素能提高催化劑的抗氯中毒能力。

3.1.5 天然氣蒸汽重整製氫的關鍵設備

天然氣水蒸氣重整轉化的關鍵設備是轉化爐。轉化爐按照輻射室的供熱方式不同可分為頂燒爐、側燒爐、梯臺爐和底燒爐 4 類。

(1) 頂燒爐

頂燒爐在輻射室頂部安裝燃燒器，燒嘴向下噴射燃料燃燒，煙道出口設在爐膛底部，其結構示意圖見圖 3－7。

大型製氫裝置多採用頂燒爐。原料入爐溫度為 500～550℃，出爐溫度為 800～900℃。轉化爐的碳空速區間為 700～1000h^{-1}。平均爐管熱強度為 $45kW/m^2$ 左右，蒸汽天然氣物質的量的比為 3.0～3.5。

由於燃燒器分布在爐膛頂部，也是反應管的強吸熱區域，燃燒散發的熱量及時傳遞給轉化管內的重整反應物料。該種

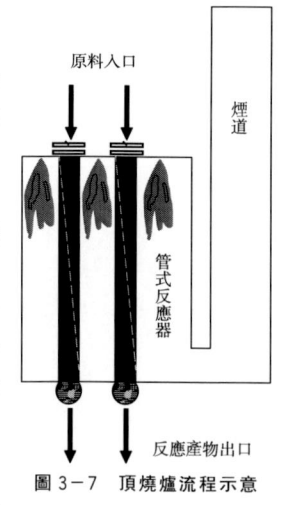

圖 3－7 頂燒爐流程示意

爐型也能保證管壁溫度沿管長分布均勻。但由於煙道出口安裝在爐膛底部一側，因而不規則流動的煙氣帶動熱量分布不均勻，必然導致爐膛內部煙氣溫度不均勻分布。因此加強轉化爐輻射室內部流場的研究十分必要。

天然氣重整製氫轉化爐輻射段是進行熱量交換最強烈的區域。反應在裝填了催化劑的管式反應管內進行，蒸汽重整反應所需熱量由爐膛燃燒器燃燒提供。爐膛內部為600～850℃的運行環境，使其成為整個天然氣蒸汽重整製氫過程中最薄弱的工段。轉化管、管內催化劑搭橋處是最易發生故障的設備。燒嘴火焰偏向一個方向燃燒，容易導致爐管局部過熱，進而引起反應管高溫蠕變損傷，最終導致爐管開裂。因此爐管金屬材質需要具備較強的耐高溫性能。但追求爐管的高耐熱性無疑會削減其傳熱性能。因此，爐管的偏燒導致的過熱開裂還需從優化爐子溫度場來防止。

(2) 側燒爐

側燒爐的側壁上安裝了很多小型氣體無焰燃燒器，火焰貼牆燃燒。通過調節燃燒器可以對不同區域的溫度進行調節。該爐型煙道出口設在爐膛頂部(結構示意見圖3-8)。

(3) 梯臺爐

梯臺爐的輻射室側牆呈梯臺形，在每級「階梯」處安裝一排產生扁平附牆火焰的燃燒器，不同區域的溫度可以通過燃燒器來調節。該爐型煙道出口設在爐膛頂部(流程示意見圖3-9)。

(4) 底燒爐

底燒爐多用於小型裝置。燃燒器安裝在輻射室的底部，燒嘴向上噴射燃燒。該爐型煙道出口位於爐膛頂部(流程示意見圖3-10)。

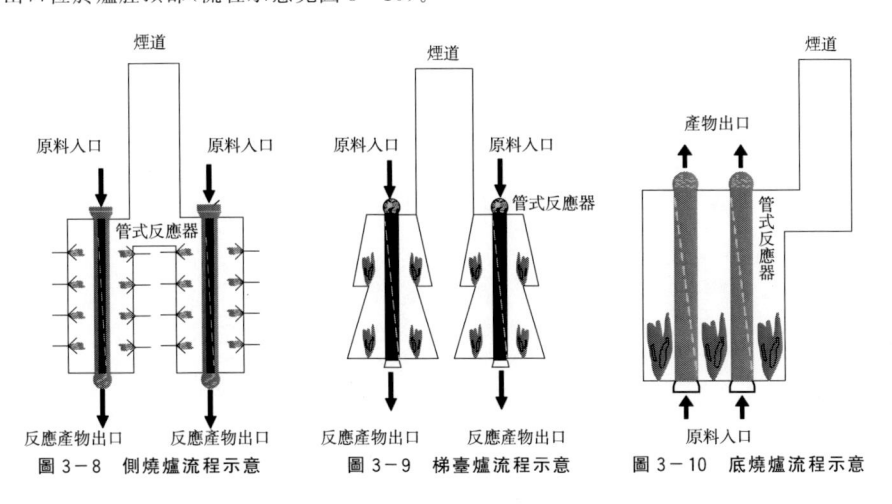

圖3-8 側燒爐流程示意　　圖3-9 梯臺爐流程示意　　圖3-10 底燒爐流程示意

不同的爐型具有不同的適用性，具有各自的優缺點，見表3-7。綜合而言，頂燒爐因可以適應大型化生產的要求而更具優勢。

表 3-7　不同爐型的性能對比

爐型	頂燒爐	側燒爐	梯臺爐	底燒爐
輻射段爐腔數	單爐腔	多爐腔	多爐腔	單爐腔
燒嘴數量	少	最多	較多	少
開車時間	短	最長（燒嘴最多）	較長	短
管壁溫度沿軸向分布	均勻	升溫	升溫	升溫（劇烈）
爐管材料的有效利用率	幾乎全部	部分利用（因升溫）	部分利用（因升溫）	利用率最低（因升溫劇烈）
燃燒風道布置	簡單	複雜（燒嘴最多）	比較複雜	簡單
維護工作量	少	最多	多	少
大型化	適合	不適合	不適合	不適合

3.1.6　天然氣蒸汽重整製氫的典型案例

本案例為新疆維吾爾自治區吐魯番市某公司 20000Nm³/h 天然氣製氫裝置。本案例由成都科特瑞興公司提供。該裝置為 30 萬 t/a 煤焦油加氫（主要消耗）及 10 萬 t 汽柴油精製裝置提供原料氫氣。原公司有一套 15000Nm³/h 甲醇裂解製氫裝置，為降低生產運行成本及擴大產能，新上一套 20000Nm³/h 天然氣製氫裝置。

(1) 工藝流程簡介

該裝置的工藝流程（圖3-11）如下：管輸原料氣①和脫鹽水②進入裝置界區，轉化用天然氣經原料氣壓縮、預熱脫硫、天然氣水蒸氣轉化、中溫變換，再進入變壓吸附工段經脫碳、提氫後得產品高純氫氣③輸出，同時副產少量蒸汽。

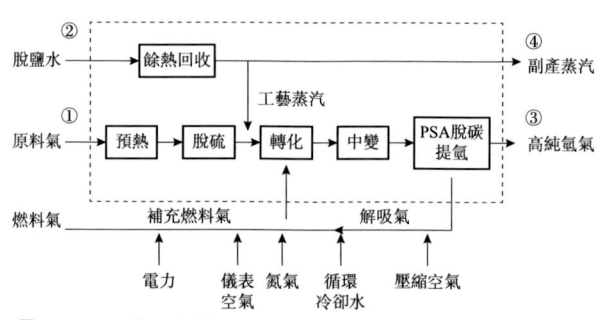

圖 3-11　吐魯番市某公司 20000Nm³/h 天然氣製氫裝置流程框圖

來自天然氣管網的天然氣以溫度為常溫、壓力小於 0.8MPa(G) 進入界區緩衝分離罐。其中，大部分天然氣進原料氣壓縮機加壓送轉化系統，一小部分天然氣減壓至 0.12～0.15MPa(G) 後去燃燒氣緩衝罐，作燃料使用。

原料氣再經流量調節後進入轉化爐對流段加熱至 <350℃ 進入鈷鉬加氫催化劑/氧化鐵錳、ZnO 脫硫槽，使原料氣中的硫脫至 0.1×10⁻⁶ 以下。脫硫後的原料氣與工藝蒸汽按一

定比例[物質的量比為1：(2.8～4.0)]混合，進入混合氣過熱器，進一步預熱至0～550℃，進入轉化爐管。在催化劑床層中，CH_4與水蒸氣反應生成H_2、CO、CO_2，CH_4轉化所需熱量由轉化爐燒嘴燃燒混合氣提供。轉化氣出轉化爐的殘餘CH_4含量0～4.0%（乾基），溫度為0～830℃，進入廢熱鍋爐產生工藝蒸汽。

出廢熱鍋爐轉化氣溫度小於370℃進入中溫變換反應器，在鐵系催化劑的作用下CO和水蒸氣變換為CO_2和H_2。變換氣進入變換後換熱器，與鍋爐給水換熱。再依次與脫鹽水預熱器、第一水冷器、變換氣第一分離器、第二水冷器、變換氣第二分離器進行熱量交換，逐步回收熱量，最終冷卻到40℃以下，進入脫碳工序。各級工藝冷凝液進入酸性水汽氣提塔汽提，汽提後的水作為鍋爐補水循環使用。

變換氣之後，進入變壓吸附脫碳工序。來自變換工序的中變氣以壓力小於2.8MPa，常溫進入變壓吸附脫碳工序，採用8-1-5/V PSA工藝，1個塔進料，5次均壓，抽真空再生。

之後，進入變壓吸附提純H_2工序。來自脫碳的粗H_2壓力小於2.75MPa，進入H_2提純工序，採用8-3-4/P PSA工藝，3個塔同時進料，4次均壓，常壓沖洗解吸。

變壓吸附過程排出的解吸氣通過解吸氣混合緩衝罐和自動調節系統在較為穩定的壓力下，提供給轉化爐作燃料。

(2)公用工程和三劑消耗

公用工程消耗見表3-8。劑裝填量見表3-9。標定運行參數見表3-10。

表3-8　公用工程消耗

名稱	主要工藝要求	用量	備注
電/(kW·h)	220V	10	儀表、照明用電
裝機用量/(kW·h)	380V　50Hz	1600	動力設備+變壓吸附用電
冷卻上水/(t/h)	P：0.45MPa，T：≤32℃	1500	連續，最大需求量
冷卻回水/(t/h)	P：0.25MPa，T：≤38℃	1500	連續，最大需求量
脫鹽水/(m³/h)	P：0.3～0.4MPa，Cl⁻≤1mg/L，導電率≤10μS/cm，Na⁺≤0.5×10⁻⁶mg/kg	35	最大用水量。裝置正常運行15～18m³/h
儀表空氣/(Nm³/h)	P：0.4～0.6MPa(G)，常溫	100	乾燥無油，露點低於-40℃
氮氣/(Nm³/h)	P：0.7MPa，無油，無塵	2000	開停車置換使用，間斷
工廠空氣/(Nm³/h)	P：0.7MPa	800	系統吹掃試漏試壓用
天然氣/(Nm³/h)	P：0.9MPa	約9000	原料+燃料天然氣
粗氫氣/(t/h)	P：2.75MPa	約31250	流速低於10m/s
外輸蒸汽/(t/h)	P：2.75MPa	約5.0	可用於開工蒸汽輸入線

表 3-9 劑裝填量

催化劑類型	型號	主要活性成分	一次裝填量/m³	年消耗/(m³/a)
鈷鉬加氫催化劑	KTRX-JQ501	Co-Mo-Ni	11.3	2.26
活性氧化鋅	KTRX-TL501	ZnO	24.6	4.92
轉化催化劑	KTRX-ZH412Q/KTRX-ZH413Q	Ni-Ce-Al$_2$O$_3$	5.49+5.49	1.83+1.83
中(高)變催化劑	KTRX-GB501	Fe$_2$O$_3$-Cu	15	5.0
PSA脫碳	KTRX-PSA-101~105混合裝填	Si-Al-O等	21.5	4.3
PSA提氫	KTRX-PSA-201~205混合裝填	Si-Al-O等	21.5	4.3

表 3-10 標定運行操作參數(2d)

項目	第1天	第2天	專案	第1天	第2天
天然氣總流量/(m³/h)	8650	8678	一次配汽壓力/MPa	3.09	3.09
反氫量/(m³/h)	216	237	總水碳比	4.0	4.05
加氫反應器入口溫度/℃	345	347	上集氣管入口溫度/℃	545	550
加氫反應器出口溫度/℃	373	372	下集氣管出口溫度/℃	827	829
脫硫反應器A床層壓降/MPa	0.03	0.03	轉化管壓降/MPa	0.15	0.15
脫硫反應器B床層壓降/MPa	0.02	0.02	中變反應器入口溫度/℃	370	367
一次配汽量/(t/h)	23.78	24.64			

3.1.7 天然氣蒸汽重整製氫的發展趨勢

隨著技術的進步，天然氣蒸汽重整製氫有以下發展趨勢。

(1)採用預轉化技術

當前大型化(H$_2$產量大於50000Nm³/h)天然氣蒸汽重整製氫裝置普遍採用預轉化工藝。通過回收轉化爐煙氣餘熱，加熱反應原料，使原料混合氣在進入轉化爐前溫度升高到500~650℃，大大降低了轉化爐的熱負荷，一定程度上可減少轉化爐設備的尺寸。減少了裝置的燃料消耗和設備投資。

(2)較高的轉化溫度

轉化爐管材質經歷了4次較大的變化，最初使用HK40(20Ni25Cr)，然後是HP-NB合金管(25Cr35Ni)，之後是改進型HP40(25Cr20Ni Nb)，用得較多的是微合金型HP40(25Cr20Ni-Microalloy)。與HP40爐管相比，改進型HP40爐管由於耐熱性增強，爐管管壁更薄，管壁內外傳熱溫差小，傳熱效率更高，轉化爐出口溫度可達到820~840℃。微合金型HP-40爐管轉化爐出口溫度可達到900℃以上。提高的反應溫度提高了轉化率，增加了轉化深度，大大降低了出口轉化氣中CH$_4$含量。提高轉化溫度有利於降低天然氣消耗量，降低反應過程中的蒸汽天然氣物質的量比。更進一步，蒸汽天然氣物質的量比的降低可降低轉化爐的熱負荷，大幅減少轉化爐的燃料消耗，同時減少下游熱回收設備的負荷。因此高反應溫度可降低H$_2$的生產成本和能源消耗。

(3)較大的反應空速

成熟的頂燒爐和側燒爐技術，都可實現較高水準的爐管熱強度。頂燒爐爐管平均熱強

度可達到75MW/m² 左右,側燒爐爐管平均熱強度可達到80MW/m² 左右。高熱強度的爐管給轉化爐提供了較大的熱流通量,為提高空速提供了有力保障。隨著催化劑性能的提升,也為高空速反應條件提供了保障。轉化爐碳空速最高可達到$1400h^{-1}$。高空速可減少催化劑裝填量,減少爐管數量,從而降低設備投資。

3.2 天然氣部分氧化製氫

工業上主流是採用天然氣蒸汽重整法製備H_2。但蒸汽重整法屬於強吸熱反應,能源消耗高、設備投資大,且產物中$V_{H_2}:V_{CO}\geqslant 3:1$,不適合$CH_3OH$合成和費－托合成。而部分氧化法製氫具有能源消耗低、效率高、選擇性好和轉化率高等優點,且合成氣中的$V_{H_2}:V_{CO}$接近$2:1$,可直接作為甲醇和費－托合成的原料。天然氣部分氧化製氫工藝備受關注,海內外進行了廣泛的研究,為走向大規模商業化奠定了堅實的基礎。

和蒸汽重整方法比,天然氣部分氧化製氫能源消耗低,可大空速操作。天然氣催化部分氧化可極大降低一段爐熱負荷同時減小一段爐設備的大小進而降低裝置運行成本。因此,天然氣部分氧化製氫(合成氣)得以較快發展。

催化部分氧化是在催化劑的作用下,天然氣氧化生成H_2和CO。整體反應為放熱反應,反應溫度約為950℃,反應速率比重整反應快1~2個數量級。該工藝需要用戶單位配置大型空分系統提供純氧,在裝置運行前期,純氧注入燃燒的工序具有較大危險性。且該方法使用傳統Ni基催化劑易積炭,由於強放熱反應的存在,使得催化劑床層容易產生焦點,從而造成催化劑燒結去活化。

3.2.1 天然氣部分氧化製氫的反應原理

反應原理有兩種,兩者都有可能存在。一種原理認為天然氣直接氧化,H_2和CO是CH_4和O_2直接反應的產物,反應式如下:

$$2CH_4+O_2\longrightarrow 2CO+4H_2(\Delta H=-36kJ/mol)$$

另一種原理是燃燒重整過程,部分CH_4先與O_2發生燃燒放熱反應,生成CO_2和H_2O,CO_2和H_2O再與未反應的CH_4發生吸熱重整反應,反應式如下:

$$CH_4+2O_2\longrightarrow CO_2+2H_2O(\Delta H=-803kJ/mol)$$
$$CH_4+CO_2\longrightarrow 2CO+2H_2(\Delta H=+247kJ/mol)$$
$$CH_4+H_2O\longrightarrow CO+3H_2(\Delta H=+206kJ/mol)$$
$$2H_2+O_2\longrightarrow 2H_2O(\Delta H=-286kJ/mol)$$

3.2.2 天然氣部分氧化製氫的反應類型

(1)非催化部分氧化

非催化部分氧化是在高溫、高壓、無催化劑作用下,天然氣與一段爐的轉化氣混合後部分氧化生成H_2、CO、H_2O、CO_2並為反應提供熱量的過程。該方法需要使用噴嘴將天然氣和純氧噴到轉化爐中,在射流區發生氧化燃燒反應,為轉化反應提供熱量,反應平均

溫度為900～950℃。此工藝仍存在轉化爐頂溫度偏高，有效氣成分低等問題。針對以上問題，華東理工大學開發了「氣態烴非催化氧化技術」，並成功運用於新疆天盈石化的天然氣製乙二醇工業裝置，轉化壓力為3.2MPa，反應溫度約為950℃，實現了天然氣非催化部分氧化製氫工藝的(中國)國產化。

氣態烴非催化氧化技術不需催化劑，不用考慮更換催化劑產生的相關費用，如後續工序無特殊要求可不進行轉化前脫硫，且不需外部加熱，從而簡化了工藝流程，但由於反應溫度高，轉化爐燒嘴的壽命較短，故對轉化爐耐溫材料和熱量回收設備要求較高。

(2)催化部分氧化

中國催化部分氧化的研究主要集中在提高催化劑活性、選擇性、穩定性及抗積炭能力和對反應機理的驗證等方面。部分氧化工藝與蒸汽重整工藝相比，可以使用更大的空速，同等生產規模，反應器的體積更小。但由於使用純氧作為氧化劑，需配備空氣分離裝置，因而增加了設備投資。無機陶瓷膜的出現有望解決空氣分離的問題。這類陶瓷透氧膜在高溫下，可以把氧從空氣中分離出來，使製氧過程與催化氧化過程在同一反應器中完成。但仍存在高透氧量、機械強度等方面的問題尚待解決。

3.2.3 天然氣部分氧化製氫的催化劑

天然氣部分氧化製氫的催化劑可通過共沉澱法、浸漬法、混漿法、離子交換法、檸檬酸法、沉積-沉澱法、嫁接法、氣相吸附和溶膠-凝膠法等多種方法製備。其中，浸漬法和共沉澱法是最常用的方法。活性組分、載體和助劑是對催化劑性能影響較大的因素。

(1)活性組分

金屬氧化物和金屬都可作為天然氣部分氧化製氫催化劑的活性組分。金屬活性組分包括貴金屬Pt、Pd、Ru、Rh、Ir等和非金屬Fe、Co、Ni等兩類。貴金屬活性組分具有很高的選擇性和反應活性，但因價格非常昂貴，難以具有工業應用前景。Ni系活性組分催化劑價格低廉，相對較高的反應活性使其成為研究者青睞的催化劑體系，有望得到工業應用。但在部分氧化較高的反應溫度下，Ni與催化劑載體之間容易發生不可逆轉的固相反應，因而使活性組分燒結，進而造成催化劑表面積炭，導致催化劑去活化。

過渡金屬氧化物和稀土金屬氧化物也可作天然氣部分氧化製氫催化劑。稀土氧化物對CH_4的完全氧化也有一定的催化活性，因此其在催化CH_4部分氧化製氫時，同時伴隨著完全氧化反應，大量放熱造成催化劑燒坍塌而破壞，甚至去活化。過渡金屬氧化物YSZ(Y_2O_3/ZrO_2)用作部分氧化反應的催化劑具有不錯的催化效果。

(2)催化劑載體

天然氣部分氧化製氫的催化劑載體主要有活性炭、分子篩、矽膠、Al_2O_3、ZrO_2、TiO_2、MgO、CaO等。利用載體的結構性質及酸鹼性等的差異，可改性和優化催化劑，提高催化劑的各項性能。載體的相對鹼性強弱、催化劑的活性和選擇性都有較大的影響，Al_2O_3、TiO_2及HY等酸性載體上CH_4轉化率低。ZrO_2、TiO_2等比表面較小的載體可以減少反應產物在催化劑表面上的吸附，避免深度氧化產生積炭。載體與金屬之間的相互作用的不同及載體結構性質的差異，可使Ni負載型催化劑具有不同催化反應活性。

(3)助劑

天然氣部分氧化製氫的催化劑助劑包括鹼土金屬、鹼金屬、部分過渡金屬及稀土金屬的氧化物。助劑與活性組分之間存在協同作用，有利於活性組分的分散和穩定，可改善部分氧化催化劑的穩定性和抗積炭能力。

3.2.4　天然氣部分氧化製氫的反應器

(1)固定床反應器

實驗室規模常用固定床反應器。天然氣部分氧化製氫常利用固定床石英反應管內進行。反應溫度為1070～1270K，壓力為1atm。反應器的結構保證其在絕熱條件下工作，且可週期性地逆流運行，可達到較高溫度。CH_4 接觸催化劑，部分 CH_4 完全燃燒，使溫度達到1220K。未反應的 CH_4 與 H_2O 和 CO_2 深入催化劑內部進行重整反應生成合成氣。CH_4 轉化率≥85%，H_2 的選擇性為75%～85%，CO 的選擇性為75%～95%。天然氣部分氧化製氫反應活性最好的催化劑是負載在 Al_2O_3 上的 Ni 和 Pd 催化劑，抗積炭性好的是 Pt 和 Ir。

(2)蜂巢式反應器

催化劑結構為多孔狀或蜂巢式的反應器稱為蜂巢式反應器。蜂巢式催化劑的表面積與體積比為 20～40cm^2/cm^3。蜂巢式反應器上進行天然氣部分氧化製氫，原料氣進口的溫度要求不能低於混合氣體自燃溫度(561～866K)。

(3)流動床反應器

流動床反應器在很多方面優於固定床反應器。天然氣部分氧化製氫反應是放熱過程，需要慎重操作，避免天然氣與氧氣混合濃度處於爆炸極限內。流動床內進行反應，混合氣體與翻騰狀態的催化劑可以充分接觸，熱量可以及時傳遞，反應可以更加完全。此外，相同空速和相同尺寸固定床內、流動床內的壓降低。

3.2.5　天然氣部分氧化製氫的發展前景

天然氣部分氧化製氫受到以下幾方面的因素限制：①空分製氧設備投資大、成本高；②至今尚未解決催化劑床層的焦點難題；③催化劑的穩定性也有待提高；④由於天然氣和助燃氣氧氣同時存在，容易進入爆炸極限(5%～15%)；⑤二段爐火焰噴口位置存在高流速氣體衝蝕的問題，使用壽命較短，反應體系的安全性有待解決。

3.3　天然氣自熱重整製氫

天然氣自熱催化重整(Autothermal Reforming of Methane，ARM)是在部分氧化反應中加入蒸汽，部分氧化反應產生熱量，之後蒸汽重整中吸收熱量，讓強放熱的部分氧化反應和強吸熱的蒸汽重整反應耦合，控制放熱量和吸熱量使兩者達到熱平衡的一種自熱式重整法。

天然氣自熱重整結合了部分氧化和蒸汽重整，通過調整 CH_4、H_2O、O_2 的比例，實

現自熱重整。氧化反應放出的熱量提供給吸熱的蒸汽重整反應，實現整個系統的熱量平衡，不需要外部熱源。天然氣自熱重整的反應如下：

$$CH_4 + 0.5O_2 \longrightarrow CO + 2H_2 (\Delta H = -36.0 kJ/mol)$$
$$CH_4 + 2O_2 \longrightarrow CO_2 + 2H_2O (\Delta H = -802.0 kJ/mol)$$
$$CH_4 + H_2O \longrightarrow CO + 3H_2 (\Delta H = +205.8 kJ/mol)$$
$$CH_4 + 2H_2O \longrightarrow CO_2 + 4H_2 (\Delta H = +164.6 kJ/mol)$$
$$CO + H_2O \longrightarrow CO_2 + H_2 (\Delta H = -41.2 kJ/mol)$$

通過調節 CH_4、H_2O、O_2 的比例，自熱重整的優勢是得到較為理想產物時能源消耗盡可能小。H_2O/CH_4、O_2/CH_4 是至為關鍵的影響條件，將影響反應熱量平衡、最終產物中各組分含量、CH_4 轉化率和析碳等。根據催化劑性能、反應壓力，通過調節 H_2O/CH_4、O_2/CH_4 比例，可以避免催化劑上焦點區域的出現，減少積炭，獲得比較理想的反應產物。將選擇性透氫膜與流化床反應器結合起來的流化床膜反應器，可以直接將反應產物中的 H_2 分離出來，有利於 CH_4 蒸汽重整反應平衡向右移動，使 CH_4 轉化率和 H_2 產量都得到提高。

可用於 CH_4 自熱重整製氫的催化劑主要有兩類：一類為貴金屬基催化劑，另一類是摻雜了貴金屬的鎳基催化劑。催化劑成本較高，難以形成商業規模化。

3.4 天然氣二氧化碳重整製氫

天然氣二氧化碳重整（Carbon dioxide Reforming of Methane，CRM）是 CH_4 和 CO_2 在催化劑作用下生成 H_2 和 CO 的反應。CRM 給 CO_2 的利用提供了新的途徑。

$$CH_4 + CO_2 \longrightarrow 2CO + 2H_2 (\Delta H = +247.0 kJ/mol)$$
$$CO + H_2O \longrightarrow CO_2 + H_2 (\Delta H = -41.2 kJ/mol)$$

CRM 為強吸熱反應，其反應焓變 $\Delta H = +247.0 kJ/mol$，大於蒸汽重整的 $\Delta H = +206 kJ/mol$。反應溫度 >640℃ 時才能進行。溫度升高，可使平衡反應向正向移動，使 CH_4 和 CO_2 轉化率提高。研究發現，常壓下 850℃ 進行 CRM 反應，CH_4 轉化率>94%，CO_2 轉化率>97%，反應產物 H_2/CO 接近 1。積炭去活化是催化劑存在的主要問題。CH_4 高溫裂解和 CO 的歧化反應都會產生積炭。

3.5 天然氣催化裂解製氫

CH_4 在催化上裂解，產生 H_2 和碳纖維或者奈米碳管等碳素材料（成熟技術主要生產炭黑，碳纖維或者奈米碳管尚處於實驗室階段）。天然氣經脫硫、脫水、預熱後從移動床反應器底部進入，與從反應器頂部下行的鎳基催化劑逆流接觸。天然氣在催化劑表面發生催化裂解反應生成 H_2 和炭。其反應如下：

$$CH_4 \longrightarrow C + 2H_2 \quad (\Delta H = 74.8 kJ/mol)$$

從移動床反應器頂部出來的 H_2 和 CH_4 混合氣在旋風分離中分離出炭和催化劑粉塵後，進入廢熱鍋爐回收熱量，之後通過 PSA 分離提純得到產品 H_2。未反應的 CH_4、乙烷等作為燃料或者循環使用。反應得到的炭附著在催化劑上從反應器底部流出，熱交換降溫

後進入氣固分離器，之後在機械振動篩上將催化劑和炭分離，催化劑進行再生後循環使用。分離出的炭可作為製備碳奈米纖維等高附加值產品的原料。

該方法的優點是製備的 H_2 純度高，且能源消耗比蒸汽重整法低。碳纖維或者奈米碳管等碳素材料附加價值高。其缺點是裂解反應中生成的積炭聚集附著在催化劑表面，易造成催化劑去活化。此外，連續操作工藝過程中，需要通過物理或化學方法剝離催化劑的積炭。物理方法除炭後，可一定程度延長催化劑使用壽命，但催化劑終究還是會去活化，需進行再生或更換新的催化劑。增加了生產成本，且也不適合長週期運行。化學方法除碳是通入空氣或純氧燃燒掉催化劑上的積炭而使催化劑得到再生。該過程會引入 CO_2。

因此，天然氣催化裂解製氫的研究重點是：①開發容炭能力強且更加高效的催化劑，以達到減少再生次數的目的；②找到更有效更徹底地從催化劑上移除積炭的方法。

3.6 鐵基天然氣化學循環製氫

以天然氣為原料生產 H_2，不論採用何種工藝過程，都會產生 CO_2。CO_2 的分離回收需增加額外的設備投資，並且當前技術條件下，CO_2 的擷取效率尚差強人意。

化學循環製氫的方法很多，本章只提及與天然氣有關的化學鏈循環。其他化學鏈循環製氫的內容將在第 8 章進行介紹。研究人員提出了利用 Fe_2O_3 的不同氧化態氧化天然氣。其化學反應歷程如下：

$$4Fe_2O_3 + CH_4 \longrightarrow 8FeO + 2H_2O + CO_2$$
$$8FeO + 8/3\ H_2O \longrightarrow 8/3\ Fe_3O_4 + 8/3\ H_2$$
$$8/3\ Fe_3O_4 + 8/3\ O_2 \longrightarrow 4Fe_2O_3$$
$$CH_4 + 2/3\ O_2 + 2/3\ H_2O \longrightarrow 8/3\ H_2 + CO_2 （總反應）$$

該化學循環經歷以下過程：

(1)還原反應器中，天然氣通過吸熱反應被氧化，Fe_2O_3 被還原為 FeO。出口氣態產物是水蒸氣和 CO_2，CO_2 在水蒸氣冷凝後直接被分離出來。

(2)FeO 在蒸汽反應器中發生放熱反應，FeO 與水蒸氣反應形成 Fe_3O_4 和 H_2。此反應需要大量水蒸氣使 FeO 氧化，反應器出口的氣體產物是蒸汽和 H_2。

(3)氧化反應器中 Fe_3O_4（以及未反應的微量 FeO）被完全氧化成 Fe_2O_3。

化學循環製氫與天然氣蒸汽重整製氫相似，不同的是，還原反應、蒸汽反應和氧化反應在不同的反應器中進行（圖3-12）。反應產物可通過簡單的冷卻和冷凝從蒸汽反應器中分離出 H_2 和從還原反應器中分離 CO_2。該過程不需要額外的氣體處理

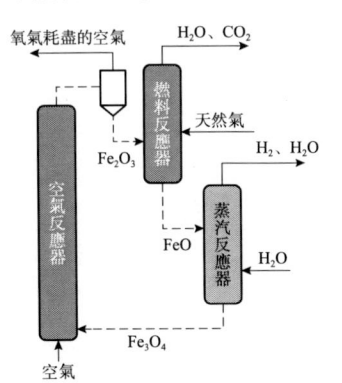

圖3-12 提升管式三段化學循環反應器

和分離過程。該過程可實現 CO_2 擷取效率 100%，H_2 的生產效率高達 77%。

3.7 小型橇裝天然氣製氫

中國運行的加氫站的 H_2 來源是使用管束車將壓縮 H_2 從製氫工廠運輸至加氫站,其運輸成本占總成本 25%～30%。降低運輸成本才能使氫能產業發展。在加氫站站內製氫能省去昂貴的 H_2 運輸環節所產生的費用,還可以大幅降低 H_2 成本。

站內製氫方法有電解水製氫、甲醇製氫、液化石油氣製氫和天然氣製氫、氨氣製氫等方式。中國天然氣製氫技術上工藝流程的改進、催化劑質量的提高、設備形式和結構的優化、控制水準的提高保證天然氣製氫工藝的可靠性和安全性。在大規模可再生能源製氫時代來臨之前,天然氣製氫將是未來較環保、經濟、可行的製氫方式。天然氣製氫可藉助完善的天然氣輸配和城市燃氣基礎設施,實現貼近市場進行 10～1000kg/d 規模的低成本製氫。小型橇裝天然氣製氫正是適應這一需要的技術方案。其橇裝化、模組化的集裝箱式設計,便於公路運輸。占地面積小,便於進行靈活、便捷、快速地建設安裝和運行,也便於對已有加氣站實施快速 H_2 補充。

小型橇裝天然氣製氫並非大型成熟天然氣製氫的縮小版,其催化劑、工藝流程、重整反應器、系統整合與控制、氫氣淨化、熱量平衡等方面都有待創新和研發,技術挑戰性很大。加氫站通常為燃料電池汽車補充 H_2,H_2 的高純要求高。GB/T 37244-2018《質子交換膜燃料電池汽車用燃料 氫氣》中要求 CO 含量 $\leqslant 0.2\mu mol/mol$,實際一般控制在 $\leqslant 10 \times 10^{-6}$ 以內。小型橇裝天然氣製氫工藝流程中包括水蒸氣重整、CO 深度去除和氫氣提純 3 個主要工段。圖 3-13 所示為大阪燃氣公司 HYSERVE30 工藝流程。該裝置長 2m、寬 2.5m、高 2.5m,整合度非常高,可以放進普通貨車。中壓條件下進行反應,PSA 單位的弛放氣被用作燃料以補充重整反應所需熱量。HYSERVE30 工藝集高效小型重整反應器、脫硫反應器和 CO 變換反應器為一體,PSA 小型化,純水代替工藝水蒸氣。可製得 H_2 純度 $\geqslant 99.999\%$,單耗 $0.42m^3 CH_4/m^3 H_2$,處於技術先進水準。

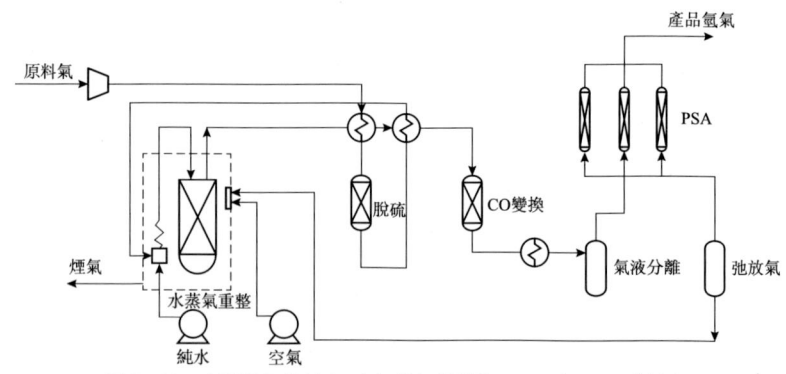

圖 3-13　大阪燃氣公司 30m³/h 製氫規模的 HYSERVE30 工藝流程

受移動現場條件影響,小型橇裝天然氣製氫更傾向於接近常壓($<0.15MPa$)、溫度為 600～750℃ 的條件下進行,因而對反應器的金屬材料要求低於傳統高溫重整反應器,可減

少投資。此外，低溫蒸汽重整有以下優勢：①蒸汽天然氣比低，蒸汽需求量大幅降低；②重整反應轉化率高，CO 也基本轉化，無須 CO 水氣變換單位；③PSA 解吸尾氣作燃料便足夠重整反應的熱量，無須額外補充燃料。

隨著小型橇裝天然氣製氫技術日趨成熟，其在城市生活、能源交通等方面將大展身手，市場前景十分光明。

3.8 天然氣製氫的 HSE 和技術經濟

根據中國《危險化學品目錄》製氫裝置屬於甲類火災危險性裝置。甲烷和 H_2 屬於甲類火災危險性氣體，易燃易爆，而 CO 則屬於乙類火災危險性氣體，易燃易爆且有毒。因此氫氣生產是重點監管對象。

天然氣蒸汽重整製氫、天然氣催化部分氧化製氫、天然氣二氧化碳重整製氫、天然氣自熱重整製氫 4 種製氫技術各有其優缺點。天然氣水蒸氣重整製氫技術成熟可靠，投資大成本高；天然氣二氧化碳重整製氫效率較低，但經濟效益和環境效益最好，為 CO_2 的利用找到一個新的途徑；天然氣催化部分氧化技術投資小，能源消耗低，但需要增加空分裝置，投資成本增加；天然氣自熱重整技術投資小、效益高，但兩種技術的結合增加了工藝複雜性。

天然氣製氫生產 $1m^3$ 氫氣需消耗天然氣 $0.42\sim0.48m^3$，鍋爐給水 1.7kg，電 $0.2kW\cdot h$。$50000m^3/h$ 及以下 H_2 產量時，天然氣具有成本優勢。大於 $50000m^3/h$ 時，則以煤為原料製氫更具有成本優勢。

生命週期評價是整體上評估一個服務（或產品）體系在整個壽命週期內所有投入、產出及其對環境直接造成或潛在影響的方法。生命週期評價結果表明，製氫運行環節的能源消耗和 CO_2 釋放量分別占系統生命週期總量的 87.1% 和 74.8%，是整個系統的主要影響過程。天然氣蒸氣重整製氫技術的生命週期溫室氣體釋放當量為 11893g CO_2/kg H_2，能源消耗為 165.66MJ/kgH_2。天然氣熱解製氫系統生命週期的溫室氣體釋放當量為 3900～9500gCO_2/kgH_2，能源消耗為 $298.34\sim358.01MJ/kgH_2$。天然氣蒸汽轉化製氫的能源消耗相對較低，而甲烷熱解製氫的溫室氣體釋放量相對較少，兩種技術各有優劣。

減少溫室氣體排放，發展低碳經濟，正在成為全球經濟發展的重要課題。天然氣製氫不可避免會排出 CO_2，因此增設 CO_2 捕集回收裝置是減少碳排放的有效手段。中國石化塔河煉化有限責任公司 $20000Nm^3/h$ 製氫裝置，解吸氣中 CO_2 體積含量為 46%，增設 CO_2 捕集回收裝置（工藝流程見圖 3-14）。解吸氣用體積濃度為 20% 羥乙基乙二胺的貧液在吸收塔充分接觸，吸收其中的 CO_2。吸收後的富液經過解吸釋放出溶劑中的 CO_2 後循環使用。經過 CO_2 捕集裝置吸收後尾氣中 CO_2 體積含量降低到 0.08%。對生產裝置的主要影響是外輸蒸汽溫度下降近 10℃，影響

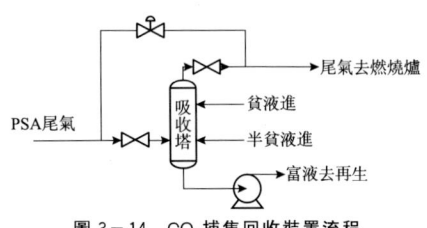

圖 3-14 CO_2 捕集回收裝置流程

中壓蒸汽質量，嚴重時導致蒸汽濕度增加。

習題

1. 簡述天然氣蒸汽重整製氫主要工藝流程，列出每一工段發生的主要化學反應。

2. 簡述天然氣部分氧化製氫各組分的作用。

3. 某天然氣蒸汽重整製氫裝置，水碳比為 3.0，CH_4 轉化率為 95%，變換反應中 CO 的轉化率為 80%。計算變換反應器出口各個組分的含量及反應平衡常數。

4. 查找文獻資料，找出其他用於製氫反應的熱化學鏈循環，並簡述其反應原理。

5. 查找文獻資料，找出一個天然氣蒸汽重整製氫的案例，概括總結其生產能力、工藝參數等。

6. 試計算反應溫度 700℃，水氣比 2.5，天然氣蒸汽重整製氫甲烷平衡轉化率。

第4章　甲醇製氫

甲醇由天然氣或者煤為原料製取。甲醇常溫下是液體，便於儲存和運輸。工業上大規模製氫的原料多使用煤或天然氣。但用氫場景和用氫規模千差萬別。對於用氫規模較小的場景，使用煤製氫和天然氣製氫投資太大。在中國需大量進口天然氣的現狀下（2021年中國天然氣進口量12136萬t），天然氣管網的覆蓋率及天然氣的可及性有限。對於小型用氫場景則使用甲醇製氫是比較經濟的選擇。甲醇具有較高的儲氫量，適宜作為分散式小型製氫裝置的製氫原料。

2017年以來，中國氫能產業呈爆發式發展，加氫站作為氫能的交通基礎設施正在中國多個城市布局建設。加氫站供應的氫氣主要依靠長管拖車運輸，而長管拖車運輸氫氣存在安全風險，並且裝卸載時間長，運輸能力低，運輸成本高，綜合能源效率不合理，使得加氫站的氫氣保供與價格問題變得越來越突出，成為制約整個氫能產業持續發展的關鍵要素。甲醇製氫適合應用於加氫站供氫。

甲醇是大宗化工原料，2020年中國甲醇產量6728萬t，甲醇原料資源豐富。在近幾年甲醇製氫工藝得到迅速推廣。

甲醇作原料製氫氣主要有3種方法：甲醇水蒸氣重整製氫，甲醇分解製氫，甲醇部分氧化製氫。

4.1　甲醇水蒸氣重整製氫

1970年代，研究人員開發了實驗室級的重整器製造氫氣。甲醇當選為化學儲氫物質，主要有以下幾方面的原因：①便於儲存和運輸；②常溫下是液體；③分子結構簡單，易於重整；④不含硫；⑤氫碳比高；⑥重整溫度低；⑦產物中CO含量低。通過甲醇蒸汽重整製得的氫氣經進一步處理，可成為理想的燃料電池燃料。

4.1.1　甲醇水蒸氣重整製氫的反應原理

甲醇蒸汽重整（Methanol Steam Reforming，MSR）發生如下反應：

$$CH_3OH + H_2O \rightleftharpoons CO_2 + 3H_2 \quad \Delta H = 40.5 \text{kJ/mol}$$

甲醇蒸汽重整製氫具有H_2產量高，儲氫量可達到甲醇質量的18.8%，CO產量低，成本低，工藝操作簡單等優點。最終產物是CO_2和H_2，莫耳成分比例1:3，但H_2中會摻雜著微量的CO。

(1)反應機理

由於反應體系複雜，甲醇水蒸氣重整製氫反應機理一直爭議不斷。不同催化劑和反應條件下，MSR 反應機理也有所不同，文獻中常見的機理有五種。

第一種是甲醇分解－水氣置換（Decomposition and Water Gas Shift，DE－WGS）機理。

DE：$CH_3OH \rightleftharpoons 2H_2 + CO$

WGS：$H_2O + CO \rightleftharpoons CO_2 + H_2$

該機理較早提出，認為兩種反應是串聯進行的，先進行 DE 反應，之後進行 WGS 反應。雖然能分別從催化劑和活化能角度間接驗證該機理。後來發現使用這一機理，實測得的 CO 濃度遠低於 WGS 反應的理論平衡計算值，僅在甲醇轉化率足夠高和接觸時間足夠長的條件下才能檢測到 CO 的生成等問題。

第二種是甲醇水蒸氣重整－甲醇分解（Steam Reforming and Decomposition，SR－DE）機理。

SR：$CH_3OH + H_2O \rightleftharpoons CO_2 + 3H_2$

DE：$CH_3OH \rightleftharpoons 2H_2 + CO$

該機理認為 SR 和 DE 反應是同時進行的。研究人員通過對催化劑 Cu/ZnO/Al$_2$O$_3$ 中的氧原子 [18]O 進行標記，發現 MSR 反應產物中 90% 的 CO_2 含有兩個 [18]O，而 CO 中未檢測到 [18]O。認為絕大部分 CO_2 的生成是直接來源於 SR 反應，且催化劑貢獻了 CO_2 生成所需的氧原子；而 CO 應該是來源於 C—O 鍵未發生斷裂的 DE 反應。

第三種是甲醇水蒸氣重整－水氣置換逆變換（Steam Reforming and reverse Water Gas Shift，SR－rWGS）機理。

SR：$CH_3OH + H_2O \rightleftharpoons CO_2 + 3H_2$

rWGS：$CO_2 + H_2 \rightleftharpoons CO + H_2O$

該機理認為 MSR 反應是由 SR 和 rWGS 反應串聯進行的，CO 是二級產物。研究人員通過原位紅外光譜法，得到在 MSR 反應啟動過程中 CO_2 是在 CO 之前生成的，從而否定了 DE－WGS 和 SR－DE 機理。另外，由於反應產物中 CO 含量遠低於 WGS 反應的理論平衡計值量，且發現 CO 含量隨著接觸時間的減小而下降，在低甲醇轉化率和較短接觸時間下並未生成，所以許多學者推斷 CO 的產生很可能來源於 rWGS 反應。

第四種是甲醇水蒸氣重整－甲醇分解－水氣置換（Steam Reforming, Decomposition and Water Gas Shift，SR－DE－WGS）機理。

SR：$CH_3OH + H_2O \rightleftharpoons 3H_2 + CO_2$

DE：$CH_3OH \rightleftharpoons CO + 2H_2$

WGS：$CO + H_2O \rightleftharpoons CO_2 + H_2$

為了可以完整預測 MSR 反應中各產物的組分含量，特別是 CO 含量，研究人員認為 SR、DE 和 WGS 這 3 種反應均應被包含在 MSR 反應中。研究者發現在 Cu/ZnO/Al$_2$O$_3$ 催化劑上存在兩類催化活性位：一類是有利於 SR 和 WGS 反應的活性位；另一類是有利於 DE 反應的活性位。

第五種是含中間產物的反應機理，許多學者在 Cu 系催化劑上進行 MSR 反應時，發現反應過程中出現甲酸甲酯(CH_3OCHO)、甲酸($HCOOH$)和甲醛($HCHO$)等中間產物。研究人員在基於 $Cu/ZnO/Al_2O_3$ 催化劑的 MSR 反應中引入大量 CO(0～30％)，發現其對產氫率和 H_2/CO_2 的比值沒有明顯影響，推斷 MSR 製氫反應中不涉及 WGS 反應，並根據反應過程中存在 CH_3OCHO、$HCOOH$ 等中間產物，提出以下反應機理，該機理忽略了 CO 的形成。

脫氫反應：$2CH_3OH \rightleftharpoons CH_3OCHO + 2H_2$

酯水解反應：$CH_3OCHO + H_2O \rightleftharpoons HCOOH + CH_3OH$

酸分解反應：$HCOOH \rightleftharpoons H_2 + CO_2$

總反應：$CH_3OH + H_2O \rightleftharpoons 3H_2 + CO_2$

(2) 反應熱力學

熱力學基本定律反映自然界的客觀規律。熱力學上肯定能進行的過程，由於還存在速率問題，若是反應速率極其緩慢，實際上不一定會發生；反之，若熱力學上不可能發生的反應過程，則一定不會發生。利用吉布斯自由能最小原理可計算反應的平衡組成時，平衡計算無須具體的反應和催化劑，只需反應溫度、進料組成比和平衡組成。所有的計算都是基於一個封閉的系統。

$$\ln K_f = \frac{-\Delta G^0_{298.15}}{298.15R} + \int_{298.15}^{T} \frac{1}{RT^2} \left(\Delta H^0_{298.15} + \int_{298.15}^{T} \Delta C_P \mathrm{d}T \right) \mathrm{d}T$$

$$K_f = \frac{f_{CO_2} \hat{f}_{H_2}^3}{f_M f_W}$$

$$= \exp\left(-17.655 - \frac{4211.466}{T} + 5.753\ln T + 1.709 \times 10^{-3}T - 2.684 \times 10^{-7}T^2 + 7.037 \times 10^{-10}T^3 / 0.101325^2 \right)$$

(3) 反應動力學

由於 MSR 反應是一個複雜的多相催化反應體系，其反應機理的研究還處於探索階段，為此許多學者也開展了大量相關的反應動力學研究。MSR 反應動力學研究中催化劑的顆粒尺寸通常小於 $700\mu m$，其比表面積為 $70～170 m^2/g$。當顆粒直徑小於 $700\mu m$ 時，可忽略內擴散效應的影響，獲得 MSR 反應的本微動力學模型。

基於不同的 MSR 反應機理發展出了許多相關的反應動力學模型，用於預測反應器內物料的傳輸特性。根據 MSR 反應過程中所包含的反應方程式個數，可分為單速率、雙速率和三速率模型 3 類。其形式主要有冪函數(Power－Law, PL)型和雙曲線(Langmuir－Hinselwood, LH)型 2 種形式。其中，PL 型方程式一般不基於反應機理，是通過實驗數據擬合得到的經驗型反應動力學方程式，而 LH 型方程式則大多基於不同的反應機理提出。

① 單速率模型

單速率模型大多以 SR 反應反映整個反應過程，較多以 PL 型方程式的形式出現，一般如下式所示。

$$r = k_0 \exp\left(-\frac{E_a}{RT}\right) P_{CH_3OH}^a P_{H_2O}^b P_{H_2}^c P_{CO_2}^d$$

式中，指前因子 $k_0 = 2.673 \times 10^{11}$ mol/(h·g_{cat})；活化能 $E_a = 116.7$ kJ/mol；$a = 0.402$；$b = -0.468$；$c = -0.793$；$d = 0.578$。

②雙速率模型

根據 MSR 反應機理可得，雙速率模型有 DE－WGS、SR－DE 和 SR－rWGS 3 種模型，文獻中出現的一種 SR－DE 速率方程式見下式。

$$r_{SR} = 6.147 \times 10^{15} \exp\left(-\frac{E_a}{RT}\right) p_{CH_3OH}^{0.8541} p_{H_2O}^{1.1452} \left(1 - \frac{p_{H_2}^3 p_{CO_2}}{K_S R p_{H_2O} p_{CH_3OH}}\right)$$

$$r_{DE} = 2.883 \times 10^{18} \exp\left(-\frac{E_a}{RT}\right) p_{CH_3OH}^{0.01435} \left(1 - \frac{p_{H_2}^2 p_{CO}}{K_{DE} p_{CH_3OH}}\right)$$

式中，SR 的活化能 $E_a = 151.46$ kJ/mol；DE 的活化能 $E_a = 195.72$ kJ/mol。

③三速率模型

三速率模型包含 SR、DE 和 WGS 3 個反應。三速率模型雖然可以完整預測 MSR 反應中甲醇、H_2O、H_2、CO_2 和 CO 各組分的含量。但是其比較複雜，可調參數較多，求解也較為困難，從而影響其應用的廣泛性。且三速率模型的研究還較少，發展還很不成熟，所以很少應用於實際工程設計中，本教材中不再贅述。

4.1.2 甲醇水蒸氣重整製氫的工藝流程

甲醇水蒸氣轉化製氫的工藝流程主要分為 3 個工序：①甲醇水蒸氣轉化製氫。這一過程包括原料汽化、轉化反應和氣體洗滌等步驟。②轉化氣分離提純。常用的提純工藝有變壓吸附法和化學吸附法，前者適合於大規模製氫，後者適合於對 H_2 純度要求不高的中小規模製氫。③熱載體循環供熱系統。甲醇水蒸氣轉化製氫為強吸熱反應，必須從外部供熱，但直接加熱易造成催化劑的超溫去活化，故多常用熱載體循環供熱。

設計的甲醇水蒸氣重整製氫分為 4 個工序（圖 4-1）：

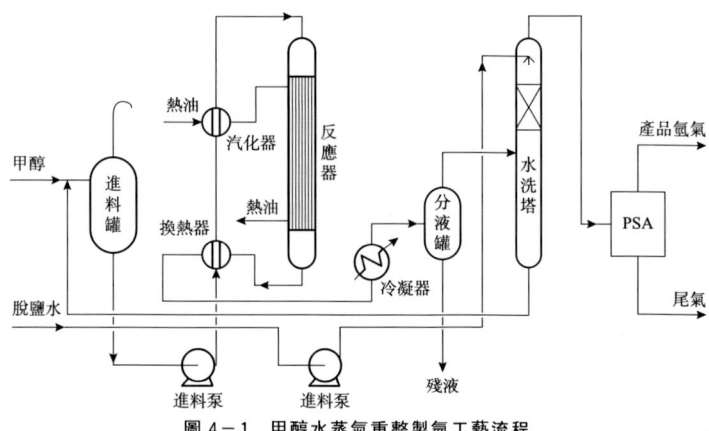

圖 4-1 甲醇水蒸氣重整製氫工藝流程

(1)甲醇/脫鹽水混合汽化過熱；

(2)甲醇/蒸汽轉化；

(3)反應氣體冷卻分離；

(4)粗氫氣提純。

4.1.3 甲醇水蒸氣重整製氫的催化劑

甲醇重整反應使用的催化劑主要有三大系列，即鎳系催化劑、貴金屬催化劑和銅系催化劑，除此之外，還有新開發的催化劑。

(1) 鎳系催化劑

鎳系催化劑穩定性好，適用條件廣，不易中毒。但反應選擇性較差，特別是在反應溫度低於300℃時，生成較多的CO及一定量的CH_4，且易積炭去活化。在甲醇水蒸氣重整反應中，Ni對CH_3OH的吸附遠強於對CO的吸附，故在Ni/Al_2O_3催化劑上，還原的Ni活性位為CH_3OH的吸附位，H_2O的吸附位為Al_2O_3或Ni與Al_2O_3的介面，兩者的吸附位之間存在能障，故水氣直接與CH_3OH或其脫氫中間體反應極為困難。只有當反應溫度升高時，水蒸氣和CH_3OH獲得足夠能量時，才能克服吸附位間的能障進行反應。雖然鎳系催化劑在較高溫度時具有很好的活性和穩定性，但由於其選擇性較差，產物CO含量較高。在銅系催化劑中加入適量的Ni，可提高催化劑的穩定性和活性，對開發銅系催化劑有很好的作用。

CeO_2由於具有較強的儲放氧能力，可以作為Ni系催化劑的載體用於抑制積炭的形成，在反應過程中可以觀察到NiO→NiC→Ni和CeO_2→CeO_{2-x}的相轉變。Ni與CeO_2之間的金屬載體相互作用促進了CeO_2與Ni之間的氧轉移，有助於提高催化劑的選擇性。

(2)貴金屬催化劑

貴金屬催化劑的優點是活性高，選擇性和穩定性好，受毒物和熱的影響小。貴金屬催化劑多以Pt、Pd活性組分為主催化劑，以ZnO、Al_2O_3、TiO_2、SiO_2、ZrO_2為載體，鹼土金屬作改性劑。

Pd/ZnO催化劑是有代表性的貴金屬催化劑。部分ZnO在高溫下被還原為Zn，Zn與Pd生成PdZn合金。PdZn合金改變了金屬Pd的電子結構。在含有合金的催化劑上，反應形成的甲醛物種很容易被轉化為CO_2和H_2。PdZn合金形成的電子結構與Cu相似。與其他貴金屬體系相比，尤其抑制了CO的生成。其優點是催化劑穩定性好，受毒物和熱的影響小。缺點是低溫活性不如Cu基催化劑。甲醇蒸汽重整反應中的CO_2選擇性與合金中Pd/Zn的比例有關，富鋅PdZn合金催化劑比富鈀催化劑具有更高的活性和CO_2選擇性。

除了將Pd負載在ZnO上，研究人員還將Pd負載於含Zn的複合氧化物上。以ZnO-CeO_2奈米複合材料為載體，製備的Pd/ZnO-CeO_2催化劑比Pd/ZnO催化劑的穩定性更好。在ZnO-ZrO_2混合氧化物上浸漬Pd製得高分散度的Pd基催化劑對選擇性生成CO_2起重要作用。同時，ZrO_2的加入促進了ZnO和Pd的分散，抑制了Pd晶粒的生長。

Pd/ZnO催化劑的去活化原因有兩個：一是催化劑表面的積炭降低了催化劑的活性；二是PdZn合金的表面被部分氧化，使CO生成增多。去活化後，Pd/ZnO催化劑可以在較低溫度的含氧氣氛中氧化去除積炭，並在較高溫度的含H_2氛中還原實現再生。

(3)銅系催化劑

甲醇水蒸氣重整製氫催化劑研究中，應用最多的是銅系催化劑。銅系催化劑可分為3類：二元銅系催化劑，三元銅系催化劑和四元銅系催化劑。二元銅系催化劑常見的有：Cu/SiO_2、Cu/MnO_2、Cu/ZnO、Cu/ZrO_2、Cu/Cr_2O_3、Cu/NiO。三元銅系催化劑常用的是 $Cu/ZnO/Al_2O_3$，對 $Cu/ZnO/Al_2O_3$ 催化劑進行改性，添加 Cr、Zr、V、La 作助劑就可製備四元銅系催化劑。這些銅系催化劑用於甲醇水蒸氣重整製氫反應，選擇性和活性高，穩定性好，甲醇最高轉化率可達到 98％，產氣中氫含量高達 75％，CO 含量小於 1％，是比較理想的甲醇水蒸氣重整製氫催化劑。

二組分 Cu/Al_2O_3 催化劑要求反應溫度高達 250℃，高的反應溫度導致 CO 含量增加，而燃料電池的反應溫度在 80℃ 左右，因此，高溫對該反應不利。添加第三組分 Cr、Mn、Zn 可提高催化劑的活性，在 250℃ 時，甲醇轉化率提高到 99％，氫的選擇性提高到 93％；在 200℃ 時，甲醇轉化率提高到 93％，氫的選擇性提高到 99％。

銅系催化劑的活性組分主要是還原態的銅。一般認為：ZnO 起促進作用，並且認為 Cu/ZnO 協同作用產生高活性。但銅鋅相互作用的機理尚不明確，研究者們提出了以下幾種可能的理論模型：氫溢流模型、金屬－氧化物介面模型和 Cu－Zn 合金模型。其中，氫溢流模型認為銅鋅協同作用與 Cu/ZnO 體系中 Cu 與 ZnO 的雙向溢流有關。ZnO 能夠擷取最初在 Cu 表面產生的氫原子，並作為儲氫器，促進了氫在催化體系中的溢出。而 Cu－Zn 合金模型認為溢流效應是存在的，但並不是 ZnO 起主要作用，ZnO 在體系中主要作為隔離物分離 Cu 顆粒，催化劑中形成的 Cu－Zn 或 Cu－O－Zn 表面合金才是銅鋅相互作用的原因。

Ga_2O_3 助劑摻雜的 Cu 基催化劑在低於 473K 的溫度下表現出優異的活性、穩定性和選擇性，Ga_2O_3 的摻雜促進了 $ZnGa_2O_4$ 尖晶石的形成，並在缺陷 $ZnGa_2O_4$ 尖晶石氧化物表面形成更多小尺度、高度分散的 Cu 團簇，促進了 Cu 物種的穩定和分散。

Al_2O_3 作載體，起分散劑和支撐作用，可改善催化劑的熱穩定性和機械強度，延長催化劑的活性壽命。Zn、Cr、Mn 作助劑使催化劑性能提高的機理是：Cu^0/Cu^+ 共同構成 Cu/Al_2O_3 催化劑的活性中心，Cr、Mn 助劑的加入，生成了 $CuMnO_2$、Mn_2O_3、$CuCr_2O_4$ 及 Cr_2O_3。其中 Mn、Cr 都以正 3 價（Mn^{3+}、Cr^{3+}）存在，它們可以接受或失去電子，保證了催化劑中 Cu^0/Cu^+ 活性中心的穩定存在，從而使催化劑性能得到提高。另外，Zn－Al 之間產生了酸－鹼對協同位點，產生了比雙組分（Cu－Zn/Cu－Al）催化劑更強的低溫轉化率和 H_2 收率。有關活性中心存在兩方面的認識：①0 價表面金屬銅為活性物質；②Cu^0/Cu^+ 共同構成活性中心。研究人員用 $Cu/\alpha-Al_2O_3$ 作催化劑，在 300℃ 該反應有較好的選擇性，該催化劑的高穩定性歸因於在 900℃ 焙燒能生成 $CuAl_2O_4$，且催化劑的活性與 Cu(Ⅰ)、Cu(Ⅱ) 二者相關。研究者通過同位素標記、原位紅外、密度泛函 (DFT) 計算得出結論：在甲醇脫氫生成甲酸甲酯反應中，零價銅位點促進了 CH_3OH 的 O－H 鍵和 CH_3O 的 C－H 鍵裂解，而一價銅位點則使得 HCHO 快速分解為 CO 和 H_2。為了在 MSR 過程中保持較低 CO 選擇性，需要維持一個特殊的 Cu^+/Cu^0 比例。

儘管 Cu 基催化劑 MSR 機理存在爭議，但反應步驟大致有如下部分：甲醇脫氫生成 CH_3O*，CH_3O* 脫氫生成 CH_2O*，水離解生成 $OH*$ 或 $O*$，而後來自催化劑載體的

氧物種與 CH_2O* 進行偶聯反應生成中間體，中間體進一步脫氫形成 CO_2 或 CO。其中 CH_3O* 脫氫生成 CH_2O* 為整個反應的速控步驟。對於反應中的活性位點，認為含氧中間體和氫原子分別吸附於不同的反應位點。對於氧物種與 CH_2O* 偶聯發生的競爭反應，CH_2O* 脫氫成 CO* 的反應具有最高的能障，這可能是造成 Cu 基催化劑具有較低 CO 選擇性的重要原因。

研究者發現不同的晶面具有不同的反應活性。首先，既然 CH_3O* 脫氫生成 CH_2O* 是反應的控制步驟，那麼 CH_3O* 在 Cu 表面的丰度尤為關鍵；其次，Cu 表面應有足夠豐富的 O*/OH* 物種參與和 CH_2O* 的偶聯反應，進而反應生成 H_2 和 CO_2；而空位(*) 的存在有助於避免表面中毒，為反應提供位點。所以，能提供 CH_3O*、O*、空位(*) 最佳分布的表面將呈現出較高的 MSR 活性。密度泛函理論(Density functional theory, DFT)計算表明，Cu(110)有最高的 CO_2 選擇性。而銅(111)表面全被 O* 覆蓋導致中毒，Cu(221)不適用於 MSR 反應。Cu(110)晶面對 MSR 反應表現出最好的活性和 CO_2 選擇性，因此在製備催化劑過程中，應盡可能多地暴露 Cu(110)晶面。在真實的反應過程中，Cu 基催化劑往往會發生一些價態和結構的改變。一般來說，Cu 基催化劑在反應器中會先進行還原活化，使得 Cu 的價態保持零價，在實際的運行過程中，不同的工程公司採用不同的還原方法得到的 Cu 晶面結構也有所區別，主要體現在催化活性及壽命上。

銅系催化劑製備多採用浸漬法、沉澱法、捏和法和離子交換法。其中以沉澱法製備催化劑的最多，常用硝酸鹽溶液與鹼性溶液共沉澱製備催化劑，共沉澱法製備的催化劑具有活性高、組分含量可控、生產成本較低等特點。共沉澱法製備催化劑的影響因素主要有：①沉澱劑的影響；②沉澱方法的影響；③沉澱溫度和 pH 的影響；④熱處理條件的影響。

活化條件對催化劑性能有很大影響，特別是活性和選擇性。選擇合適的活化條件可極大地提高催化劑活性。有 3 種催化劑的活化方法：①用氫－氮混合氣還原活化催化劑；②先用氫－氮混合氣還原活化催化劑，再用甲醇和水還原活化催化劑；③直接用甲醇和水還原活化催化劑。實驗表明，用前兩種方法還原活化催化劑的效果好，催化劑活性高。一般認為直接用甲醇－水方法還原活化催化劑最方便，還原效果比前兩種還原方法稍差。

反應溫度，水和甲醇配比，液體空速和催化劑裝填量都影響轉化反應的性能。一般情況下，反應溫度越高，甲醇轉化率越高，副產物 CO 含量越高；反應溫度越低，甲醇轉化率越低，副產物 CO 含量越低。工業上隨著裝置運行的時間增長，反應溫度會逐漸提高。另外，催化劑的物理結構如銅系催化劑的孔結構、孔徑大小、分散度、銅晶粒尺寸、活性銅的面積、催化劑中銅組分的含量、活性組分 Cu^0 和 Cu^+ 含量等都影響催化劑的性能。

Cu 基催化劑去活化的原因主要有燒結、積炭、中毒等，其中，燒結是甲醇蒸汽重整反應中導致 Cu 基催化劑去活化的主要原因。銅基催化劑的活性與銅比表面積存在線性關係。Cu 晶粒長大，Cu 比表面積下降，催化劑活性位減少，因此導致了銅基催化劑的去活化。Cu 比其他常用的金屬對熱要敏感。另外，Cu 的塔曼溫度，即固體晶格出現明顯的原子移動的溫度接近 190℃。雖然結構性助劑等提高了催化劑體系的熱穩定性，但銅基催化劑一般不能在高於 300℃的溫度下使用，否則會因重結晶而迅速老化。如果還原及反應時的操作條件控制不當，床層溫度大幅度波動，反應床層出現局部高溫，或者頻繁地開停車使催化劑反覆氧

化還原，都能導致活性晶粒的長大，喪去活化性比表面積，造成催化劑去活化。

催化劑的中毒主要與硫化物、氯化物有關。硫化物會與金屬 Cu 和 ZnO 生成 Cu_2S、ZnS，覆蓋催化劑的活性中心，進而導致催化劑的去活化。

當水醇比較低或反應溫度較高時，甲醇蒸汽重整中 Cu 基催化劑容易發生副反應生成積炭導致去活化。積炭一方面來源於反應過程中形成的碳氫化合物，另一方面由 CO 通過 Boydouard 反應($2CO \rightleftharpoons CO_2 + C$)轉化為單質碳，這些積炭會堵塞催化劑的孔隙及覆蓋催化劑表面活性物種，從而降低催化劑的甲醇蒸汽重整製氫性能。

(4)$ZnO-Cr_2O_3$ 催化劑

以 $ZnO-Cr_2O_3$ 催化劑為代表的非銅基催化劑相較於 Cu 基催化劑有較好的熱穩定性，且在高溫時有和 Cu 基相似的催化性能，但其缺點是在低溫時反應活性差，且產物中 CO 含量較高。採用共浸漬法製備了以 $\gamma-Al_2O_3$ 為載體的 Zn-Cr 催化劑，並在 H/C=1.4，GHSV=25000h^{-1} 條件下測試 MSR 性能在 380~460℃ 範圍內 H_2 和 CO_2 的比例約為 3:1，CO 是主要的副產物。相比於 Cu 基催化劑，Zn-Cr 催化劑需要一個更高的反應溫度，甲醇才能有 100% 轉化率，在 GHSV=25000h^{-1} 下反應溫度須達到 460℃，此時產物中 CO 含量為 1.5%。因為 Zn-Cr 基催化劑僅在高溫時才有較好的催化表現，所以在低溫時的甲醇轉化率和 CO 選擇性均不如 Cu 基催化劑。

4.1.4 甲醇水蒸氣重整製氫的反應器

工業應用的 MSR 製氫反應器從結構上又可分為列管式、板式(包括板翅式)和微通道 3 種形式。它們都是固定床反應器，都通過在管內、板間、微通道中填裝顆粒催化劑進行反應。但是催化劑顆粒的粒度、反應器的結構不同。反應器設計的目標是減少擴散的影響，使流體分布均勻。

(1)列管式反應器

列管式反應器是工業化生產中最常見的反應器形式，其優點是結構簡單、加工方便、流速和溫度的操作範圍寬、運行時間長、催化劑不易磨損、製造成本低、催化劑容易更換。缺點是管式反應器的體積一般較大，不容易減小，而且反應器填充床中可能會溫度過高、催化劑有效利用係數較低、產氫效率較低等。

列管式反應器在實驗室 MSR 製氫反應器中最為常見。其特點是長(高)徑比很大，內部沒有任何構件。反應物料混合的作用較小，一般用於連續操作過程。由於工業催化劑多為顆粒形狀，通過在管式反應器中填充一定量的催化劑進行實驗最為方便和可靠。根據所採用模型的不同，列管式反應器又可分為微分式和積分式，微分式反應器內各物質濃度和反應速率不隨時間和空間變化；積分式反應器內各物質濃度和反應速率隨時間或空間變化；兩者結構上並無原則的差別，只體現了理論意義上的區別。實驗一般都採用積分式連續操作管式反應器，反應器出口甲醇的轉化率較高。採用列管式反應器的 MSR 反應器具有強吸熱的特性，這樣會導致催化劑床層存在部分「冷點」。將在反應物進口處出現一個降溫區域，縮小反應器管徑可以增加反應器的傳熱效果，而且催化劑活性也較高。例如，在直徑為 4.1mm 的反應器中，反應器進出口溫度差達到 40K；而當直徑為 1mm 時，傳熱性

能有所改善，反應器進出口溫差可減小到 22K。但是反應的效果不夠理想，且反應管的直徑太小會造成催化劑填裝困難。

華中科技大學設計了直管式和螺旋管式兩種車用甲醇重整反應器(圖 4-2)，並對反應器模型進行了 CFD 模擬，研究催化反應過程中反應器的宏觀換熱性能。對反應器的溫度、流體場及各反應涉及的組分濃度分布等因素進行了模擬計算研究。研究比較了螺旋管與直管反應器換熱性能的差異。並通過改變邊界條件，分別研究了水醇比、反應物流量、換熱載體的流速對反應器催化換熱性能、甲醇轉化率及 H_2 產出量的影響。結果表明，控制水醇比在 0.7～0.9，通過增大換熱載體流速，提高反應物流量，可以提高催化換熱效果，增加 H_2 的產量。

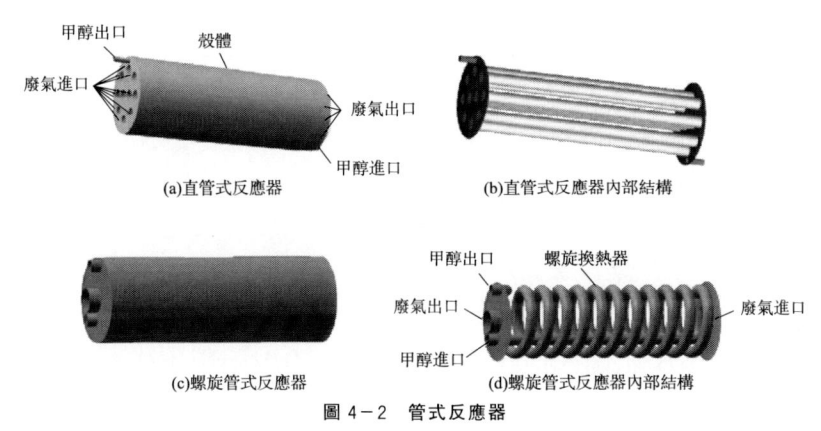

圖 4-2 管式反應器

(2) 板式反應器

板式反應器通常在其一側裝填 MSR 催化劑，另一側裝填催化燃燒催化劑；利用催化燃燒產生的熱量給蒸汽重整提供反應所需熱量。潘立衛等研製的板翅式反應器集預熱、氣化、重整和催化燃燒於一體，在反應過程中可實現完全自供熱，結果表明該板式反應器具有較高的 H_2 產率及較低的 CO 選擇性。

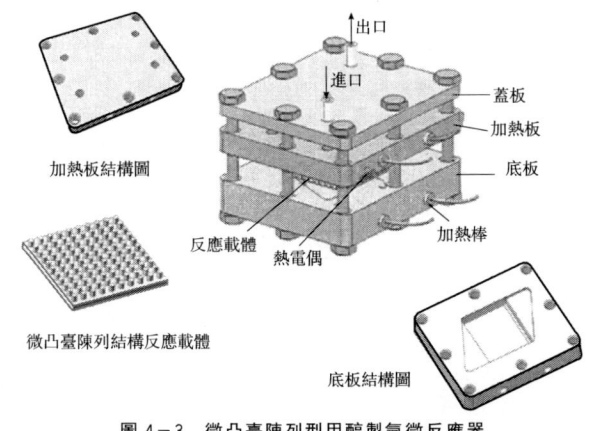

圖 4-3 微凸臺陣列型甲醇製氫微反應器

近年來，具有高傳熱效率和緊湊結構的板式反應器引起人們的研究興趣。為了增加熱交換板和催化劑的接觸面積，催化劑顆粒通常負載在板的表面，這樣可以提高反應器的傳熱效率，縮短啟動時間，同時緊湊的結構可以減小重整器的體積，可以做成微型的重整器。板式反應器增加了反應氣體和催化劑顆粒的質傳面積，提高了催化劑的利用率，減少了催化劑的用量。

研究人員設計了一種微凸臺陣列的微型重整器，為板式結構，反應載體為矩形結構，在反應載體表面加工有微凸臺陣列結構，結構如圖4-3所示。通過在反應載體表面負載銅基催化劑，進行了甲醇水蒸氣重整製氫實驗，測試表面重整器產生的H_2可達到燃料電池對氫的需求，同時微凸臺陣列結構實現了高效率低成本的甲醇重整製氫。採用板式設計可以使反應器內部溫度均勻，解決管式反應器中局部溫度過高的問題；而且甲醇重整單位和反應氣淨化單位的一體化設計可以減輕系統的質量和體積，使反應器更加微型化。

(3)微通道反應器

微通道反應器(圖4-4)是一種藉助特殊微加工技術，以固體基質製造的可用於進行化學反應的三維結構單位。所含的流體通道當量直徑小於$500\mu m$。反應器填裝的催化劑顆粒較少，粒徑也較小，因此傳熱質傳速率很高。

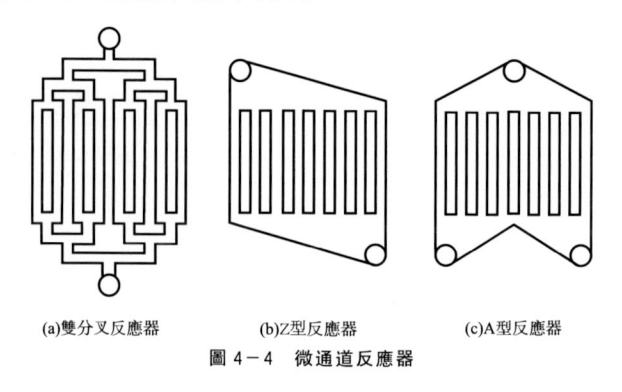

(a)雙分叉反應器　　(b)Z型反應器　　(c)A型反應器

圖4-4　微通道反應器

雙分叉反應器物料在反應器入口處分成兩股(圖4-4～圖4-6)，反應完畢又彙整合一股。其優點是反應器內物料具有統一的流速分布，高傳熱效率和低壓力損失；不足之處是入口處的蒸汽渦流將破壞物流的一致性。Z型反應器結構更加緊湊，但其流體流動的一致性不如雙分叉反應器。A型反應器中物料流場的均一性優於Z型反應器。

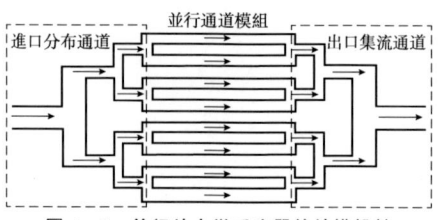

圖4-5　並行放大微反應器的結構設計

(a)A型　(b)Z型

圖4-6　反應器物流示意

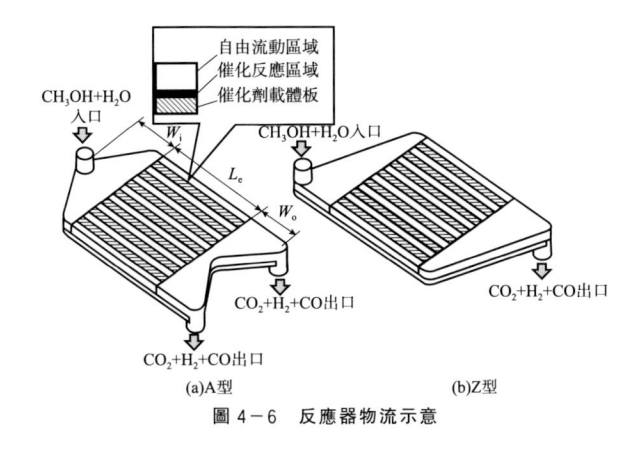

4.1.5　甲醇水蒸氣重整製氫的典型案例

本案例為山東省某能源公司 15000Nm³/h 甲醇蒸汽製氫裝置。該裝置為 20 萬 t/a 蒽醌法製備過氧化氫裝置提供原料氫氣，氫氣純度（體積分數）要求 99.99％。原公司有一套 12000Nm³/h 天然氣製氫裝置，由於在冬季供暖季，天然氣價格上漲至 7 元/Nm³，因此新上一套甲醇蒸汽重整製氫裝置，用於冬季供暖後製氫原料的切換，以節省生產成本。

其工藝流程包括轉化部分、轉化氣洗滌、脫碳提氫 3 部分。

(1) 轉化部分

甲醇催化轉化製氫工藝過程包括：原料汽化、過熱過程，催化轉化反應，轉化氣冷卻冷凝等。

① 原料汽化、過熱過程

原料汽化、過熱是指在加壓條件下，將甲醇和脫鹽水按規定比例用泵加壓送入系統進行預熱、汽化過熱至轉化溫度。完成此過程需：原料液儲槽、原料液泵、汽化器、過熱器等設備及其配套儀表和閥門。該工序目的是為催化轉化反應提供規定的原料配比、溫度等條件。

② 催化轉化反應

在規定溫度和壓力下，原料混合氣在轉化器中進行氣相催化反應，同時完成催化裂解和轉化兩個反應。完成此反應過程需轉化器、導熱油供熱系統及其配套儀表和閥門。該工序的目的是完成化學反應，得到主要含有 H_2 和 CO_2 的轉化氣。

③ 轉化氣冷卻、冷凝

將轉化器下部出來的高溫轉化氣經冷卻、冷凝降到常溫。完成該過程的設備有：2 臺換熱器、冷凝器 2 臺設備及其配套儀表和閥門。該工序目的是降低轉化氣溫度，冷凝並回收部分甲醇、水等物質。

(2) 轉化氣洗滌

含有 H_2、CO_2 和少量甲醇、水的低溫轉化氣，進入淨化塔用脫鹽水洗滌吸收其中未

反應的甲醇的過程。完成該過程的設備有：淨化塔、脫鹽水泵(一開一備)2臺設備及其配套儀表和閥門。該工序目的是用脫鹽水與轉化氣在淨化塔填料上質傳吸收甲醇等有機物，塔釜收集未轉化完的甲醇和水循環使用，塔頂製得的轉化氣送PSA工段。

(3)脫碳提氫工序

從淨化器塔頂出來的含有H_2、CO_2、少量甲醇、水的轉化氣、CO和少量CH_4，自塔底進入吸附塔中正處於吸附工況的塔，在其中多種吸附劑的依次選擇吸附下，除去轉化氣中大部分的水分及CO_2，獲得純度大於90的粗氫氣，經壓力調節系統穩壓後送出界區。當吸附劑吸附飽和後，通過程控閥門切換至其他塔吸附，吸附飽和的塔則轉入再生過程。在再生過程中，吸附塔首先經過連續8次均壓降壓過程盡量回收塔內死空間氫氣，然後通過逆放和抽真空2個步序使被吸附雜質解吸出來。解吸氣經真空泵抽至液體CO_2工段作原料氣。完成該過程的設備有：脫碳塔、真空泵等設備。

從脫碳塔出來的脫碳氣(主要含H_2、CO_2、CO和少量CH_4)從提氫塔底部進入提氫塔，塔內吸附劑將CO、CO和CH_4吸附掉，高純度的氫氣從塔頂出來送入下一工序，提氫部分的解吸氣進入解吸氣緩衝罐，然後經調節閥調節混合後穩定地送往導熱油爐房，用作導油爐的燃料。完成該過程的設備有：提氫塔、真空泵等設備。

公用工程消耗見表4-1，三劑裝填量見表4-2，兩天運行參數見表4-3。

表4-1　公用工程消耗

序號	名稱	連續量	間斷量	備注
一	水耗量			
1	循環水/(t/h)	187.5	—	—
2	脫鹽水/(t/h)	—	3	—
二	電耗量(軸功率)			
1	380V, kW	370		動力設備
2	220V, kW	5		儀表及照明用
三	燃氣/(Nm^3/h)	1100		導熱油爐用
四	壓縮空氣			
1	淨化壓縮空氣/(Nm^3/h)	200		儀器儀表用
	非淨化壓縮空氣/(Nm^3/h)	—	200	現場吹掃
五	氮氣/(Nm^3/h)	150	9000	開車置換

表4-2　三劑裝填量

序號	名稱	型號及規格	數量/m^3	壽命/a	備注
1	MSR催化劑	KTRX-JL101	40.14	3	一次裝入量
2	高溫瓷球	φ10	2.475	3	一次裝入量
3	脫碳吸附劑	KTRX-PSA101~105	202	10	脫碳用
4	提氫吸附劑	KTRX-PSA101~105	139	10	提氫用

表 4-3 兩天標定運行參數

參數	第1天	第2天	參數	第1天	第2天
甲醇總流量/(kg/h)	8032	7678	PSA 脫碳入口壓力/MPa	2.16	2.16
脫鹽水量/(kg/h)	8538	8275	PSA 脫碳出口壓力/MPa	2.14	2.13
MSR 反應器入口溫度/℃	227	231	PSA 提氫出口壓力/MPa	2.12	2.11
MSR 反應器出口溫度/℃	216	221	氫管網壓力/MPa	2.05	2.05
MSR 反應器出口壓力/MPa	2.18	2.19	產氫量/(Nm³/h)	15043	14765
一級換熱器熱端出口溫度/℃	144	138	脫碳解吸氣流量/(Nm³/h)	7633	7302
原料換熱器熱端出口溫度/℃	124	117	提氫解吸氣流量/(Nm³/h)	768	711
洗滌塔頂部氣體出口溫度/℃	38	37			

4.1.6 甲醇水蒸氣重整製氫的現狀和發展趨勢

根據熱力學研究，在水醇比(S/M)為 2、反應溫度為 100℃ 條件下，MSR 甲醇轉化率理論上就可達 100%，且 CO 含量大幅下降，這為低溫(<200℃)催化劑設計指明了方向。低溫甲醇水蒸氣重整(LT－MSR)製氫催化劑具有多方面的優勢，不僅可有效降低副產物 CO 含量(1×10^{-5})，還可以加強吸熱的 MSR 系統與放熱的燃料電池系統之間的熱耦合，以提升甲醇重整製氫燃料電池系統(MSR－FCS)的整體效率。

4.2 甲醇裂解製氫

化肥和石油化工工業大規模的($5000Nm^3/h$ 以上)製氫方法，一般用天然氣轉化製氫、輕油轉化製氫或水煤氣轉化製氫等技術，但由於上述製氫工藝須在 800℃ 以上的高溫下進行，轉化爐等設備需要特殊材質，同時需要考慮能量的平衡和回收利用，所以投資較大、流程相對較長，故不適合小規模製氫。

在精細化工、醫藥、電子、冶金等行業的小規模製氫($200Nm^3/h$ 以下)中也可採用電解水製氫工藝。該工藝技術成熟，但由於電耗較高($5 \sim 8Nm^3/h$)而導致單位氫氣成本比較高，因而較適合於 $100Nm^3/h$ 以下的規模。

甲醇裂解製氫在石化、冶金、化工、醫藥、電子等行業的應用已經很廣泛。浮法玻璃行業為有效降低製氫成本和投資，多用氨分解製氫來替代電解水製氫，而甲醇裂解製氫工藝由於其所產氫氣質量、製氫成本優勢正逐漸被玻璃行業所認可。

甲醇分解製氫即甲醇在一定溫度、壓力和催化劑作用下發生裂解反應生成 H_2 和 CO。採用該工藝製氫，單位質量甲醇的理論 H_2 收率(質量分數)為 12.5%，產物中 CO 含量較高，約占 1/3，後續分離裝置複雜，投資高。甲醇裂解製氫：該工藝過程是甲醇合成的逆過程，其工藝簡單成熟、占地少、運行可靠、原料利用率高。生產 $1m^3$ 氫氣(0℃，101.325kPa)需消耗：甲醇 $0.59 \sim 0.62kg$，除鹽水 $0.3 \sim 0.45kg$，電 $0.1 \sim 0.15kW \cdot h$，燃料 $11710 \sim 17564kJ$，其成本高於天然氣製氫。

4.2.1 甲醇分解製氫的反應原理

通過熱力學理論計算得知,甲醇分解反應能夠進行的最低溫度為423K,水氣變換能夠進行的最低溫度為198K。因此,要使該反應能夠順利進行(假設按分解變換的機理進行),反應溫度必須要高於423K。不同溫度的反應平衡常數見表4-4。

主反應:$CH_3OH \Longleftrightarrow CO + 2H_2$ $\Delta H = -90.7 \text{kJ/mol}$

副反應:$2CH_3OH \Longleftrightarrow CH_3OCH_3 + H_2O$ $\Delta H = +24.9 \text{kJ/mol}$

$CO + 3H_2 \Longleftrightarrow CH_4 + H_2O$ $\Delta H = +206.3 \text{kJ/mol}$

$2CH_3OH \Longleftrightarrow CH_3OCH_3 + H_2O$ $CH_3OH + H_2 \Longleftrightarrow CH_4 + H_2O$

$CH_3OH + H_2O \Longleftrightarrow 3H_2 + CO_2$ $CO + H_2O \Longleftrightarrow CO_2 + H_2$

$CH_3OH \Longleftrightarrow CH_2O + H_2$ $2CO \Longleftrightarrow C + CO_2$

$2CH_3OH \Longleftrightarrow HCOOCH_3 + 2H_2$ $2CH_3OH \Longleftrightarrow C_2H_5OH + H_2O$

表4-4 不同反應溫度下各反應的平衡常數

T/K	反應1	反應2	反應3	反應4
273	0	446140.09	0	5.039×10^{43}
298	0	97268.04	3.62	4.084×10^{40}
323	0	26889.30	17.19	1.010×10^{38}
348	0	8958.16	67.12	5.972×10^{35}
373	0	3464.76	223.70	7.074×10^{33}
398	0	1512.74	653.95	1.471×10^{32}
423	2.3472	729.72	1712.82	4.844×10^{30}
448	10.6858	382.46	4086.86	2.337×10^{29}
473	41.8832	214.93	9001.89	1.555×10^{28}
498	144.3820	128.14	18500.56	1.354×10^{27}
523	445.4082	80.35	35787.63	1.488×10^{26}
548	1247.3006	52.62	65630.46	1.993×10^{25}
573	3208.4790	35.78	114790.97	3.168×10^{24}
598	7656.9435	25.13	192455.07	5.855×10^{23}
623	17095.5438	18.17	310616.98	1.233×10^{23}
648	35965.1108	13.47	484370.80	2.914×10^{22}
673	71730.8778	10.21	732060.85	7.618×10^{21}

註:反應1:$CH_3OH \Longleftrightarrow CO + 2H_2$; 反應2:$CO + H_2O \Longleftrightarrow CO_2 + H_2$;
反應3:$CH_3OH + H_2O \Longleftrightarrow CO_2 + 3H_2$;反應4:$CH_3OH + 1/2O_2 \Longleftrightarrow CO_2 + 2H_2$。

甲醇分解反應的動力學方程式

$$r_{DE} = 5.69 \times 10^4 e^{\left(\frac{68600}{RT}\right)} P_{CH_3OH} P_{H_2O}^{-0.1} P_{H_2}^{-0.1}$$

4.2.2 甲醇裂解製氫的工藝流程

山梨醇是一種重要的精細化工產品，廣泛用於醫藥、食品、輕工等行業。2021年，中國山梨醇產量約為116.57萬t。圖4-7所示為某公司2萬t/a山梨醇配套的甲醇裂解製氫工藝。氫氣是生產山梨醇的主要原料之一。每生產1t山梨醇消耗的氫氣為100～130Nm³。甲醇和脫鹽水進入系統經過汽化和過熱後，進入轉化反應器，在固體催化劑上進行催化裂解和轉化反應，生成H_2、CO_2和少量CO的混合氣。將甲醇裂解得到的混合氣冷卻冷凝後，通過裝有吸附劑的變壓吸附塔，這時粗H_2中的雜質CO、CO_2等被選擇性吸附。從而達到H_2和雜質氣體組分的有效分離，得到純度較高的H_2。

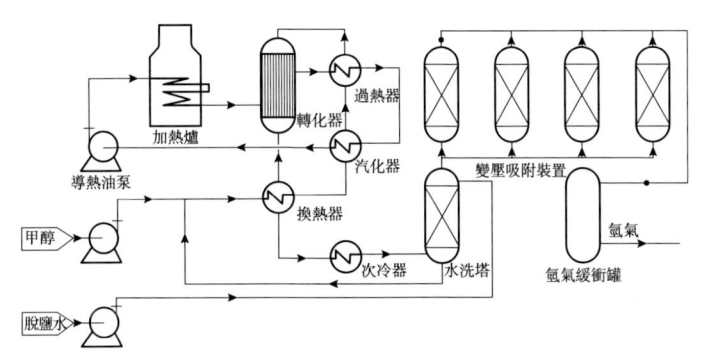

圖4-7　甲醇裂解製氫工藝流程

4.2.3 甲醇裂解製氫的催化劑

甲醇裂解製氫副反應多，要抑制這些副反應的發生，需要選擇適當的催化劑。它不僅要有高活性，還必須具有高選擇性，同時又要有良好的低溫活性。應用於甲醇裂解反應的催化劑有很多，包括貴金屬催化劑（如Pd、Pt、Rh）和非貴金屬催化劑（如Cu、Ni、Zn、Cr）等。

Pd作為甲醇分解的催化劑，已有很多報導。載體主要是金屬氧化物如CeO_2、$γ-Al_2O_3$、ZrO_2、SiO_2、TiO_2等。還有鹼金屬交換的沸石(MY)、氟四矽雲母等。影響其催化性能的因素很多，如催化劑組成（Pd負載量及摻雜）、載體的性質、工作條件（溫度、壓力、空速SV）、製備方法及前處理工藝等。

銅基催化劑被認為是甲醇分解的催化劑，Cu-Zn催化劑是甲醇合成的良好的催化劑，所以Cu-Zn催化劑也就成為甲醇分解的催化劑體系中研究最早的催化劑，近年來，研究人員對其反應機理進行了大量的研究。雖然Cu/ZnO催化劑是性能優良的甲醇合成催化劑，但其在甲醇裂解製氫過程中的活性較差、穩定性不高和甲醇轉化率較低，而Cu/Cr系催化劑雖然具有較好的活性和穩定性但選擇性不高，還存在汙染問題。

最近發展起來的Cu-Cr催化劑體系是高溫活性甲醇低溫分解催化劑，加入Ba、Si、鹼金屬等助劑能進一步提高此催化劑體系的活性、穩定性及選擇性，改性的Cu-Cr催化

劑的活性、穩定性要比 Cu—Zn 好。

在 Cu—Zn 催化劑體系中,如果去掉 Zn 則表現出更好的活性,但其選擇性下降,通過引入 Ni、Mn 等助劑能明顯提高其活性和選擇性。以 Cu/Cr 為基礎,通過加入 K、Mg、Ni、Y 等助劑提高催化劑的選擇性和穩定性。

催化劑的穩定性是指它的活性和選擇性隨時間變化的情況,包括熱穩定性、化學穩定性和機械強度穩定性。

無 Zn 的 Cu/Cr 催化劑,具有較高的活性和穩定性,近年來受到重視,Zn 雖然是甲醇合成催化劑中重要組分,但它會使甲醇裂解催化劑的活性和穩定性都有所降低,所以 Zn 的加入不利於甲醇裂解催化反應。同時,Cr 的加入能顯著提高甲醇的轉化率,但 CO 的選擇性低。

非貴金屬型複合催化劑的研究較早,最早被應用在合成甲醇工業生產中。實踐證明,單種金屬的催化能力非常有限,也經常會因為實際操作條件的限制而受到影響,因此,一般會以某種金屬為主體,其他金屬為助劑,以 Ti 改性的 Al_2O_3、活性炭、矽膠、分子篩等載體,採用浸漬法和溶劑凝膠法,以及新型的奈米管負載技術,將兩種或兩種以上的金屬催化劑製成複合型催化劑,互相作用,互相彌補。而該系列催化劑,主要有 Cu 系列催化劑、Cr 系列催化劑和 Ni 系列催化劑。Cu 基催化劑最初被應用於 H_2、CO 合成甲醇,1966 年,由英國帝國化學工業(I.C.I)公司研製成功。由微觀可逆性原理可知,甲醇裂解反應作為合成甲醇的逆過程,催化劑必然也對裂解反應有較好的活性。因此,近 20 年來,銅基催化劑被廣泛地使用於甲醇裂解,Cu 基催化劑佔有重要地位。Cu 基催化劑雖然價格便宜、製備容易,但選擇性和穩定性相對較差。隨著研究的深入,各種新型的 Cu 基催化劑及其活性、各種特性和作用機理都不斷地被研究出來。使用的 Cu 系列催化劑都是以合金的形成使用,其中 Cu/ZnO 型催化劑是合成工業甲醇中廣泛使用的催化劑,但由於分散度不高、銅晶體易長大,因而在甲醇裂解過程中的活性較差、穩定性不高。普遍接受的觀點是,在該甲醇催化裂解反應,Cu^0/Cu^+ 是主要的活性中心,其中 ZnO 雖可以幫助 Cu 的分散,是甲醇合成催化劑不可缺少的組分,但也會加快催化劑去活化。去活化的主要原因在於:反應過程中,ZnO 被還原成 Zn 並滲透到 Cu 的晶格中生成 Cu—Zn 合金,使得 Cu 的催化活性降低,導致催化劑去活化。研究發現,通過添加其他一些金屬或非金屬助劑,可以在一定程度上改善催化劑的性能,如 Ni、Ba、Mn、Si 等,會對 Cu/ZnO 型催化劑的性能有明顯的改善。在催化劑的製備使用中,添加 Ni 可以有效地抑制 Cu—Zn 合金的形成,維持 Cu^0 活性物種的穩定性,可以誘導 Cu/Zn/Ni 催化劑表面在甲醇裂解反應過程中出現 Cu^+,從而由 Cu^0/Cu^+ 共同構成催化劑穩定的活性中心,提高活性物種的分散度,並維持催化過程的平穩進行,最終使得 Cu/Zn/Ni 催化劑具有高活性。據報導,中國科學院蘭州化學物理研究所的席靖宇、呂功煊等,分別進行了 Cu/Zn/Mg、Cu/Zn/Ti、Cu/Zn/Mn、Cu/Zn/Ni 等 12 組金屬催化劑對催化甲醇裂解反應性能的影響的研究。其中 Ni 的添加具有最佳的效果,Ni—Cu/ZnO 催化劑的甲醇轉化率、CO 選擇性、穩定性均較高。另外,Si 能夠幫助銅分散,使細小銅晶體保持穩定,BaO 能抑制二價銅完全還原,都能達到增強 Cu/ZnO 催化劑活性的目的。

Cr 系催化劑通常是將 Cr 和 Cu 複合而得到 Cu/Cr 基催化劑，該類催化劑雖然具有良好的活性和穩定性，但選擇性不高。中國科學院成都有機化學研究所的宋衛林等，以 Cu/Cr 為基礎，通過加入 K、Mg、Ni、Y 等助劑提高催化劑的選擇性和穩定性，結果表明，加入助劑鹼金屬 K、Ni 後的 Cu/Cr 催化劑的活性雖略有下降，但催化劑的穩定性和對 CO 的選擇性有了很大的提高。加入 Ni 後催化劑的初始轉化率和穩定轉化率分別為 73.9％ 和 72.6％，而加入 K 催化劑的初始轉化率和穩定轉化率分別為 72.8％和 71.1％。另外，加入 K 和 Ni 後催化劑的初始選擇性由 Cu/Cr 催化劑的 20.7％ 分別提高到 29.9％ 和 28.6％。鹼金屬 K 能使 Cu 更好地分散並穩定，而且鹼金屬 K 具有鹼性，能抑制 Al_2O_3 和 Cr 的酸性，從而抑制了酸性中心上 CH_3OH 脫水生成 CH_3OCH_3 的反應，所以催化劑選擇性和穩定性較高。徐士偉等研究發現，浸漬法製得的催化劑甲醇轉化率低於溶膠凝膠法；而添加助劑的幾種催化劑中，Cr 的活性最好，添加 La 和 Ce 反而降低了催化劑的活性，尤其是 Ce 使催化劑的活性降低較大。可見，Cr 是提高甲醇低溫轉化率的一種較好的助劑。另外，加入 Ba、Si、鹼金屬等助劑也能進一步提高催化劑的活性、穩定性及選擇性。各種助劑對催化劑性能的影響，少量的(質量分數為 2％～4％)Ba、Mn、Si 氧化物能顯著地增加 Cu 系催化劑的活性。Cu/Cr/Si/Mn 多元催化劑通過其各種組分的協同作用而具有最佳的性能，250℃時甲醇的轉化率及 CO 的選擇性均高於 90％，但此催化劑存在 Cr 汙染的問題。

Ni 系催化劑是報導較多的甲醇裂解催化劑，主要依靠表面上的零價鎳起催化作用，表面金屬粒子的大小是決定催化劑活性的重要因素。與前兩種催化劑相比，Ni 系催化劑具有穩定性較好的特點，但低溫時活性不高，選擇性較差，CO 和 CH_4 副產物也較多。大多數情況 Ni 都是作為 Cu、Cr 催化劑的助劑而發揮作用的，經大量實驗證明，Ni 的引入能夠非常有效地削弱金屬催化劑與載體之間的互相作用。除此之外，無 Cu 的 Ni 系催化劑也同樣能夠應用於甲醇製氫反應。在應用於甲醇裂解反應的鎳系催化劑中，對 $Ni-CeO_2-Pt/SiO_2$、Ni/Al_2O_3、Ni/SiO_2、Ni/TiO_2 及鎳合金的研究較多。Ni/SiO_2 是一類常見的催化劑，含 Ni 量與活性的變化關係與製備方法有關。Sol-gel 法的最大活性顯著大於浸漬法，但在低含量時(如 5％)浸漬法的活性要好一些。Ni/SiO_2 雖開始活性較高，但反應過程中下降較快。選擇其他載體，Al_2O_3、MgO 負載活性較高，但 Al_2O_3 有較多的二甲醚生成，而 ZrO_2 負載活性低。

貴金屬催化劑以 Pd 和 Pt 基催化劑為主，相對來說，貴金屬催化劑比 Cu、Ni 催化劑穩定得多。Pd 催化劑的載體主要是金屬氧化物，如 CeO_2、$\gamma-Al_2O_3$、ZrO_2、SiO_2、TiO_2 等，還有鹼金屬交換的沸石(MY)、氟四矽雲母等。載體對 Pd 擔載催化劑的性能有顯著影響，而且影響催化性能的因素有很多，不同的載體催化性質差別大。共沉澱法製備的負載 Pd 催化劑，載體有 ZrO_2、Pr_2O_3、CeO_2、Fe_3O_4、TiO_2、SiO_2、ZnO，在 200～300℃，Pd/ZrO_2、Pd/Pr_2O_3、Pd/CeO_2 的活性大，而 Pd/SiO_2 和 Pd/TiO_2 活性較小。在 Pd(質量分數 15％)/ZrO_2 上，在 200℃、250℃、300℃ 下，甲醇轉化率分別約為 22％、68％、97％。關於選擇性，在 200℃、250℃ 時，這些催化劑的 CO 選擇性都很高(＞98％)；而在 300℃ 時，除低活性的 TiO_2、SiO_2 外，CO 的選擇性均下降，副產物 CH_4 或

CO_2 的含量增加。Pd/ZrO_2 的主要副產物是 CH_4，而 Pd/Pr_2O_3、Pd/CeO_2、Pd/Fe_3O_4 的主要副產物則是 CO_2。研究人員研究了金屬氧化物負載的 Pd 催化甲醇裂解，結果表明，鑭系金屬氧化物（如 CeO_2、Nd_2O_3、Pr_6O_{11}）作載體催化活性高，而 SiO_2、TiO_2、ZnO 活性低。在 Pd 質量分數為 2%、CH_3OH 體積分數為 3.4%、體積空速 $4200h^{-1}$，CeO_2、Nd_2O_3、Pr_6O_{11} 的完全轉化溫度（$T100\%$）為 200℃、230℃、240℃，同時 H_2 和 CO 的選擇性也很高（>90%）。

用沉積沉澱法製備 Pd/ZrO_2，Pd 的電子態和顆粒尺寸與無孔 ZrO_2 差不多，但 Pd 比表面積要小，然而活性卻更大（160～220℃），推測中孔結構對催化性能有促進作用。在 Pd 和 Pt 催化劑中加入 Ce、Zr 可以提高催化劑的活性。楊成等發現 Pd 與 CeO_2 在 $\gamma-Al_2O_3$ 載體上的強相互作用，有助於提高 Pd 催化劑的甲醇分解活性。La_2O_3、CeO_2 共同改性的催化劑一方面掩蔽了催化劑的表面酸性，從而抑制了裂解過程中脫水反應的進行；另一方面使 CeO_2 在 $\gamma-Al_2O_3$ 表面的分散度提高，從而使 CeO_2 和活性組分 Pd 之間的相互作用加強，促進了裂解反應的進行。Cowley 等發現在 Pd/Al_2O_3 催化劑中添加少量的助劑，如 Ca、Ce、Li、Ba、Na、K、Ru 等，以降低催化劑的酸性，可以提高甲醇裂解反應對 H_2 和 CO 的選擇性。但修飾過的催化劑的初始活性均低於未修飾的催化劑。

4.2.4 甲醇裂解製氫的典型案例

四川天一科技股份有限公司設計的浙江某公司建成的一套 $1000m^3/h$ 甲醇裂解製氫裝置。甲醇、脫鹽水經導熱油加熱至 170℃汽化並過熱，再過熱至 210℃後進入反應器，甲醇、水在催化劑的作用下進行裂解反應。裂解氣經換熱後進入 PSA 分離得到純 H_2。PSA 採用六塔流程，每個吸附塔在每個循環週期中都要經歷吸附、一均降、二均降、逆放、抽空、二均升、隔離、一均升、隔離、最終升壓 10 個步驟（圖 4-8）。任何時候都有兩塔處於吸附狀態。當某兩塔進行吸附時，其他四塔分別處於再生的不同階段，六塔依次循環操作，達到連續產氫的目的，吸附各步驟均通過程控閥自動進行。

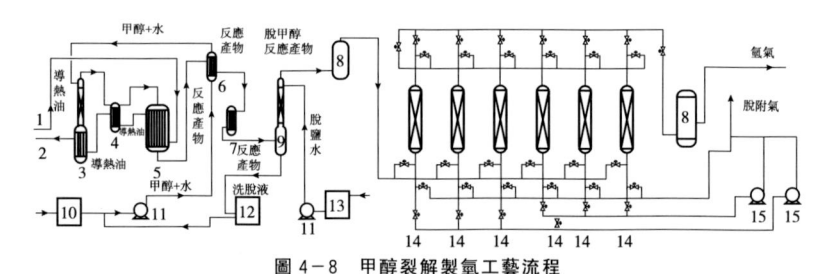

圖 4-8 甲醇裂解製氫工藝流程
1—導熱油進；2—導熱油出；3—氣化塔；4—過熱氣；5—轉化爐；6—換熱器；7—冷卻器；8—緩衝罐；9—水洗塔；10—甲醇中間罐；11—進料泵；12—循環液儲罐；13—脫鹽水中間罐；14—吸附塔；15—真空泵

甲醇裂解的最佳操作條件為：①溫度在 215～260℃；②操作壓力在 0.8～1.5MPa；③水/甲醇物質的量比在 1.1～2.6；④催化劑選用銅系催化劑。

物料消耗：

(1)甲醇消耗量 532kg/h，2200元/t；
(2)動力消耗：真空泵、水泵、導熱油系統共122kW·h，0.58元/kW·h；
(3)水耗：30t/h；
(4)儀表空氣：50m³/h，0.06元/m³；
(5)煤：2t/d，300元/t。

4.2.5 甲醇裂解製氫的展望

裂解甲醇可應用於以下幾個方面：①汽車發動機。裂解甲醇像純氫一樣，具有火花點火燃燒的優良性質。使用裂解甲醇的內燃機可以在更貧乏的燃燒條件下工作。而且比用汽油有更高的壓縮比，這樣可進一步提高裂解甲醇燃料的熱效率。裂解甲醇的效率比汽油約高60%，比未裂解甲醇高34%。同時裂解甲醇燃料（包括CO和H_2）燃燒更加清潔，NO_x的釋放可大大減少。②燃氣渦輪。可以利用燃氣渦輪的廢熱，增加燃料熱值。對於發電廠在用電高峰裂解甲醇就成為一種值得關注的燃料。③燃料電池。由於甲醇裂解可以產生富H_2體，可用於燃料電池。④作為CO和H_2的現場來源，應用於一些化學過程，如羰基化、加氫等，以及材料處理過程。

4.3 甲醇部分氧化製氫

甲醇蒸汽重整和甲醇裂解製氫為吸熱反應，而甲醇部分氧化為放熱反應。甲醇裂解製氫由於尾氣中CO濃度過高而不適於直接作為燃料電池的氫源。水蒸氣重整法雖然可獲得高含量的H_2，但該反應為吸熱反應，且水蒸氣的產生也需消耗額外的能量，這對該反應的實際應用非常不利。甲醇部分氧化製氫反應的優點：①反應為放熱反應，在溫度接近227℃時，點燃後即可快速加熱至所需的操作溫度，整個反應的啟動速率和反應速率很快。②採用氧氣甚至空氣代替水蒸氣作氧化劑，減少了原料氣氣化所需的熱量，具有更高的效率，同時簡化了裝置。③部分氧化氣作為汽車燃料能降低汙染物的排放和熱量損失，在負載變化時的動態反應性能良好，在低負載時用甲醇分解氣或部分氧化氣，而在高負載或車輛加速，即電池組需要較多的氫流量以提高電力輸出時，只要改變燃料的流量就可以快速地改變氫的產量或採用甲醇和汽油的混合物作燃料。

甲醇部分氧化為放熱反應，既提供了維持反應溫度所需的熱量，又產生了氫氣。由於不同氧醇比（空氣/甲醇物質的量比）所放出的反應熱不同，所以可通過控製氧醇比來控制反應溫度。不同氧醇比時的反應熱為：

$$CH_3OH + 0.5O_2 \Longrightarrow 2H_2 + CO_2 \qquad \Delta H_{298} = -155kJ$$

$$CH_3OH + 0.25O_2 \Longrightarrow 2H_2 + 0.5CO_2 + 0.5CO \qquad \Delta H_{298} = -13kJ$$

當氧醇比降為0.23時，反應熱為0。因此，可根據需要調整空氣進料速度，在反應開始階段需要升溫時，可控製氧醇比為0.5，升至反應溫度後，控製氧醇比在0.23～0.4，略微放熱以維持反應溫度。

甲醇部分氧化過程中可能發生的反應多達11個。

$$CH_3OH + 0.5O_2 \longrightarrow 2H_2 + CO_2 \qquad (4-1)$$

$$CH_3OH + 1.5O_2 \longrightarrow 2H_2O + CO_2 \qquad (4-2)$$

$$CH_3OH + H_2O \rightleftharpoons CO_2 + 3H_2 \qquad (4-3)$$

$$CH_3OH \longrightarrow 2H_2O + CO \qquad (4-4)$$

$$CH_3OH + 0.5O_2 \longrightarrow HCHO + H_2 \qquad (4-5)$$

$$CH_3OH \longrightarrow HCHO + H_2 \qquad (4-6)$$

$$CH_3OH \longrightarrow 0.5CH_3OCH_3 + 0.5H_2O \qquad (4-7)$$

$$CH_3OH \longrightarrow 0.5HCOOCH_3 + H_2 \qquad (4-8)$$

$$CO + H_2O \rightleftharpoons CO_2 + H_2 \qquad (4-9)$$

$$CO + 3H_2 \rightleftharpoons CH_4 + H_2O \qquad (4-10)$$

$$CO_2 + 4H_2 \rightleftharpoons CH_4 + 2H_2O \qquad (4-11)$$

各反應的熱力學參數如表4－5所示。

表4－5　各反應的熱力學參數　　　　　　　　　J/mol

	式(4－1)	式(4－2)	式(4－3)	式(4－4)	式(4－5)	式(4－6)
$\Delta H^{\ominus}_{298.15} \times 10^{-3}$	－192.34	－675.99	49.48	90.65	－156.56	85.27
$\Delta G^{\ominus}_{298.15} \times 10^{-3}$	－232.55	－689.70	－3.97	24.55	－176.75	51.83
$\ln K^{\ominus}_{p298.15}$	93.81	278.22	1.60	－9.90	71.30	－20.91
	式(4－7)	式(4－8)	式(4－9)	式(4－10)	式(4－11)	
$\Delta H^{\ominus}_{298.15} \times 10^{-3}$	－23.66	52.32	－41.16	－206.20	－165.04	
$\Delta G^{\ominus}_{298.15} \times 10^{-3}$	－17.92	26.27	－28.52	－142.10	－113.64	
$\ln K^{\ominus}_{p298.15}$	7.23	－10.60	11.50	57.35	45.84	

其中3個主要反應的動力學方程式如下：

$$CH_3OH + H_2O \rightleftharpoons CO_2 + 3H_2 \quad (SRM)$$

$$CH_3OH \longrightarrow 2H_2 + CO \quad (DE)$$

$$CH_3OH + 1.5O_2 \rightleftharpoons CO_2 + 2H_2O \quad (OX)$$

$$r_{SRM} = 6.865 \times 10^7 e^{\left(-\frac{119663}{RT}\right)} P_{CH_3OH}^{0.7566} P_{H_2O}^{0.1230} P_{CO_2}^{-0.1224} P_{H_2}^{-0.1777}$$

$$r_{DE} = 2.957 \times 10^7 e^{\left(-\frac{126847}{RT}\right)} P_{CH_3OH}^{0.6610} P_{CO}^{-0.0618} P_{H_2}^{-0.0792}$$

$$r_{OX} = 5.784 \times 10^5 e^{\left(-\frac{100094}{RT}\right)} P_{H_2O}^{1.0067} P_{O_2}^{-0.1304} P_{CO_2}^{-0.3561}$$

商業化的低溫甲醇合成催化劑 Cu－Zn/Al$_2$O$_3$ 對甲醇部分氧化反應表現出較好的催化活性。甲醇的部分氧化反應與甲醇水蒸氣重整反應相比有以下優點：一是該反應是放熱反應，在溫度接近500K時，反應以很快的速率進行；二是用氧氣代替水蒸氣作為氧化劑，具有更高的能量效率。文獻中報導了對該反應的不同催化劑體系研究，其中以 Cu/Zn 體系的效果最佳。Cu/Zn 雙組分體系催化劑的穩定性較差，為了提高催化劑的穩定性，加入第3組分 Al$_2$O$_3$ 後，催化劑表現出較好的穩定性。為了較好地發揮催化劑的性能，反應器的設計是很重要的，在反應器的上部裝填 3％Cu/SiO$_2$ 催化劑，下部裝填 3％Cu/SiO$_2$ 和

5%Pd/SiO$_2$ 混合催化劑(其比為 9:1)，其量占整個催化劑的 20%，當氧醇比為 0.5 時，甲醇轉化率達到 90%。文獻報導，將甲醇、水與空氣混合後噴入反應器內，部分甲醇直接燃燒以提供其餘甲醇重整反應所需的熱能。與傳統的甲醇重整反應器相比具有以下優點：①在點燃後即可快速加熱至所需的操作溫度，整個反應器系統的啟動容易且迅速；②直接使用液體燃料，可省去汽化裝置；③在負載變化時的動態反應性良好。當車輛在加速中，即電池組需要較多的氫流量以提高電力輸出時，只要在重整器的設計容量範圍內，此種系統可經變化燃料流量而快速地改變氫產量。採用上述方法必須解決以下問題：①在反應器的進口部分，由於受到甲醇燃燒的影響，此處的催化劑易發生高溫燒結或積炭，將會引起催化劑快速去活化；②為了避免燃燒過多甲醇而降低燃料經濟性，甲醇重整的操作溫度需要比傳統的重整反應低，這樣將導致甲醇轉化率下降；③重整器操作溫度較低時，也會使水煤氣變換反應轉化率降低，重整氣中 CO 的含量增加。文獻認為甲醇部分氧化反應包括以下 3 個反應：

$$CH_3OH + 1/2O_2 \longrightarrow CO + H_2 + H_2O$$

$$CH_3OH \longrightarrow CO + 2H_2$$

$$CO + H_2O \longrightarrow CO_2 + H_2$$

而甲醇水蒸氣重整反應僅由後兩個反應組成，因此甲醇水蒸氣重整反應是甲醇部分氧化反應的一部分。甲醇部分氧化法製氫的優點是放熱反應，反應速率快，反應條件溫和，易於操作、啟動；缺點是反應氣中氫的含量比水蒸氣重整反應低，由於通入空氣氧化，空氣中氮氣的引入也降低了混合氣中 H$_2$ 的含量，氫含量可能低於 50%，這就不利於燃料電池的正常工作，因燃料電池要求氫含量為 50%~100%。

甲醇蒸汽重整為強吸熱過程，需要 49kJ/mol 的熱量。反應溫度為 160~260℃。所以該過程需要外部能量來汽化進料，因此能量消耗較大。同時該過程還會造成車輛啟動慢、動態響應遲緩等問題。甲醇部分氧化為強放熱過程，因此有利於快速啟動、迅速動態響應等，同時還可以將反應器設計得更加緻密。其操作溫度可以通過調節氧氣與甲醇的物質的量比進行控制。但是由於強放熱反應使得反應速率比較難以控制。在反應過程中，由於較高的反應溫度會產生微量的 CO，使陽極催化劑發生中毒現象。甲醇製氫的研究重點集中於甲醇部分氧化蒸汽重整(POSR)反應。部分氧化蒸汽重整仍採用 Cu/ZnO 系列催化劑，由於該類催化劑的雙功能性，使得吸熱和放熱反應可在同一催化劑床層進行，這種耦合的催化反應效果，不僅充分利用了反應熱，節省了能量，而且直接的熱傳遞會產生快速啟動和出色的動態響應效果，在部分氧化重整器中不需要直接點火，具有穩定、緻密、質量輕、易於操作和控制等突出優點。部分氧化蒸汽重整反應的機理是複雜的，在管式反應器中相同的催化劑上同時發生如下多個反應：

$$CH_3OH(g) + 1/2O_2 \longrightarrow CO_2 + 2H_2 \quad \Delta H_{298.15} = -192kJ$$

$$CH_3OH(g) + H_2O(g) \longrightarrow CO_2 + 3H_2 \quad \Delta H_{298.15} = 49kJ$$

$$CH_3OH(g) \longrightarrow CO + 2H_2 \quad \Delta H_{298.15} = 91kJ$$

$$CO + H_2O(g) \longrightarrow CO_2 + H_2 \quad \Delta H_{298.15} = -41kJ$$

典型的甲醇部分氧化重整器在 25℃下的進料由甲醇、空氣及水組成。一般擬採用的氧

氧/甲醇物質的量比為0.25，而水/甲醇的物質的量比為0.55。反應產生的熱量約有1%通過器壁損失。產物中含有氫氣56%、二氧化碳22%、氮氣21%及水1%。將產物冷卻至80℃，滿足PEMFC的進口溫度。空氣進入燃料電池的陰極。該類電池的效率可達到55%，能夠消耗重整產物中約80%的氫氣，產生266kJ的電能。為了保持電池及流出物的溫度在80℃左右，需要將200kJ的熱量從燃料電池中交換排出。陽極流出的廢氣中含有20%的氫氣，而陰極流出物中含有12%的氧氣。陽極中流出的未反應氫氣是系統能量損失的最主要因素，可將陰極和陽極的流出物結合在一起再次實現氫氣的氧化，產生的熱量可以使氣體溫度升高至342℃，該熱量可以回收並用於輔助系統及車廂內部加熱等。甲醇部分氧化重整器相比於甲醇蒸汽重整器最大的優點表現在不需要外部熱交換。可以降低燃料電池的體積和質量。例如，50kW規模的磷酸燃料電池所需甲醇重整器的質量和體積分別為200kg和388L。如果採用部分氧化重整器，則質量和體積分別降為35kg和25L。啟動時間從常規的蒸汽重整器的30min左右降為2min左右，啟動期間所消耗的燃料也大大降低。甲醇部分氧化反應為強放熱反應，重整器內的溫度會出現瞬時升高及焦點現象，如何確保不產生過熱現象對催化劑造成損害是應當十分注意的問題。同時由於該反應體系較為複雜，對該過程反應動力學的研究將是一項富有理論和工程價值的工作。

4.4 甲醇製氫的展望

燃油車百公里消耗的總熱值為255.2MJ，CO_2排放量經核算約為18.35kg/100km；對於甲醇氫燃料電池來說，氫燃料電池汽車的百公里能源消耗約為1kg H_2/100km，百公里總熱值僅需124MJ，相應的碳排放也僅為7.3kg/100km。

醇類極高的質量和體積比能量表明其是一類理想的儲能介質，在高效催化重整過程的輔助下，其儲能密度可達到各類儲能電池的10~50倍，與現有其他化石能源基本持平。甲醇直接以燃料的形式加注，能夠避免加氫站建設的巨大成本投入，並發揮與現有的基礎設施聯用等優勢。

甲醇蒸汽重整製氫的一個可期的應用場景是為車用燃料電池提供氫氣。甲醇重整燃料電池的關鍵部件即重整器及質子交換膜。質子交換膜決定系統能達到的最高性能，而重整器則決定質子交換膜能發揮多少性能。

美國UltraCell公司開發出一種基於甲醇水蒸氣重整的甲醇燃料電池系統XX25，其系統尺寸為23cm×15cm×4.3cm，重1.24kg，最大輸出功率為25W，可儲存燃料240mL，持續工作72h。此後，該公司又基於該型號推出了XX55，該型號是XX25的加強版，可在輸出功率50W下持續工作，最大輸出功率可達到85W。XX25，XX55的整體外觀如圖4-9所示。

甲醇水蒸氣重整製氫在熱力學上是一個高溫有利的吸熱反應($\Delta H = 49.7$kJ/mol)，實際應用和基礎研究中報導的甲醇水蒸氣重整製氫過程的工作溫度一般高於220℃。相對較高的工作溫度和汽化單位的存在導致分散式甲醇製氫系統在啟動工況下的響應較慢。然

而，對於連續現場製氫、現製現用的工業化應用來說，如作為加氫站氫氣來源的前端，甲醇水蒸氣重整製氫技術的 H_2 含量高、技術成熟，是當前製氫反應的最佳選擇。

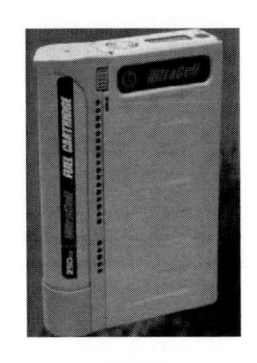

(a)XX25　　　　　　(b)XX55
圖 4-9　甲醇水蒸氣重整的甲醇燃料電池系統

以氧氣部分或完全替代水作為氧化劑可以顯著改變甲醇製氫反應的反應熱力學。當反應氣氛中分子氧含量超過水濃度的 1/8 時，甲醇製氫反應即轉化為放熱反應。利用這一方式開發的空氣－水－甲醇共進料的製氫過程被稱為甲醇氧化重整或甲醇自熱重整。如完全使用空氣作為氧化劑，則反應稱為甲醇部分氧化製氫。上述過程在實際體系中響應較快，大幅提升能源利用效率，減少附加裝置的配備，簡化工藝流程。自熱重整過程中每分子甲醇能產生 2～3 分子氫。由於氧化重整是以空氣為氧化劑，每分子氧氣的消耗就會引入 1.88 當量的 N_2，導致出口 H_2 的濃度在 41%～70%。對於甲醇部分氧化製氫來說，每分子甲醇僅能獲得 2 分子氫，實際出口氫氣的濃度僅為 41%。在甲醇製氫中引入氧化劑，雖然製氫能源消耗降低，但是氫氣選擇性的控制難度較水蒸氣重整大幅提高，易出現過度氧化的產物；另外空氣作為氧化劑，也可能導致氮氧化物等環境污染物生成；同時氧化放熱反應對反應器換熱要求較高，催化劑容易在局部焦點的影響下燒結去活化。車用甲醇製氫的技術還處在開發中，尚未實現產業化。

習題

1. 概述甲醇水蒸氣重整製氫的反應原理的反應機理。
2. 簡述甲醇製氫的優點和不足。
3. 計算甲醇水蒸氣重整製氫 240℃ 的平衡轉化率。
4. 列表歸納總結甲醇 3 種製氫方法的特徵和優缺點。
5. 試計算反應溫度 230℃，水醇比 1.1，甲醇蒸汽重整製氫時甲醇的平衡轉化率。
6. 計算 4.1.5 案例中甲醇的轉化率及反應平衡常數。

第 5 章　電解水製氫

使用天然氣和煤生產的 H_2 會產生 CO_2，屬於「灰氫」。業界公認的發展方向是過程中不產生 CO_2 的「綠氫」。當前「綠氫」的主要生產方式是電解水。

水是最廉價、最廣泛的取之不盡用之不竭的「氫礦」。而且製得的氫氣燃燒後只生成水，又可繼續用來生產氫氣，不產生任何有害物質，真正實現了可再生清潔能源的利用。以水為原料的製氫方法主要有電解水製氫、熱化學循環分解水製氫、光化學分解水製氫等。本章只介紹電解水製氫，光化學分解水製氫在第 7 章進行介紹，熱化學循環分解水製氫在第 8 章進行介紹。

電解水製氫以水為原料，原料價格便宜，製氫成本的主要部分是電能的消耗。理論計算表明，電壓達到 1.229V 時，水就可被電解。實際上，由於 O_2 和 H_2 的生成反應中存在過電壓、電解液及其他電阻的緣故，電解水需要更高的電壓。根據法拉第定律，製取 1 標準 m^3 H_2 用電 2.94kW·h，而實際用電量為理論值的 2 倍，電解水製 H_2 難以避免能量損失。電解水的耗電量一般不低於 $5kW·h/Nm^3$，此問題不是通過提高電解水設備的效率就可以完全解決的。

5.1　電解水反應和機理

電解水過程包含陰極析氫(Hydrogen Evolution Reaction，HER)和陽極析氧(Oxygen Evolution Reaction，OER)兩個半反應。電解水在酸性環境和鹼性環境中都可進行，由於所處的環境不同，發生的電極反應存在差異。在酸性環境中，陰陽兩極的反應如下：

陰極析氫：$2H^+ + 2e^- \longrightarrow H_2$

陽極析氧：$H_2O \longrightarrow 2H^+ + 1/2O_2 + 2e^-$

酸性條件下 HER 的反應機理已得到充分研究，普遍認為酸性條件下的催化劑表面 HER 反應涉及以下步驟：

$$H^+ + e^- \longrightarrow H^* \quad (\text{Volmer 步驟})$$

$$H^* + H^+ + e^- \longrightarrow H_2 \quad (\text{Heyrovsky 步驟})$$

$$H^* + H^* \longrightarrow H_2 \quad (\text{Tafel 步驟})$$

$$H^+ + H^+ + 2e^- \longrightarrow H_2 \quad (\text{總反應})$$

在鹼性環境中，陰陽兩極的反應如下：

陰極析氫：$2H_2O + 2e^- \longrightarrow H_2 + 2OH^-$

陽極析氧：$2OH^- \longrightarrow 1/2O_2 + H_2O + 2e^-$

鹼性條件下 HER 機理認為包括以下步驟：

$$H_2O + e^- \longrightarrow H^* + OH^- \quad (\text{Volmer 步驟})$$

$$H^* + H_2O + e^- \longrightarrow H_2 + OH^- \quad (\text{Heyrovsky 步驟})$$

$$H^* + H^* \longrightarrow H_2 \quad (\text{Tafel 步驟})$$

$$2H_2O + 2e^- \longrightarrow H_2 + 2OH^- \quad (\text{總反應})$$

從動力學角度考察，析氫反應在酸性條件下過電位較低，而析氧反應則在鹼性環境中有利。然而，無論電解水過程是在酸性還是在鹼性中進行，都無法同時在兩側均保持動力學的優勢。在實際生產中，由於酸性介質對設備的強腐蝕性，電解水製氫通常在鹼性環境下進行。

5.2 鹼液電解製氫技術

鹼性電解水製氫（Alkalinous Water Electrolysis，AWE）產業化時間較長，技術最成熟。其具有投資費用少、操作簡便、運行壽命長等優點。但能量轉化效率較低，且產品氣體需要脫鹼。鹼性電解水製氫由於電極與隔膜間隔較遠，導致整個電解槽體積巨大，存在電解性能低（2.0V 電壓下電流密度僅有約 $300mA/cm^2$）等問題。

5.2.1 鹼液電解池的基本原理

AWE 裝置主要由電源、電解槽體、電解液、陰極、陽極和隔膜組成。通常電解液都是氫氧化鉀溶液（KOH），質量分數為 20％～30％，隔膜常用石棉隔膜，主要用作氣體分隔器。陰極與陽極主要由金屬合金組成，如 Ni－Mo 合金、Ni－Cr－Fe 合金等。電解池的工作溫度為 70～100℃，壓力為 100～3000kPa。

AWE 電解槽按照結構不同分為單極電解槽和雙極電解槽兩種。單極電池的電極是並聯的，而雙極電池的電極是串聯的。雙極電解槽結構緊湊，減少了電解液電阻造成的損耗，從而提高了電解槽的效率。然而，由於雙極電池結構緊湊，增加了設計的複雜性，導致製造成本高於單極電池。

隔膜是電解水製氫電解槽的核心部件，其作用是分隔陰陽小室，實現隔氣性和離子穿越的功能，因此開發新型隔膜是降低單位製氫能源消耗的主要突破點之一。石棉隔膜曾被廣泛使用。由於石棉具有致癌作用，各國紛紛下令禁止使用石棉。因此開發新型的鹼性水電解隔膜勢在必行。常用的非石棉基隔膜為 PPS 布（聚苯硫醚纖維，Polyphenylene Sulfide Fibre，PPS），具有價格低廉的優勢，但缺點也比較明顯，如隔氣性差、能源消耗偏高。因此研發出複合隔膜，這種隔膜在隔氣性和離子電阻上具有明顯優勢。

鹼性電解槽基本原理如圖 5－1 所示。在陰極，水吸收電子被電解產生 H_2 和 OH^-；在陽極，OH^- 被電解生成

陽極：$4OH^- \longrightarrow 2H_2O + O_2 + 4e^-$
陰極：$4H_2O + 4e^- \longrightarrow 2H_2 + 4OH^-$

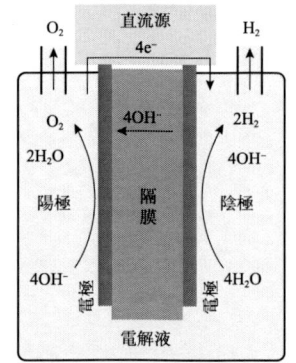

圖 5－1 鹼性電解槽的工作原理

O_2 並釋放電子。陰極產生的 OH^- 通過電解液、隔膜傳導到陽極補充消耗掉的 OH^-；陽極產生的電子通過外電路傳導到陰極補充被消耗的電子。隔膜起到離子傳導和隔離開產物 H_2 和 O_2 的作用。

單極式電解槽和雙極式電解槽分別如圖 5-2、圖 5-3 所示。

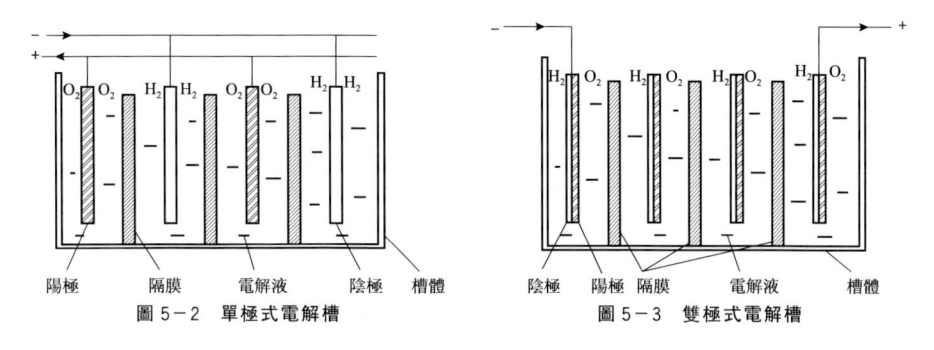

圖 5-2 單極式電解槽

圖 5-3 雙極式電解槽

在單極式電解槽中電極是並聯的，而在雙極式電解槽中電極則是串聯的。一方面，雙極式的電解槽結構緊湊，減小了因電解液的電阻而引起的損失，從而提高了電解槽的效率。但雙極電解槽在另一方面也因其緊湊的結構增大了設計的複雜性，從而導致製造成本高於單極式的電解槽。鑑於更強調的是轉換效率，工業用電解槽多為雙極式電解槽。為了進一步提高電解槽轉換效率，需要盡可能地減小提供給電解槽的電壓，增大通過電解槽的電流。減小電壓可通過發展新的電極材料、新的隔膜材料，以及新的電解槽加構，如零間距結構(Zero-Gap)來實現。Raney Nickel 和 Ni-Mo 等合金作為電極能有效加快水的分解，能提高電解槽的效率。而由於聚合物隔膜良好的化學和機械穩定性，以及氣體不易穿透等特性，可取代石棉材料成為合適的隔膜材料。提高電解槽的效率還可通過提高電解溫度來實現，電解溫度越高，電解液阻抗越小，電解效率越高。零間距結構由於電極與橫隔膜之間的距離為零，有效降低了內部阻抗，減少了損失，從而提高了效率。零間距結構電解槽示意如圖 5-4 所示。多孔的電極直接貼在隔膜兩側，由於沒有傳統鹼性電

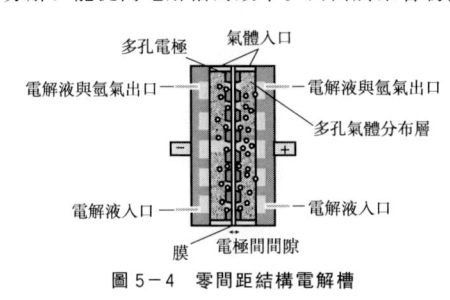

圖 5-4 零間距結構電解槽

解槽中電解液的阻抗，所以有效地提高了電解槽的效率。

5.2.2 鹼性電解質

電解液是鹼性水電解過程中不可缺少的，電解液的質量可直接影響水電解的性能、氣體的質量、電解槽的壽命及電解水製氫(氧)設備的安全運行。因此對電解液中的有害雜質的影響進行探討有重要的現實意義。

純水的電導率很小[$1\times10^{-5}\sim1\times10^{-7}/(\Omega\cdot cm)$]，只有在水中加入一定量的導電介

質才能成為電解液，理論和實踐均已證明，一定濃度的 NaOH 或 KOH 水溶液是較理想的鹼性電解液。理論上水電解過程中僅消耗水，鹼僅起導電作用，但是由於氫、氧氣的夾帶，過濾器的清洗，管道系統的跑、冒、滴、漏會損失少量的鹼，因而需經常補充鹼。用於配製電解液的鹼含有各種雜質，這些雜質的存在對水電解過程有很大的影響。

(1) 碳酸鹽

電解液中的碳酸鹽主要來源於兩個方面：一是鹼本身含有的雜質；二是原料水中的碳酸鹽。另外，如果電解液長期存放在敞開的容器中，它會吸收空氣中的 CO_2，使碳酸鹽含量增加。碳酸鹽導電率低，其含量越高電解液的導電性能越低。當碳酸鹽含量高到一定量(1mg/L)時，直接影響水電解的性能，導致電解液的電導率降低，電解電流下降，單位電耗提高，電解效率降低。實驗證明，隨著碳酸鹽含量增加，電解液的導電性能迅速降低，電解效率急劇下降，最終導致電解槽返修，甚至報廢。如果碳酸鹽含量進一步增加至飽和態，導致析出碳酸鹽的結晶，使電解槽的部分通道堵塞。

(2) 鈣、鎂離子

電解液中的鈣、鎂離子來源於兩個方面：一是固體鹼中的雜質；二是原料水中的雜質，後者是主要的。鈣、鎂離子積累到一定程度，會在電解隔膜及電極上沉積，阻礙氫、氧離子在隔膜上滲透，影響電極的導電性能，導致電解效率降低，電流上不去，單位電耗提高，嚴重時形成鹽結晶(碳酸鈣、鎂)，縮短電解槽壽命。

(3) 固體雜質

鹼本身的雜質、原料水中的固體懸浮物、隔膜布脫落的毛絨等組成的固體雜質，可直接影響氫氣和氧氣的氣體純度。水電解時產生的氫(氧)氣體在分離器中進行氣液分離，當有固體雜質時，微小的氫(氧)氣泡附著在固體雜質顆粒的表面，使分離不徹底，固體顆粒夾帶氫(氧)氣泡隨著循環電解液返回電解槽內。由於這些附著在固體雜質顆粒表面的氣泡處於不穩定的狀態，隨時都可能分離出來。這樣，在氫氣系統中摻入少量的氧氣，在氧氣系統中也混入少量的氫氣，從而降低了氫(氧)氣體的純度，電解液中的固體雜質越多，氫(氧)氣體純度降低越多。在電解液的衝擊下，石棉隔膜布的毛絨經常脫落，鹼液過濾器可將大部分的毛絨過濾掉。過濾網孔疏密的選擇很重要，網孔太密影響電解液的循環暢通，太疏會導致固體雜質過濾不乾淨，如果過濾網破損，將嚴重影響過濾效果，直接影響氣體的純度。

(4) 氯離子、硫離子

Cl^- 來源於兩個方面：一是固體鹼中的雜質(氯化物)；二是原料水中 Cl^-。S^{2-} 主要來源於固體鹼中的雜質(硫酸鹽)，而原料水的 S^{2-} 一般很少。電解液中過高的 Cl^-、S^{2-} 含量對不鏽鋼容器有腐蝕作用。沃斯田鐵不鏽鋼對 Cl^-、S^{2-} 非常敏感，美國曾報導過僅含 1mg/L Cl^- 的水引起不鏽鋼容器出現裂紋的例子，過高的 Cl^-、S^{2-} 使不鏽鋼產生應力腐蝕。電解液中的 Cl^- 含量應控制在 ≤70mg/L，原料水中的 Cl^- 含量應控制在 ≤2mg/L。

5.2.3 電極

電極作為電化學反應的場所，其結構的設計、催化劑的選擇及製備工藝的優化一直是

電解水技術的關鍵，它對降低電極成本、提高催化劑的利用率、減少電解能源消耗起到極其重要的作用。同時又影響其實用性，即能否大規模工業化。

(1) 陰極

根據 Brewer-Engel 價鍵理論，d 軌道未充滿或半充滿的過渡系左邊的金屬（如 Fe、Co、Ni 等）同具有成對的但在純金屬中不適合成鍵的 d⁻ 電子的過渡系右邊的金屬（如 W、Mo、La、Ha、Zr 等）熔成合金時，對氫析出反應產生非常明顯的電催化協同作用，這也為尋找替代貴金屬的電催化劑提供了理論依據。

通過密度泛函理論（Density Functional Theory，DFT）可以計算出各種催化劑材料在適當氫覆蓋率下的 ΔG_{H^*}（氫吸附的自由能）數值，結合實驗測量的催化劑在一定過電位下析氫電流密度的數據，可繪製出 HER 反應交換電流密度 j_0 和 ΔG_{H^*} 之間的關係，其中 j_0 表示反應速率。根據火山圖（圖 5-5）可選擇合適的析氫催化劑。

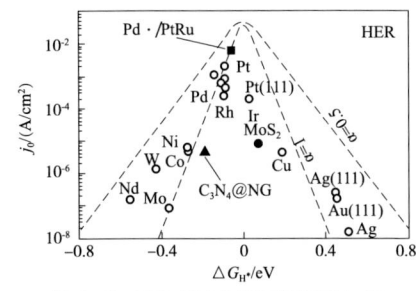

圖 5-5　HER 反應中不同催化劑 j_0 和 ΔG_{H^*} 之間的關係

析氫電極的製備方法主要有電沉積法、化學還原法、離子濺射法、高溫燒結法、金屬粉末燒結法、聚四氟乙烯黏接法等。與其他方法相比，電沉積法具有操作簡單、成本低、鍍層均勻、厚度易控、製成的電極穩定性好等優點。

在早期研究中，Fe 基合金電極由於其製備成本低且長期電解穩定性良好而受到特別關注。採用電沉積法相繼製備了 Fe-Ni、Fe-P、Fe-Mo 等合金電極。儘管在模擬工業電解實驗中表現出長時間的電化學穩定性，但其析氫過電位仍在 200mV 以上，電催化活性成為限制其進一步發展的瓶頸。

過渡金屬 Ni 的電子排布為 [Ar]3d⁸4s²，具有未成對的 3d 電子，在析氫電催化反應中，能夠與氫原子 1s 軌道配對，形成強度適中的 Ni-H 吸附鍵，兼具優異的析氫催化性能和價格優勢，因而被公認為貴金屬理想的替換材料。Ni 電極有合金析氫電極、複合析氫電極和多孔析氫電極 3 種形式。

① 合金析氫電極

電極催化材料經歷了由單一金屬到多元合金轉變的過程。合金化的方式能夠最為直接有效地改變金屬 Ni 的原子外層 d 電子所處結構狀態，改善 Ni 基合金電極與活性氫原子之間的鍵合強度，提升 Ni 基材料的固有析氫活性。

作為最早的工業化合金析氫電極 Ni-S 合金電極得到了較為深入的研究。在泡沫鎳上製備了多孔 Ni-S 合金電極。經測試，在 80℃、30%KOH 溶液中，當電流密度為 4kA/m² 時析氫過電位僅為 160mV。Ni_3S_2 金屬間化合物析氫電極在 25℃、1mol/L NaOH 溶液中的析氫反應表觀活化能為 31.81kJ/mol，析氫過電位為 164mV。Ni_2S_3 相在鹼性溶液中極化時能夠大量吸氫，並且瞬間達到飽和狀態，有利於析氫電催化活性的提高。含 S 量為 25%~30%（原子比）的 Ni-S 合金電極具有非晶態結構，催化活性較高。

長時間電解可能會由於 S 的溶出導致電極活性降低。為了進一步提高 Ni-S 電極的催化活性和電極穩定性，研究開發了 Ni-S-Co、Ni-S-Mn、Ni-S-P，非晶態 Ni-S-Co 電極。在 150mA/cm² 電流密度下，析氫過電位僅為 70mV，比非晶態 Ni-S 合金降低了 20mV。工業條件(80℃、28% NaOH，300mA/cm²)連續電解 60h，非晶態 Ni-S-Co 合金電極的析氫過電位始終穩定在 118mV。非晶態 Ni-S-Mn 電極，在 200mA/cm² 電流密度下，析氫過電位比 Ni-S 電極低 34mV。Mn 和 Ni、S 共沉積時，能夠給出更適合於質子結合與傳遞的電極結構，提供了比 Ni-S 合金更多的 d 電子共享，從而提高電極的析氫電催化活性。同時，電極比表面積得到進一步加大，比 Ni-S 合金提高了近 1 倍。

Ni-Mo 合金被認為是鎳基二元合金中析氫活性最高的電極材料，其交換電流密度是純鎳的 24 倍。然而，由於 Mo 的溶出效應，間歇電解條件下，該合金的電化學穩定性不夠理想，析氫反應活性退化快，極大地限制了工業化應用。為了改善這一問題，海內外學者嘗試了多種工藝改進方式。用脈衝電沉積法製備 Ni-Mo 非晶合金，製備的含 31% Mo 的析氫電極在 200mA/cm² 電流密度下過電位僅為 62mV，同時電極機械強度和耐蝕性能也得到改善。但是，長時間電解對脈衝沉積的合金層同樣有破壞作用。對泡沫鎳表面進行 LaNiSi、TiNi 等儲氫合金修飾，然後再電沉積 Ni-Mo 鍍層。得到的析氫電極在電流密度為 0.2A/cm²、70℃，30% KOH 中，析氫過電位僅為 60mV。同時，在電解間歇期間，利用吸附氫放電來降低 Ni-Mo 電極中 Mo 的溶解損失，顯著提高了穩定性和抗氧化性。還有學者採用 NiCoMnAl、TiO_2 等作為中間層儲存氫，以抵消反向電流的影響。當往 Ni-Mo 金中添加第三種元素時，可以顯著改變電極的表面形貌和晶粒大小，進而改善 Ni-Mo 合金的穩定性和電催化活性。當電流密度為 0.1A/cm² 時，Ni-Mo-P 合金的析氫電位比純 Ni 電極正移約 250mV，雖析氫電位相對於 Ni-Mo 合金負移 70mV，但提高了合金電極的耐蝕性，從而提升了合金電極的穩定性。通過電沉積法製備 Ni-Mo-Co 合金析氫電極，Mo 不能單獨從水溶液中沉積出來，但能同鐵系元素(Fe、Co、Ni)進行誘導共沉積，而 Ni-Mo-Co 合金中 Co 元素的添加增大了 Mo 的誘導作用，提高了鍍層中 Mo 的含量，使鍍層晶粒更小，呈現奈米晶結構。對比其析氫活性發現，Ni-Mo-Co 合金電極的交換電流密度是 Ni-Mo 電極的 3 倍，純 Ni 電極的 6 倍。在 60℃，30%KOH 溶液中連續電解 200h，Ni-Mo-Co 合金電極槽電壓增幅僅為 1.18%(Ni-Mo 電極槽壓增幅 6.44%)。

非晶/奈米晶 Ni-Mo-Fe 合金電極，沉積層中含 68%Ni、25%Mo、7%Fe。在 30% KOH 溶液中，交換電流密度為 4.8mA/cm² 下的析氫過電位為 240mV。$Ni_{74.1}Mo_{25}La_{0.9}$ 非晶/奈米晶混合結構的三元合金電極。在 25℃，7mol/LNaOH 溶液，150mA/cm² 電流密度條件下，析氫過電位較 Ni-Mo 合金降低 80mV，這可能與 Ni-Mo-La 三元合金具有儲氫特性有關。除此之外，近年來相繼採用電沉積法製備了 Ni-Cu、Ni-Co、Ni-W、Ni-Sn、Ni-Co-Sn 等合金電極，在電催化性能和電解穩定性方面都獲得了一定改善。

②複合析氫電極

複合析氫電極是指電極中加入第二相粒子的電極。按加入的第二相粒子種類大致可分為無機顆粒複合電極、有機顆粒複合電極及金屬粉末複合電極 3 大類。

無機顆粒複合電極加入的第二相粒子主要包括 Al_2O_3、TiO_2、ZrO_2、SiC 等惰性粒子，以及 RuO_2、$LaNi_5$、CeO_2 等活性粒子。在 Ni－W 鍍液中加入粒徑為 20nm 的 ZrO_2 粒子製備出 Ni－W/ZrO_2 奈米複合電極，ZrO_2 奈米微粒的加入使複合鍍層的表面得到細化，真實比表面積增大，30％NaOH 溶液中的表觀活化能為 44.2kJ/mol。Ni/SiO_2 複合電極中，發現 SiO_2 的加入增大了 Ni 沉積過程的電化學傳荷阻抗，同時提高了鍍層的比表面積。隨著 SiO_2 加入量的增加，複合材料的硬度和耐蝕性均有所提高。Ni/SiC 複合電極中，第二相粒子尺寸對沉積行為產生影響。其分別加入微米和奈米 SiC 顆粒，發現不同粒徑顆粒在鍍液中的 Zeta 電位不同，微米 SiC 的 Zeta 電位更負，尺度較大的顆粒更易進入鍍層。

與添加惰性粒子不同，活性第二相粒子在增加真實比表面積的同時，還會與基體金屬產生協同析氫效應，更大程度提升析氫催化活性。複合電沉積法將 $LaNi_5$ 和 Al 顆粒嵌入鍍層中，製備了 Ni－S/($LaNi_5$＋Al) 複合鍍層。然後，採用鹼溶法將鍍層中的 Al 溶出製得 Ni－S/$LaNi_5$ 多孔複合鍍層。測試發現，常溫下，20％NaOH 溶液中複合多孔電極的表觀活化能為 35.23kJ/mol。同時，複合電極的恆電位間斷電解實驗表明其具有較好的抗斷電性能和穩定性。Ni－Mo/$LaNi_5$ 多孔複合電極也使電極的性能提高。

在 Ni/RuO_2 複合電極中，RuO_2 可與 Ni 基體型成協同效應，有利於增加析氫催化活性。同時，RuO_2 的加入還能起到強化鍍層力學性能，提高真實比表面積的作用。加入不同粒徑的 CeO_2 製備的 Ni/CeO_2、Ni－S/CeO_2、Ni－Zn/CeO_2 中，微米 CeO_2 複合鍍層的複合量要高於奈米 CeO_2 複合鍍層，低複合量鍍層的耐蝕性高於鎳鍍層。微米 CeO_2 加入量為 15g/L 時，Ni/CeO_2 複合鍍層活性最高，析氫交換電流密度為純鎳層的 70 倍；微米 CeO_2 加入量為 10g/L 時，Ni－S/CeO_2 複合鍍層的析氫性能最佳；奈米 CeO_2 濃度為 1g/L 時，Ni－Zn/CeO_2 複合鍍層的析氫性能最佳。CeO_2 出色的析氫催化活性主要源於 Ce 元素具有空的 d 軌道和 f 軌道，有利於氫原子的吸附。

複合電極中第二相有機顆粒是指導電聚合物顆粒。聚乙烯(PE)及聚噻吩(PTh)被添加到複合 Ni－Mo 合金電極中。Ni－Mo/PE 交換電流密度達到 $1.15mA/cm^2$，較 Ni－Mo 合金的催化性能提升了一個數量級。可能複合電極中嵌入的聚合物局部封鎖了電極表面電化學過程的非活性位點，從而提高了析氫反應的動力學過程。Ni－Mo/PTh 複合電極展現出粗糙的表面結構。具有較低 PTh 含量的電極析氫活性較高，其中含 4.6％ PTh 的複合電極的活性最佳，與 Ni－Mo 電極相比，複合電極的交換電流密度提升了 1 倍。聚苯胺(PAn)修飾鎳電極，有助於提高複合電極比表面積，同時降低析氫過程的電荷傳遞電阻。

複合電極同樣可以加入金屬粉末作為第二相粒子。在鍍 Ni 液中添加 Ti、V、Mo 金屬顆粒，在碳鋼基體上分別製備出含 14％～53％Ti 的 Ni/Ti 電極、含 6％～45％V 的 Ni/V 電極，以及含 22％～56％Mo 的 Ni/Mo 電極。發現鍍層中顆粒含量隨著鍍液中顆粒添加量的增加而提高，隨著沉積電流密度的增大而減小，還發現含 50％Mo 的 Ni/Mo 複合電極析氫催化活性最強。其主要原因為金屬顆粒的添加使電極比表面積增加，同時 Ni、Mo 間的協同效應保證了其更為出色的析氫活性。

③多孔析氫電極

1920年代，Raney發現Ni－Al(Ni－Zn)合金在鹼液中溶去Al(Zn)元素後形成的Raney－Ni因具有多孔及大比表面積而表現出良好的析氫催化活性。作為最經典的多孔電極，Raney－Ni電極一直沿用至今。但在Raney－Ni電極的製備過程中，需要高純度的Raney－Ni合金作原料，以確保其高活性和穩定性，有的還需要等離子設備及高溫高壓條件，使製備成本加大；另外，Raney－Ni電極還存在抗逆電流能力弱，長時間斷電情況下電極催化組分易溶出而導致電極活性降低等問題。多孔電極的主要製備方法包括類似Raney－Ni電極的金屬溶出法，以及有機模板溶出法、無機模板溶出法、氣泡模板法等。

金屬溶出法的機理主要源自Raney－Ni電極的製備方法，利用中性金屬Al和Zn能溶於鹼性溶液留下空洞，從而製備多孔結構電極。可採用電沉積技術在基體上製備Ni－Co－Zn合金鍍層，然後將合金電極放入溫度為50℃、6mol/L NaOH溶液中浸泡48h，用以溶出合金中的Zn，形成多孔Ni－Co合金電極。其不僅提高了電極的比表面積，而且引入了析氫活性較強的Co，大大提高了電極的析氫活性。利用含有Ni^{2+}、Cu^{2+}、Zn^{2+}硫酸鹽的鍍液，採用電沉積法製備了Ni－Cu－Zn複合電極，然後在NaOH溶液中持續浸泡，直到不再有氫氣泡產生，從而製備具有大比表面積的Ni－Cu多孔電極。$100mA/cm^2$連續電解120h，表現出穩定的電化學性能。先在Ni電極上電沉積Zn，然後將電極放入400℃的管式爐中加熱4h，使基體Ni與Zn鍍層互熔，形成Ni－Zn合金。隨後，將Ni－Zn合金電極放入1mol/L KOH溶液中，在合適的電位下將合金中的Zn溶出，得到多孔Ni電極。

在有機模板溶出法方面，泡沫Ni不僅廣泛用作析氫電極的陰極基體材料，還為多孔電極的製備提供了很多有益思路。以聚氨酯海綿為基體，在化學鍍導電化處理後電沉積Ni－Mo－Co合金，然後置於600℃高溫管式爐中，燒結2h以除去聚氨酯海綿基體，製備了三維多孔Ni－Mo－Co合金電極，比表面積是市售泡沫鎳的6.14倍。室溫下，在電流密度為$100mA/cm^2$的6mol/L KOH中，多孔合金電極的析氫過電位僅為115mV。但是，此方法工藝過程複雜，步驟煩瑣，極大地限制了工業化大面積生產。採用電化學自組裝法將PS球均勻排列於鍍Ni層的點陣中，然後利用乙酸乙酯將PS微球模板從電極中溶出以製備多孔Ni電極。此方法通過控制PS微球粒徑，間接實現了多孔鎳電極表面多孔結構的可控製備。製備的多孔Ni電極在鹼性溶液中表現出較高的析氫電化學活性，當極化電位為－1.5V時，析氫電流密度可達到$206mA/cm^2$。經過120h長期電解，該電極析氫活性未表現出明顯的劣化現象。

為了簡化模板沉積法，避免模板移除過程對電極結構的影響，研究人員嘗試在高電流密度下電沉積合金，以動態氣泡為模板製備多孔電極。在$0.5A/cm^2$的大電流密度條件下，以氫氣泡為動態模板，利用氣泡留下空位形成多孔Cu結構。然後，以多孔銅為模板電沉積Ni，最終獲得多孔Ni電極。在30%KOH溶液中進行電解析氫實驗，發現三維多孔Ni電極因大比表面積降低了析氫反應真實交換電流密度，從而降低了析氫過電位。在含有沸石顆粒的鹼性鍍Ni液中，通過電沉積製備了Ni/沸石複合電極。將複合電極置於1mol/L硫酸中以溶出內部沸石顆粒，從而得到多孔Ni電極。在電極的粗糙表面發現很多

沸石溶出後留下的孔道，極大地提升了電極的真實比表面積，同時殘存的沸石顆粒還提升了電極固有析氫活性。採用二次氧化法製備了氧化鋁，並以氧化鋁的多孔結構為模板，採用電位沉積技術在氧化鋁表面組裝了 Ni－W－P 合金奈米線陣列。電化學測試結果表明，Ni－W－P 合金奈米線陣列電極的析氫電荷傳遞電阻減小，電流密度為 10mA/cm^2 時，析氫過電位比 Ni－W－P 合金電極正移 250mV。

實際工業化電解水生產中，析氫陰極必須在高溫、高鹼濃度、高電流密度等條件下長期並間歇性工作。因此，除了考慮其催化析氫性能外，必須著重考慮電極的安全性及穩定性。工業生產更多出於穩定性方面的考慮，仍以鐵和鍍 Ni 陰極為主，單位氫氣的能源消耗為 4.5～5.5kW·h/m^3。電流密度為 150mA/cm^2 時，析氫過電位達到 300mV 以上，極大地增加了生產能源消耗。RaneyNi 及 Ni 基多元合金電極，雖能夠將析氫過電位降低到 100～200mV，近似達到貴金屬的電催化水準，但是其長期電解穩定性存在隱患。同時，析氫電極的實驗室研究普遍存在重視催化活性等直接性能指標，而忽視穩定性、安全性等長期間接性能指標的問題。出於工業化需要的考慮，如多孔電極的力學穩定性、合金電極的電化學穩定性等長期性能指標應逐漸成為實驗室研究的重點。應遵循工業化應用規律，將電極催化活性、穩定性、經濟性三方面內容進行綜合考量。木桶理論在析氫電極的篩選中同樣適用，單純追求其中某一方面的性能出色，而忽視其他問題，都是不正確的電極評價體系。

(2) 陽極

降低陽極的析氧過電位也是降低電解製氫能源消耗的重要手段之一。通常，在降低陽極過電位上，可從以下 3 個方面努力：①提高電解溫度；②增加電化學活性表面積；③採用新型陽極電催化劑。但是，高溫常造成電極的腐蝕，活性表面積的增加也是很有限的，最好的途徑是選擇高活性的催化劑，3 個方面綜合考慮有望得到更好的效果。

具有析氧電催化活性的材料有許多種，但能用於工業化的卻為數不多。考慮實際應用，對工業電極材料的要求主要有以下幾點：①高表面積；②高導電性；③良好的電催化活性；④長期的機械和化學穩定性；⑤小氣泡析出；⑥高選擇性；⑦易得到和低費用；⑧安全性。由於實際應用中使用較大的電流密度，高導電性和長期的機械和化學穩定性顯得更重要。因為高導電性可以降低歐姆極化引起的能量損失，高穩定性保證電極材料的長壽命。第③點是降低析氧陽極過電位的主要途徑之一，也是評價電極性能的重要指標，尤其值得重視。在眾多的電極材料中，具有金屬或準金屬導電性的過渡金屬氧化物，尤其是 AB_2O_4 尖晶石和 ABO_3 鈣鈦礦氧化物最能滿足上述要求，因此得到了廣泛的研究。另外 Ta_2O_5、$\alpha-PbO_2$、IrO_2 等都具有較好的析氧催化活性。覆蓋了鈣鈦礦型氧化物、尖晶石型氧化物等活性塗層的鎳電極析氧能力都會提高。Co_3O_4 和 $NiCo_2O_4$ 活性高、耐腐蝕、相對廉價和容易製備，是有前景的鹼性水電解用陽極材料。

①金屬及合金陽極

鎳相對便宜，並且在鹼性電解質中陽極極化條件下有很高的耐腐蝕性，同時在金屬元素中 Ni 的析氧效率是最高的，所以傳統上用 Ni 作為鹼性水電解陽極材料。為了改善 Ni 陽極效率，通過各種方法提高比表面積，如燒結由羰基鎳分解得到的鎳粉或燒結由羰基鎳

化學氣相沉積而生成的多晶鎳鬚。Raney 鎳特殊的隧道狀孔結構和精細裂紋使它具有高的比表面積和高的電化學活性。Raney 鎳活化的鐵陽極具有很好的穩定性，電化學測試表明，各種 Raney 鎳合金陽極在 90℃下析氧過電位都比常規的低表面鎳陽極低 60mV。在高溫電解過程中，由於陽極腐蝕產物 NiO 和 Ni(OH)$_2$ 堵塞孔隙及氧化膜的高電阻率，鎳陽極活性逐漸退化。離子注入可以大大改善鎳陽極活性，在 80℃、30%KOH 電解液中的電化學測試結果表明，Ag$^+$ 注入鎳陽極上，析氧過電位降低 20%～40%。Li$^+$ 注入可增加鎳表面氧化膜的電導，因此也使過電位明顯下降。Ni^{3+} 對析氧反應有顯著的催化作用，因此，電極表面引入適量 Ni(OH)$_2$ 通過陽極極化使 Ni^{2+} 轉變為 Ni^{3+} 可以提高其催化性能。

在合金電極中，Ni—F 合金顯示相對低的析氧過電位，Ni—Co 合金、Co$_{50}$Ni$_{25}$Si$_{15}$B$_{10}$ 和 Ni—Co—P 合金等由於在達到析氧電位之前表面形成高活性的 NiCo$_2$O$_4$ 或 CoO(OH) 等含氧鈷化合物大大地改善了 Ni 陽極的電催化活性。Ni—Mo 基合金電極 Ni$_{56.5}$Mo$_{22.5}$Fe$_{10}$B$_{10}$ 表現低的 Tafel 斜率，電沉積的 Ni—Ir 合金經陽極氧化後，形成混合氧化物表面，對析氧反應也具有很好的催化活性和耐腐蝕性。

Ni—Fe 基析氧材料包括 Ni—Fe 合金、Ni—Fe 氧化物、Ni—Fe 層狀雙金屬氫氧化物及 Ni—Fe 基複合材料等。獲得 Ni—Fe 合金主要有兩種方法：一種是將 Ni、Fe 兩種金屬直接混合；另一種是使 Ni、Fe 的金屬鹽溶液在陰極共還原。例如，通過硬模板技術，將氮、鎳、鐵等非貴金屬元素通過摻雜與合金化作用結合在一起，得到中孔結構的 Ni—Fe 合金電極催化劑(m—Ni—Fe/CNx)。

電沉積還原法可以將活性金屬材料直接沉積在基底上，使它們之間的結合力增強，同時還能夠通過控制各種參數來控制 Ni—Fe 合金的形貌特徵，因此得到更廣泛的應用。Ni$_{50}$Fe$_{50}$ 泡沫鎳合金電極具有最低的析氧過電位和較好的穩定性。另外，Ni—Fe 合金還可以通過與不同的基底相結合得到新的材料，以兩類代表性的導電聚合物(聚苯胺和聚乙烯亞胺)包裹片狀硫化銀，然後通過直流電沉積的方法負載 Ni—Fe 合金，製備了具有高催化性能的催化劑。不同於 Ni 和 Fe 元素在 Ni—Fe 合金中的金屬狀態，Ni—Fe 氧化物的 Ni 和 Fe 分別具有＋2 價和＋3 價的氧化態，它們更接近鎳鐵元素在析氧反應中的價態。製備 Ni—Fe 氧化物膜陽極材料最常見的方法是：先通過電化學沉積法得到 Ni—Fe 合金，然後在高溫條件下進行退火處理，最終使合金變成氧化物。該方法能夠得到十分規整的晶態結構，使 Ni—Fe 氧化物材料擁有非常優異的耐久性和穩定性。在 Ni—Fe 氧化物中，有一種十分特殊的氧化物 NiFe$_2$O$_4$，它具有尖晶石結構，抗腐蝕能力非常強。

鎳鐵水滑石為前體經過高溫焙燒得到了 NiO/NiFe$_2$O$_4$ 奈米複合材料，發現它比採用共沉澱法製備的氧化鎳(C—NiO)、鎳鐵尖晶石(C—NiFe$_2$O$_4$)及它們的機械混合物具有更高的 OER 催化活性。這可能是由於 NiO/NiFe$_2$O$_4$ 材料中的 NiO 相有效地阻隔了 NiFe$_2$O$_4$ 的團聚，使其具有更大的比表面積，同時有利於電子的傳輸。

②AB$_2$O$_4$ 尖晶石型氧化物

許多具有尖晶石結構的氧化物 A$_{1-x}$A$'_x$B$_2$O$_4$(A、A$'$=Ni、Cu、Zn、Sr、La、Co 等；B=Al、Cr、Mn、Fe、Co 等)可用於製備氧電極，如 CuCo$_2$O$_4$、NiCo$_{2-x}$Rh$_x$O$_4$、Cu$_{1+x}$Mn$_{2-x}$O$_4$(1.4>1+x>1)、Co$_3$O$_4$ 和 NiCo$_2$O$_4$ 等，其中 Co$_3$O$_4$ 和 NiCo$_2$O$_4$ 由於活性高、

在鹼性溶液中耐腐蝕且相對廉價易得,所以被認為是很有前景的鹼性水電解陽極材料。Co_3O_4 屬正規尖晶石結構,由於佔據八面體位的都是 Co^{3+},使 Co_3O_4 具有很高的電阻率($40\Omega \cdot m$)。RuO_2 具有金屬導電性和良好的析氧活性,因此在基體-氧化物介面插入 RuO_2 不僅可以提高其電導率,避免生成 TiO_2 絕緣層(若用 Ti 做基體),同時也提高了電極的活性。摻入 Li^+(進入四面體位)可使佔據四面體位的 Co^{2+} 一部分變成 Co^{3+},這使 $Co^{2+}-Co^{3+}$ 間的電子轉移成為可能,有助於提高 Co_3O_4 的導電性。利用高電導率的 Tl_2O_3 做基底,通過電沉積製備出 $Ni/Tl_2O_3/Co_3O_4$ 複合電極材料,其析氧活性有顯著提高。$NiCo_2O_4$ 具有如下反尖晶石結構:

$$[Co_{0.9}^{2+}Co_{0.1}^{3+}]_O[Ni_{0.9}^{2+}Ni_{0.1}^{3+}Co^{3+}]_T O_{3.2}^{2-}O_{0.8}^{-} \quad (O:八面體,T:四面體)$$

這樣的結構和它的高導電性相一致。

為使氧化物材料具有高催化活性,在提高氧化物電導率的同時,應盡可能地增大其比表面積,這在很大程度上取決於製備方法。鎳鈷氧化物可通過金屬鹽熱分解、噴塗熱解、電沉積、凍乾-真空熱分解和共沉澱等方法製備。製備方法、原料尤其是處理溫度顯著影響氧化物的相組成和表面形貌,因此影響其催化活性。高活性的催化劑更適於在較低溫度下製備,由凍乾法製得的氧化物具有很高的比表面積,由該方法製備的摻 Li 的 Co_3O_4 陽極,在 70℃、5mol/L KOH 溶液中,在 $10000A/m^2$ 電流密度下,電位為 1.52V[DHE:動態氫電極,在不同電解質及不同溫度下,其電位相對可逆氫電極(RHE)為 -20~40mV,現已很少使用],5800h 壽命測試結果表明該電極具有良好的穩定性。同樣方法製得的 $NiCo_2O_4$ 陽極,在 60℃、5mol/L KOH 溶液中,在 $10000A/m^2$ 電流密度下,電位為 1.6V(DHE)。溶膠-凝膠法可以使氧化物在分子水準上達到均相,非常適於製備高比表面積氧化物材料。通過溶膠-凝膠法製備出高比表面積的鎳鈷氧化物粉末並得到較高的析氧催化活性。

Ni-Fe 尖晶石結構具有較優異的催化性能,研究者開始考慮將此結構中部分 Ni 元素或者 Fe 元素替換成其他金屬元素得到 OER 催化性能更優異的 Ni-Fe 基氧化物複合材料。利用沉澱法合成了尖晶石型三元組合物 $NiFe_{2-x}Cr_xO_4(0 \leqslant x \leqslant 1)$,Cr 的取代增加了尖晶石氧化物在 1mol/LKOH 溶液中的表觀電催化活性。鎳、鐵和釩組成的尖晶石型三元過渡金屬氧化物 $NiFe_{2-x}V_xO_4(0 \leqslant x \leqslant 1)$,在尖晶石矩陣中使 V 從 0.25 至 1.0 取代 Fe 時,氧化物電催化活性得到顯著的提高,其中 $x=0.5$ 時活性最大。

③ABO_3 鈣鈦礦型氧化物

具有鈣鈦礦結構的過渡金屬氧化物通常表現良好的導電性和電催化活性,因此被廣泛地用作電極材料。在鹼性介質中,鈣鈦礦氧化物 $LnMO_3$(Ln:鑭系元素,M:過渡金屬)如 $LaCoO_3$、$LaNiO_3$ 和取代型鈣鈦礦氧化物 $La_{1-x}Sr_xCoO_3$、$La_{1-x}Sr_xMnO_3$、$LaNi_{1-x}Fe_xO_3$、$La_{0.7}Pb_{0.3}MnO_3$ 及 $La_{1-x}Sr_xFe_{1-y}Co_yO_3$、$La_{1-x}Sr_xNi_{1-y}Co_yO_3$ 和 $SrFeO_3$ 等都具有很高的析氧活性。通常取代型鈣鈦礦氧化物是電子和離子混合導體,由於摻雜受體,產生高濃度氧空穴,因此具有很高的電導率。$La_{1-x}Sr_xCoO_3$ 的電導率隨著 x 增加而減小,當 $0.2<x<0.6$ 時,電阻率最小,這與其析氧催化活性隨著 x 的變化趨勢一致。結果表明,$La_{1-x}Sr_xFe_{1-y}Co_yO_3$ 系列氧化物的析氧催化活性隨著 x、y 的增加而增加,其中 $La_{0.2}Sr_{0.8}Fe_{0.2}Co_{0.8}O_3$ 的

催化活性最高，在 25℃、1mol/L KOH 溶液中，在 1000A/m² 電流密度下，40h 電解期間保持穩定的電位 0.90V(Hg/HgO)。研究發現，Ni 和 Fe 低取代可以改善 $La_{0.8}Sr_{0.2}CoO_3$ 的幾何因素和電子因素，Ni 的高取代對 $La_{0.8}Sr_{0.2}CoO_3$ 的析氧活性是有害的，而 Fe 的高取代卻由於增加了膜的粗糙度而提高了它的催化活性。在 25℃、45%KOH 中，在低過電位區，$La_{0.5}Sr_{0.5}CoO_3$ 和 $La_{0.8}Sr_{0.2}CoO_3$ 的活性近似相等，但都優於 $LaCoO_3$，在高過電位區，$La_{0.6}Sr_{0.4}CoO_3$ 高於 $La_{0.8}Sr_{0.2}CoO_3$。$LaNiO_3$ 是一種非化學計量化合物，三價、二價鎳離子和氧空穴共存，高密度的氧空穴($10^{26}m^{-3}$)使 $LaNiO_3$ 具有金屬導電性。在 25℃、1mol/L NaOH 溶液中，同一電位下，在 $LaNiO_3$ 表面的析氧速度是 Pt 表面上的 10^5 倍，是 $NiCo_2O_4$ 表面上的 10^2 倍。鐵部分取代鎳的氧化物 $LaNi_{1-x}Fe_xO_3$，當 $x = 0.25$ 時，其析氧催化活性最高，在 25℃、1mol/L KOH 中，在 1000A/m² 電流密度下，$Ni/LaN_{0.75}Fe_{0.25}O_3$ 的析氧過電位為 395mV，比 $LaNiO_3$ 的低 30mV；在 25℃、30%KOH 中，在 5000A/m² 電流密度下，前者過電位比後者低 86mV，連續電解 48h 保持良好的穩定性。在鈷取代氧化物 $LaNi_{1-x}Co_xO_3$ 中，$LaNi_{0.8}Co_{0.8}O_3$ 的催化活性最高。

合成鈣鈦礦氧化物有許多方法，常用的有高溫固態反應、共沉澱、金屬鹽熱分解、射頻濺射和氣相沉積等方法。利用改進的金屬鹽熱分解法－凍乾－真空熱分解法和有機酸輔助法可以在相對低的溫度下製備高比表面均相的鈣鈦礦氧化物，大大提高了材料的催化活性。通過羥基丁二酸輔助方法製得的 $La_{0.8}Sr_{0.2}CoO_3/Ni$ 電極，在 70℃、30%KOH 溶液中，在 5000A/m² 電流密度下，析氧過電位近似 305mV，用同樣方法製得的 $LaNiO_3$ 的活性是由其他方法得到的 10 倍。

④ABO_2 型金屬氧化物

用於析氧陽極的 ABO_2 型氧化物(A：Pt，Pd；B：Co，Rh，Cr 等)相對較少。通常，ABO_2 為赤鐵礦結構，如 $PtCoO_2$、Pt 和兩個氧原子線性配位，Co 和氧八面體配位，其析氧催化活性主要取決於過渡金屬 B(Co＞Rh＞Cr)，和貴金屬 A 幾乎無關。在 23℃、1mol/L NaOH 溶液中，含 Co 氧化物上的析氧過電位比 Pt 的低 100mV 以上。製備 ABO_2 系列氧化物可通過熱分解法和射頻濺射等方法。由熱分解製得的 $NiCoO_2$，在 120℃、10000A/m² 下，其析氧過電位和 $NiCo_2O_4$ 及 $La_{0.5}Sr_{0.5}CoO_3$ 的相近。

⑤層狀雙金屬氫氧化物

層狀雙金屬氫氧化物(Layered Double Hydroxides，LDHs)是研究較熱的一種材料，它包括帶正電荷的氫氧化物層和層間平衡電荷的陰離子。氫氧化物層可以由二價金屬(Ni^{2+}、Mg^{2+}、Ca^{2+}、Mn^{2+}、Co^{2+}、Cu^{2+}、Zn^{2+})、一價金屬(Li^+)和三價金屬(Al^{3+}、Co^{3+}、Fe^{3+}、Cr^{3+})組成，而陰離子包括 CO_3^{2-}、NO_3^-、SO_4^{2-}、Cl^-、Br^- 等。Ni－Fe LDH 具有優異的電化學催化性能。Ni－Fe－LDH 奈米片長在輕度氧化的多壁奈米碳管(CNT)上，研究發現其在鹼性溶液中具有比商業貴金屬 Ir 催化劑更高的 OER 電催化活性和穩定性。

隨著石墨烯、奈米碳管等碳材料的高速發展，其高導電性、高導熱性、高比表面積等優異性能引起了許多學者的注意。研究人員研究了一種新的策略得到 Ni－Fe LDH 與石墨烯的複合材料。來自 Ni－Fe LDH 的催化活性和來自石墨烯的強電子傳輸能力的協同作用

使 Ni-Fe-GO 複合物在析氧反應中具有更優異的特性。將 Ni-Fe LDH 和石墨烯組裝，通過控制 Ni 和 Fe 的含量比例，利用均勻沉澱法成功地合成了不同 Ni-Fe 含量的層狀雙氫氧化物。當雙金屬 Ni-Fe 體系中 Fe 的含量增加時，材料的催化活性增強，而 $Ni_{2/3}Fe_{1/3-x}GO$ 超晶格複合物具有最佳的 OER 催化性能。此外，該複合催化劑也能夠有效催化析氫反應。

⑥貴金屬氧化物

在鹼性介質中，RuO_2、IrO_2 和 RhO_2 等貴金屬氧化物都具有析氧催化活性，但由於存在以下幾個原因限制了它們在鹼性介質中作為析氧陽極的應用：①單獨的貴金屬及其氧化物的電催化活性基本上不如 Ni（RuO_2 例外）；②在陽極極化下發生腐蝕；③在鹼性介質中的析氧活性低於酸性中的活性。為了解決這些問題，在貴金屬氧化物中加入金屬(Ti, Zr, Ta, Nb)氧化物如 ZrO_2、TiO_2，或 IrO_2 在 RuO_2 中，電極性能得到顯著改善。增加 RuO_2 基陽極穩定性的一個可能途徑是使用混合氧化物，在 RuO_2 活性層中加入惰性氧化物 ZrO_2，由於 ZrO_2 穩定了活性 RuO_2 晶格，在 60～100mol% RuO_2 範圍內，其析氧催化活性保持不變，處於最佳組成($RuO_2/ZrO_2=80/20mol$)的電極 $RuO_2/ZrO_2/Ti$ 壽命達到 200h。具有燒綠石結構的氧化物 $A_2(B_{2-y}A_y)O_{7-y}$ (A=Pb, Bi; B=Ru, Ir)，$0<x<1$，$0<y<0.5$，表現良好的析氧活性，在 75℃、3mol/L KOH 溶液中，在 $1000A/m^2$ 下，$Pb_2[Ru_{2-x}Pb_x^{4+}]O_{6.5}$ 的析氧過電位近似 120mV，比 Pt 黑、RuO_2 或 $NiCo_2O_4$ 的低 100mV；在 $2000A/m^2$ 下，其壽命高達 1000h，200h 後，電位只上升 50mV。從鹼性水電解陽極材料的研究與發展現狀看，材料的選取主要基於含 Ni、Co 和 Ru 的混合金屬氧化物，尤其是 $NiCo_2O_4$ 和 $La_{1-x}Sr_xCoO_3$ 已被實驗證實是最有前景的鹼性水電解陽極材料。

5.2.4 隔膜

電解槽隔膜的功能，是靠物理的或者化學的手段阻止電解槽兩極的生成物互相混合，而又不妨礙電流的通過。各種多孔材料，如陶瓷、多孔橡膠、多孔塑膠、纖維織物（天然的或合成的）、石棉（石棉紙、石棉布、堆積物）、改性石棉隔膜等都是藉助孔隙的物理作用或者機械作用來限制離子和氣體通過隔膜的擴散，但是這種膜對離子的通過沒有選擇性，有人把這種膜叫做「機械膜」。而把有選擇性的離子交換膜叫做「化學膜」。在水電解工業中應用最廣的石棉隔膜和改性石棉隔膜都屬於「機械膜」。

理想的電解隔膜（機械膜）應當滿足下列條件：①能使離子通過，氣體分子不通過；②為保持低電阻，孔隙率大；③平均孔徑小，阻止氣泡的通過和抑制擴散；④材質的物理和化學性質要均一，保證電流分布均勻，電流效率高；⑤耐電解原料和產物的腐蝕；⑥對電解槽的操作條件如溫度、pH 值等有充分的化學穩定性；⑦有一定的機械強度和剛度；⑧原料來源容易，價格便宜，適合在工業上使用；⑨使用後的廢料容易處理；⑩製膜工藝方便，容易實施工業化。從上述條件可以看出，隔膜材料的選擇是非常困難的。石棉是唯一的能大體上滿足這些苛刻條件的優良材料。在隔膜電解槽的隔膜材料中，石棉仍然佔據主要地位。因此，開發具有良好氫氧根傳導率、高度耐鹼穩定性及優異阻氣性的離子膜具有重要意義。

(1) 石棉隔膜

石棉隔膜除了基本上能夠滿足上述條件，還有兩個無可比擬的優點，一是它的親水性能優良；二是它的表面水合矽酸鎂中的負電荷和 OH^- 的濃度有抑制 OH^- 反擴散的功能。因此，長期以來石棉一直作為水電解槽隔膜的主要原料。但是在生產實踐過程中，人們逐漸認識到由於石棉隔膜自身的溶脹性及化學不穩定性，導致純石棉隔膜在特定的運行環境中，特別是高電流負荷下，具有嚴重溶脹的缺陷，使隔膜機械強度下降、使用壽命大大縮短，電流效率明顯下降。

石棉是一種類型繁多的纖維矽酸鹽，其中主要一種是溫石棉(crisotila)或者叫做白色石棉，其化學結構式為 $Mg_3Si_2O_5(OH)_4$。由於它的鹼性結構的關係，溫石棉在酸性介質中不能使用；而且在鹼性介質中，如果溫度升高到足夠高時，也可能會出現腐蝕現象：

$$Mg_3Si_2O_5(OH)_4 + 4KOH \longrightarrow 3Mg(OH)_2 + 2K_2SiO_3 + H_2O$$

而且腐蝕率會隨著溫度的升高而增加。因此，當使用溫石棉作隔膜時，很難用提高溶液溫度的方法來提高電解槽的效率。因為提高溶液溫度不僅會增加石棉的腐蝕率，還會加重其機械變形，同時也降低了機械抗力。另一個值得考慮的問題是石棉的毒性。眾所周知，石棉有致癌和引起肺部疾病的危害，可引起慢性呼吸道疾病、肺癌、胃癌、結腸癌、間皮瘤癌等。因此，許多國家已經下令禁止使用石棉及相關的產品。基於上述原因，石棉已經不再是理想的隔膜材料，能否找到一種可以取代石棉隔膜的新材料，對發展水電解工業而言，是非常重要的。

(2) 聚四氟乙烯樹脂改性石棉隔膜

由於石棉隔膜的溶脹性能差、化學穩定性能差、使用壽命短，還有其本身的毒性問題，導致石棉隔膜在水電解工業中逐漸失寵。在這種情況下，一些改性石棉隔膜應運而生，其中比較成熟的一種改性石棉隔膜就是聚四氟乙烯樹脂改性石棉隔膜。聚四氟乙烯樹脂改性石棉隔膜是將聚四氟乙烯樹脂摻入石棉隔膜中，經過處理使隔膜性能較普通的石棉隔膜有所提高的一種聚氟烴黏結石棉的新型隔膜。這種隔膜的製膜工藝，基本上沿用了純石棉隔膜的苛化石棉真空吸附法，採用低真空薄吸附精工細做的操作技術，製成的隔膜具有厚度薄、膜層勻、結構緊、熟化透的優點。在顯微鏡下觀察聚四氟乙烯樹脂改性石棉隔膜，可看到熔融的聚四氟乙烯樹脂將石棉纖維包覆並黏結在一起。這種作用提高了隔膜的耐腐蝕性能和機械性能。經測定，聚四氟乙烯樹脂改性石棉隔膜含樹脂比例越大，抗腐蝕性越強，隔膜拉斷強度越高，滲水性越低。

聚四氟乙烯樹脂改性石棉隔膜工藝簡單易行，製膜操作技術無毒，可以減少石棉汙染，熟化溫度低，投資少，見效快，而且提高了隔膜的性能。但是控制聚四氟乙烯樹脂的用量很重要，太低了不足以提高隔膜的性能。而高用量雖然能提高隔膜強度，但是也有許多不利之處。如果憎水性的聚四氟乙烯樹脂用量過大，石棉隔膜的兩種寶貴特性(親水性好，可以抑制 OH^- 離子反擴散)會因此而消失。而且聚四氟乙烯樹脂用量多會增加隔膜的成本。因此，針對聚四氟乙烯樹脂改性石棉隔膜的憎水性，人們提出了許多改進和提高性能的措施，例如使用帶有離子交換基團的親水性氟樹脂作為增強黏結劑來改善隔膜的親水性能。

(3)非石棉隔膜

非石棉隔膜的主要成分是 Polyramix(簡稱 PMX)。PMX 是由一種金屬氧化物粒子和高分子聚合物物理結合而成的性能獨特的纖維材料,稱為「高聚物/無機物複合纖維」,簡稱複合纖維。高分子聚合物通常採用均聚物、共聚物、接枝共聚物或它們的混合物,要求在電解條件下具有化學穩定性。所用高分子聚合物包括含氟或含氟和氯的聚合物,如聚氟乙烯、聚偏氟乙烯、聚四氟乙烯、F-46、PFA、聚三氟氯乙烯、三氯氟乙烯和乙烯的共聚物等。聚四氟乙烯是應用最廣泛的高分子聚合物。製備複合纖維所用的無機物粒子應是耐熔物質或其混合物,該物質在製備複合纖維的過程中要保持完好,同時對高分子纖維基質表現出惰性,在複合纖維中不發生化學反應,僅僅是與高分子聚合物物理黏合。適用的無機物有氧化物、碳化物、硼化物、矽化物、硫化物、氮化物或它們的混合物,也可用矽酸鹽(矽酸鎂和矽酸鋁)、鋁酸鹽、矽酸鹽陶瓷、金屬合金陶瓷或其混合物,金屬或金屬氧化物等。

西方於 1980 年代初,開始對非石棉隔膜進行研究,在非石棉隔膜的應用方面已取得一定成效,其下一個目標是:①提高非石棉隔膜的性能,降低電能消耗,使其優於聚合物一石棉改性隔膜;②降低非石棉隔膜的製膜成本。中國石棉是短缺物資,尤其是可供水電解製膜用的優質石棉缺口更大,每年需花大量外匯從加拿大、辛巴威進口。又因為石棉是致癌物質,生產、加工、後處理都十分困難,而且汙染嚴重,以高聚物/無機物複合纖維取代石棉製隔膜用於水電解工業是一個極好辦法。非石棉隔膜雖然已有 20 多年的發展歷程,但是由於聚四氟乙烯的可潤溼性能不良,還有其他種種的原因,一直沒能推廣應用。

(4)聚苯硫醚隔膜

聚苯硫醚(PPS),是用對二氯苯和 NaS 為原料,N-甲基吡咯烷酮為溶劑,在 175~350℃,常壓至 70Pa 下進行縮聚反應製取的分子主鏈中帶有苯硫基的線形結晶性熱塑性樹脂,其性能特點如下:①耐熱性能優異,其熔融溫度為 285℃,在 1.86MPa 壓力下的熱變形溫度為 260℃,可以在 200~240℃ 長期使用,在空氣中的降解溫度為 700℃,在 1000℃ 的惰性氣體中仍然保持 40% 的重量,短期耐熱性和長期連續使用的熱穩定性都很優越;②機械性能好,其剛性極強,表面硬度高,並具有優異的耐蠕變性和耐疲勞性、耐磨性突出;③耐腐蝕、耐化學藥品性優異,PPS 幾乎能抵抗所有有機物的腐蝕,還未發現低於 200℃ 時能溶解 PPS 的溶劑,鹼和無機鹽的水溶液對 PPS 即使在加熱下也幾乎沒作用,氧化性弱的濃無機酸也不能明顯地溶解 PPS;④尺寸穩定性好、成型收縮率很小,線性熱膨脹係數小,因此,在高溫條件下仍表現出良好的尺寸穩定性;⑤電性能優良,即使在高溫、高溼、高頻率下仍具有優良的電性能。鑑於其優秀的性質,研究人員開始探討其用作鹼性電解水隔膜的可行性。該隔膜能夠滿足耐高溫、耐濃鹼等特殊要求,但是 PPS 的吸溼性能很差,其隔膜表面和隔膜孔隙不能完全被水潤溼,這就使氣泡很容易聚集在隔膜一電解質的介面上。這些氣泡增加了溶液的歐姆電阻,因此,也降低了 PPS 隔膜的生產效果,必須對其進行親水改性。他們通過對 PPS 非織氈輻射接枝改性後,其水接觸角都有了一定的下降,潤溼度有了增加,親水性得到了一定的改善,而且耐高溫、耐濃鹼等特性基本不變。如果能在不降低 PPS 隔膜的優良的物理化學性能的前提下,改善 PPS 隔膜的親水性能,PPS 隔膜將成為最有前景的石棉隔膜替代物之一。

(5)聚碸類隔膜

聚碸類材料是應用比較早、比較廣泛的一類隔膜材料，是隔膜材料研究的焦點之一。聚碸類樹脂是一類在主鏈上含有碸基和芳環的高分子化合物，主要有雙酚 A 型聚碸、聚醚碸、聚醚碸酮、聚苯硫醚碸等。從結構上可以看出，由於碸基的 S 原子處於最高氧化狀態，而且碸基兩邊具有苯環形成高度共軛體系，所以這類材料具有優良的抗氧化性、熱穩定性和高溫熔融穩定性。此外聚碸類材料還具有優良的機械性能、耐高溫、耐酸鹼、耐細菌腐蝕、原料價廉易得、pH 值應用範圍廣等優點。儘管聚碸類隔膜材料有著突出的分離性能，但是在性能上還存在著不足。聚碸類聚合物如聚碸(PSF)、聚醚碸(PES)等，雖然有優良的化學穩定性、耐熱性與機械強度，但是作為隔膜材料，它們的親水性能太差，使隔膜的水通量低，抗汙染性能不理想，影響其應用範圍和使用壽命。因此，對 PSF 類隔膜材料的改性工作多集中在提高其親水性上，通過共混化向其中引入親水性物質，是改善 PSF 類隔膜材料親水性的有效方法。PSF 類材料是一種性能優良、使用範圍廣的隔膜材料。如果能夠通過一定的手段開發出性能更優良的隔膜材料，完善現有製備技術，開發新的製膜技術，必將促使聚碸類隔膜在更多領域、更嚴格的條件下獲得更廣泛的應用。

5.3　質子交換膜電解製氫技術

鹼性電解槽結構簡單，操作方便，價格較便宜，比較適合用於大規模的製氫。其缺點是效率不夠高，為 70%～80%。聚合物薄膜電解槽(Proton Exchange Membranes，PEM)是基於離子交換技術的高效電解槽。PEM 電解槽由兩電極和聚合物薄膜組成。質子交換膜通常與電極催化劑成一體化結構(Membrane Electrode Assembly，MEA)。在這種結構中，以多孔的鉑材料作為催化劑結構的電極是緊貼在交換膜表面的。薄膜由 Nafion 組成，包含有 SO_3H。水分子在陽極被分解為氧和 H^+，而 SO_3H 很容易分解成 SO_3^{2-} 和 H^+，H^+ 和水分子結合成 H_3O^+，在電場作用下穿過薄膜到達陰極，在陰極生成氫(圖 5-6)。Nafion 膜的質子交換膜電解水具有電解電流密度大($500\sim 2000mA/cm^2$)的特點。PEM 電解槽不需電解液，只需純水，比鹼性電解槽安全、可靠。使用質子交換膜作為電解質具有化學穩定性、高的質子傳導性、良好的氣體分離性等優點。由於較高的質子傳導性，PEM 電解槽可以工作在較高的電流下，從而增大了電解效率。並且由於質子交換膜較薄，減小了歐姆損失，也提高了系統的效率，PEM 電解槽的效率可達到 85% 以上。但由於電極中使用鉑等貴重金屬，Nafion 也是很昂貴的材料，成本太高，PEM 電解槽還難以投入大規模的使用。

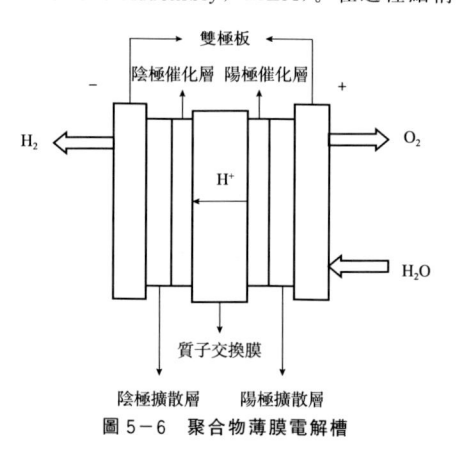

圖 5-6　聚合物薄膜電解槽

5.3.1 聚合物薄膜電解槽

為了進一步降低成本，研究工作主要集中在如何降低電極中貴重金屬的使用量及尋找其他的質子交換膜材料上。隨著研究的進一步深入，將可能找到更合適的質子交換膜，並且隨著電極貴金屬份量的減小，PEM 電解槽的成本將會大大降低，成為主要的製氫裝置之一。

5.3.2 雙極板

雙極板是 PEM(Bipolar Plate，BP)電解池的重要組成部分。雙極板雖然屬於外部組件，但它構成了整個電池的機械支撐，並作為傳遞電子和提供物質傳輸的通道。根據材料不同，雙極板主要分為石墨雙極板、金屬雙極板及複合材料雙極板。由於 PEM 電解反應處於強酸性和高導電性的電解環境，因此 PEM 電解池雙極板的陽極和陰極會分別出現鈍化和氫脆現象。陽極鈍化的出現是由於陽極析氧反應過程中產生大量的緻密導電氧化物，這些緻密氧化物附著在陽極雙極板上導致雙極板鈍化失效；陰極氫脆的出現是由於質子從陽極通過質子交換膜到陰極與電路上的電子結合，生成大量的氫氣，這些氫氣很容易造成雙極板金屬的應力集中導致雙極板脆裂。

雙極板成本占電解槽總成本的50%以上，其成本高昂是由於鈦基流場板難以加工。雙極板表面需塗覆 Pt 或 Au 塗層以防止氧化。開發新型低成本的雙極板材料和表面處理工藝，以期降低貴金屬塗層用量或進行替代，是降低雙極板和電解槽成本的主要途徑。研究人員對鈦雙極板進行表面氮化處理，發現 PEM 水電解性能提高了 3%～13%。熱氮化處理鈦板的抗氧化性能要優於等離子體氮化處理，並在 500h 內保持良好的穩定性。與鍍 Pt 鈦板相比，氮化處理不會產生氫脆現象。採用真空等離子噴塗先在不鏽鋼雙極板表面塗覆 Ti 層，然後物理氣相沉積 Pt 塗層。結果表明，$60\mu m$ 厚的 Ti 塗層足夠保護不鏽鋼基底，降低 50 倍厚度的超薄 Pt 塗層可以防止 Ti 層的氧化。這種 Pt－Ti 塗層雙極板在 200h 測試中衰減率僅為 $26.5\mu V/h$，驗證了不鏽鋼雙極板材料的可行性。

5.3.3 電催化劑

膜電極中析氫、析氧電催化劑對整個電解水製氫反應十分重要。理想電催化劑應具有抗腐蝕性、良好的比表面積、氣孔率、催化活性、電子導電性、電化學穩定性及成本低廉、環境友好等特徵。陰極析氫催化劑處於強酸性工作環境，易發生腐蝕、團聚、流失等問題，為了保證電解槽性能和壽命，析氫催化劑材料選擇耐腐蝕的 Pt、Pd 貴金屬及其合金。現有商業化析氫催化劑 Pt 載量為 $0.4～0.6 mg/cm^2$，貴金屬材料成本高，阻礙 PEM 電解水製氫技術快速推廣應用。為此降低貴金屬 Pt、Pd 載量，開發適應酸性環境的非貴金屬析氫催化劑成為研究焦點。研究人員採用碳缺陷驅動自發沉積新方法，構建由缺陷石墨烯負載高分散、超小(<1nm)且穩定的 Pt－AC 析氫電催化劑，陰極電催化劑的 Pt 載量有效降低，並且催化劑的質量比活性、Pt 原子利用效率和穩定性得到顯著提高。另外過渡金屬與 Pt 存在協同效應，將 Pt 與過渡金屬進行複合，如 Pt－WC、Pt－Pd、CdS

—Pt、Pt/Ni foams等，複合材料可提高析氫催化劑性能。

在PEM水電解過程中，電解槽陽極的析氧反應是該過程的速控步驟。陽極反應過電位與陰極反應過電位的大小，是電解水製氫效率高低的主要影響因素之一，通常陽極反應過電位遠遠高於陰極反應過電位。

相比陰極，陽極極化更突出，是影響PEM電解水製氫效率的重要因素。苛刻的強氧化性環境使得陽極析氧電催化劑只能選用抗氧化、耐腐蝕的Ir、Ru等少數貴金屬或其氧化物作為催化劑材料，其中RuO_2和IrO_2對析氧反應催化活性最好。相比於RuO_2，IrO_2催化活性稍弱，但穩定性更好，且價格比Pt便宜，成為析氧催化劑的主要材料，通常電解槽Ir用量高於$2mg/cm^2$。與析氫催化劑相似，開發在酸性、高析氧電位下耐腐蝕、高催化活性非貴金屬材料，降低貴金屬載量是研究重點。複合氧化物催化劑、合金類催化劑和載體支撐型催化劑是析氧催化劑的研究焦點。基於RuO_2摻入Ir、Ta、Mo、Ce、Mn、Co等元素形成二元及多元複合氧化物催化劑，可提高催化劑活性和穩定性。Pt-Ir和Pt-Ru合金是應用較多的合金類析氧電催化劑，但高析氧電位和富氧環境使得合金類催化劑易被腐蝕溶解而去活化。使用載體可減少貴金屬用量，增加催化劑活性比表面積，提高催化劑機械強度和化學穩定性，目前主要研究的載體材料是穩定性良好的過渡金屬氧化物，如TiO_2、Ta_2O_5等材料，以及改性的過渡金屬氧化物，如Nb摻雜的TiO_2、Sb摻雜的SnO_2等，也成為研究應用的重點。

通過與其他金屬進行二元或多元複合摻雜可以提高Ir催化劑的活性和穩定性。研究人員採用熔融法製備了組分含量不同的$Ir_xRu_{1-x}O_2$（$x=0.2$，0.4，0.6）複合催化劑，活性優於IrO_2，穩定性優於RuO_2。其中$Ir_{0.2}Ru_{0.8}O_2$表現出最佳異的電解性能，$Ir_{0.4}Ru_{0.4}O_2$的穩定性最佳。奈米尺寸（直徑為5nm）的IrO_2和$Ir_{0.7}Ru_{0.3}O_2$催化劑，二者具有相似的晶體性質、形貌和粒徑尺寸，但$Ir_{0.7}Ru_{0.3}O_2$催化劑的電解電壓比IrO_2催化劑低0.1V，這歸結於$Ir_{0.7}Ru_{0.3}O_2$具有更低的電荷轉移電阻，導致電化學過程的活化能更低。採用超音分散的浸漬還原法，再經過融熔處理合成了新型$Ir_{0.7}Ru_{0.3}O_2/Pt_{0.15}$複合物，電解性能優於PtIrO₂商用催化劑，這歸結於該催化劑具有更均勻的顆粒尺寸和更高的比表面積。將不同含量的Sn摻雜到IrO_2表面，可獲得小孔隙、鋸齒狀結構的$Ir_{0.6}Sn_{0.4}O_2$複合催化劑，其電解性能為$2A/cm^2@1.963V$，Ir用量僅$0.294mg/cm^2$。與Ir黑催化劑相比，IrSn複合催化劑顯示出更優異的質量活性和穩定性。

負載型催化劑可以避免摻雜型催化劑體相多種元素不匹配的問題，並實現催化活性中心的高度分散。但是，在PEM水電解陽極反應的苛刻條件下，載體必須具有較高的導電性（電導率大於$0.01\mu S/cm$），卓越的耐氧、耐酸腐蝕能力和持久的壽命（幾萬小時以上）。此外，為高度分散貴金屬粒子並保證水、氣等物質能充分擴散，載體必須具有較大的比表面積和豐富可調的孔結構。很難找到兼具高導電性和大比表面積等優點的高性能載體材料，較常用的載體有TiO_2、Nb摻雜的TiO_2、Sb摻雜的SnO_2、In摻雜的SnO_2及某些氮化物、硼化物等。碳材料兼具高導電性和大比表面積等優點，但其不耐氧化且存在高電位腐蝕，限制了其在陽極催化劑上的應用。因此，合成新型耐腐蝕、高導電、大比表面積載體是未來的重要研究方向。

摻雜型催化劑和負載型催化劑雖然可以在一定程度上降低 Ir 的用量，但在 PEM 水電解過程中，由於非 Ir 金屬溶解或者載體導電性、耐腐蝕性下降，導致陽極催化劑的性能不斷下降，因而限制了摻雜元素和載體的實際應用。Ir 依然是最佳的陽極催化劑活性組分。同時，電催化過程是一個表面反應過程，只有分布在催化劑表面的活性位點才能夠參與反應。因此，陽極催化劑可以充分利用核－殼結構形式，內核用非貴金屬物質，外殼用 Ir 等貴金屬物質，這樣既增大外殼貴金屬與反應物的接觸機率，又減少 Ir 等貴金屬的用量。核殼結構催化劑由兩種或兩種以上的物質組成，一般記作「核@殼」。得益於核殼之間的表面應變效應和電子調節效應（核殼間電荷轉移），核殼結構催化劑具有獨特的物理化學性質和協同作用，提高了其在 OER 過程中的穩定性和催化活性。

5.3.4　質子交換膜

質子交換膜主要以全氟磺酸(PFSA)膜為主，主要有杜邦公司的 Nafion 系列、旭硝子株式會社的 Flemion 系列、德國 Fumapem 公司、德山化學公司的 Neosepta－F 系列及旭化成株式會社的 Aciplex 等。這些質子交換膜的壽命普遍可達到 10000h，質子電導率達到 $0.1S/cm^2$ 以上。考慮到質子交換膜的氣體阻隔性、耐久性及安全因素等，行業內使用的質子交換膜多為厚膜 Nafion 系列，厚度通常在 $100\mu m$ 以上，因而導致電解槽內阻佔比提高、電解水製氫能源消耗增加。因此，降低交換膜厚度是未來發展方向。但是，由於電解水製氫過程電解液存在壓差，交換膜厚度降低後會造成交換膜氣體阻隔性和機械強度下降，容易產生安全問題。此外，氣體阻隔性下降還會使催化劑上產生過氧化氫及各種自由基($\cdot H$，$\cdot OH$，$\cdot OOH$ 等)，反過來攻擊質子交換膜並使其劣質化。採用複合增強方式既可以保持質子交換膜的機械強度和氣體阻隔性，又能降低其厚度。

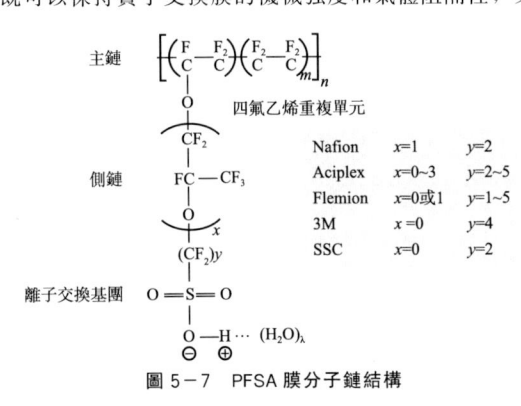

圖 5-7　PFSA 膜分子鏈結構

PFSA 膜的優異性能取決於它們的特殊分子結構(圖 5-7)：一部分是可以提高膜穩定性的聚四氟乙烯(PTFE)疏水主鏈；另一部分是帶磺酸基的親水側鏈．由於親水和疏水結構的合理分布，在含水環境中，PFSA 膜會形成以主鏈為主體的疏水區和以離子交換基團為主體的親水簇。親水簇通過嵌入疏水區中形成短而窄的奈米連接通道。隨著含水量的增加，親水簇的體積變大，連接通道間的距離減小，此時離子運輸機理和結構運輸機理(濃差擴散)並存，能夠大大增加質子電導率。因此，PFSA 膜在高含水條件下具有優異的質子傳導性。此外，相比於烴類聚合物，全氟主鏈優異的化學穩定性可以增強質子交換膜的本徵穩定性，而且由於 F 原子的強吸電子性，既可以保護支鏈上的醚鍵不易被自由基破壞，又能夠使氟化側鏈具有更強的酸性，提供更高的質子傳導率。

在長期運行過程中，膜的降解是無法完全避免的。Nafion 膜的降解根據機理不同可分為 3 種方式：機械降解、化學降解和熱降解。

PEM 水電解質子交換膜的材料價格較高，遠遠高於燃料電池用的質子交換膜價格，但是，質子交換膜材料由碳、氫、氟等元素組成，製造成本下降空間較大。研究人員嘗試將具有更低氣體通過性和更高質子傳導性的碳氫鏈的膜來替代全氟磺酸膜用於 PEMWE，包括磺化聚醚醚酮(SPEEK)、磺化聚芳醚碸(SPAES)、磺化聚苯硫醚碸(SPPS)等。

5.3.5 氣體擴散層

氣體擴散層(Gas Diffusion Layer，GDL)的作用是為催化層輸送水和氫氣或氧氣，並提供電子傳遞通道。因此，GDL 必須具有適當的孔隙率和孔徑、良好的導電性和穩定性才能滿足相應的功能。

GDL 的作用是將氣/液兩相從雙極板流場傳輸到催化劑層，同時作為集流體傳導和收集電子。由於 PEM 電解水陽極過電位高，商業電解槽通常使用鈦基多孔材料作為陽極 GDL。為防止鈦在長期運行中被氧化，表面還需塗覆鉑或銥塗層。GDL 的孔徑和孔結構會明顯影響氣液兩相傳輸，研究發現隨著鈦氈平均孔徑減小，PEMWE 性能逐漸增強，電極上產生的氣泡會導致水供應的降低。當平均孔徑小於 $50\mu m$ 時，水供應降低對阻抗的影響會被限制，從而增加電極和鈦氈的均一接觸，降低接觸電阻和活化過電位。對比鈦氈、燒結鈦板和碳紙 3 種陽極 GDL，結果顯示鈦氈的電解性能和穩定性最佳，這歸結於其合適的孔結構有利於在高電流密度區的氣液質傳。通過對 GDL 的結構和製備工藝進行改進和創新，可以提升電解性能。孔徑為 $400\mu m$、孔隙率為 0.7 時的超薄 GDL 表現出最佳性能 [$2A/cm^2 @ 1.66V$(較大的電流密度)]。微米($5\mu m$)和奈米鈦顆粒($30\sim 50nm$)製備的微孔層對電池性能的影響明顯，雖然微米顆粒的微孔層在某些條件下會略微提升催化活性，但會增加介面歐姆阻抗，因此微孔層修飾對這種小孔徑、孔隙率大的超薄 GDL 並非必要。採用電子束熔化積層製造技術製備出 Ti－6Al－4V 陽極 GDL，其電解性能明顯優於燒結鈦網。積層製造技術可以製備結構可控的孔形貌和結構，尤其對於難以加工的鈦基材料，能以更快、更便宜的方式實現其複雜三維形貌設計的製造。

5.3.6 膜電極製備

膜電極組件(Membrane Electrode Assembly，MEA)是 PEM 電解水製氫反應的核心，其製備方法和結構設計與 PEM 電解水性能密切相關。MEA 由質子交換膜、陽極和陰極催化層、氣體擴散層組成。

氣體擴散電極(Gas Diffusion Electrode，GDE)法以 GDL 為支撐層，將催化劑覆蓋在擴散層表面，之後將 Nafion 膜與擴散層熱壓壓合得到膜電極。此法製備簡單易行，但是成品的膜電極催化劑會殘留在氣體擴散層中，導致催化劑與 Naifon 膜的接觸面積較少，降低催化劑利用率。

除了降低催化劑貴金屬載量，提高催化劑活性和穩定性外，膜電極製備工藝對降低電解系統成本，提高電解槽性能和壽命至關重要。根據催化層支撐體的不同，膜電極製備方

法分為 CCS(Catalyst-Coated Substrate)法和 CCM(Catalyst Coated Membrane)法。CCS 法將催化劑活性組分直接塗覆在氣體擴散層，而 CCM 法則將催化劑活性組分直接塗覆在質子交換膜兩側，這是兩種製作工藝最大的區別。與 CCS 法相比，CCM 法催化劑利用率更高，大幅降低膜與催化層間的質子傳遞阻力，是膜電極製備的主流方法。在 CCS 法和 CCM 法基礎上，近年來新發展起來的電化學沉積法、超音噴塗法，以及轉印法成為研究焦點並具備應用潛力。新製備方法從多方向、多角度改進膜電極結構，克服傳統方法製備膜電極存在的催化層催化劑顆粒隨機堆放，氣體擴散層孔隙分布雜亂等結構缺陷，改善膜電極三相介面的質傳能力，提高貴金屬利用率，提升膜電極的電化學性能。

CCM 法為商用主流方法，方法是以 Nafion 膜為支撐層，將催化劑覆蓋在 Nafion 膜表面，然後將氣體擴散層放在兩側進行熱壓，形成 CCM 三合一膜電極。

催化劑漿料配方要滿足膜的溶脹程度最小、膜潤溼性良好和催化劑分散性好等因素，才能獲得均一的高性能塗層，這與溶劑類型、水/溶劑比例和 Nafion 離聚物含量等因素相關。如果水醇溶劑的混合物被膜緩慢吸收，接觸角低，會有利於催化劑顆粒良好的分散性能。

SPE 電解水的電催化劑仍以 Pt 為主，其昂貴的價格在一定程度上限制了析氫電極的廣泛應用和水電解的工業化。因此，一方面改進電極結構，有效地提高催化劑的利用率；另一方面研發新的電催化劑取代 Pt。這兩方面是今後研究的兩大趨勢。由於其他金屬組分具有幾何組合效應和電子調變作用，有的還可與主要金屬原子形成新的活性中心來調節電極的催化性能，人們開始考慮通過加入金屬原子或離子等其他組分修飾 Pt，如用鉑鉻合金、鉑銥合金、鉑鎳合金、金或金合金及鉑的三元合金氧化物來取代單一的 Pt 作為電催化劑，鉑合金作電催化劑與含有相同量 Pt/C 電極相比($0.3mg/cm^2 Pt$)，電極反應的活化能降低，反應級數發生變化，活性增加 2~3 倍甚至更高，眾多的研究還證實，採用第二組分來修飾 Pt 可以抑制 Pt 的活性表面被毒物覆蓋。通過優化多金屬電極的製備參數(Pt 的擔載量、催化劑中 Pt 與其他金屬原子之比等)，可以擷取這類電極反應的最佳活性。如比較 Pt 單金屬與 Pt-Sn 雙金屬催化電極發現，Pt 單金屬電極的初始活性很高，但很快中毒去活化，而 Pt-Sn 雙金屬電極的穩定電流密度高出 Pt 單金屬電極約幾倍。XPS 分析表明係中兩種原子緊密混合在一起，Sn 可能通過「協同效應」來修飾 Pt 原子的特性。用貴金屬氧化物塗層(如 RuO_2、IrO_2 等)作為析氫陰極也得到了人們的重視。Pt 長期以來被認為是製氫最好的催化劑，但若電解中有微量的金屬離子時，Pt 便容易因欠電位沉積而中毒去活化，用氧化物處理陰極能消除欠電位沉積並能長期保持 Pt 的高活性。除貴金屬催化劑外，人們還發現了 Co 與含 Co 材料在水中的電催化特性，採用活性沉積法製得的鈷電極由於沉積過程中不斷生成的氧化物或氫化物介入隨後形成的金屬層，導致高孔隙率、高比表面積的金屬結構的產生，使其對氫、氧的析出都有加速作用。另外，根據 Brewer-Engel 理論，d 軌道未充滿或半充滿的過渡系左邊的金屬(如 Fe、Co、Ni 等)同具有成對的但在純金屬中不適合成鍵的 d 電子的過渡系右邊的金屬(如 W、Mo、La、Ha、Zr 等)熔成合金時，對氫析出反應產生非常明顯的電催化協同作用，這也為尋找替代貴金屬的電催化劑提供了理論依據。

5.4 固體氧化物電解水製氫

固體氧化物電解池（Solid Oxide Electrolytic Cells，SOEC）是一種高效、低汙染的能量轉化裝置，可以將電能和熱能轉化為化學能。從原理上講，SOEC 可以看作固體氧化物燃料電池（Solid Oxide Fuel Cells，SOFC）的逆過程。

5.4.1 固體氧化物電解槽

固體氧化物電解槽（Solid Oxide Electrolytic Cells，SOEC）還處於研究開發階段。由於工作在高溫下，部分電能由熱能代替，效率很高，並且成本也不高，其基本原理如圖 5-8 所示。高溫水蒸氣進入管狀電解槽後，在內部的負電極處被分解為 H^+ 和 O^{2-}，H^+ 得到電子生成 H_2，而 O^{2-} 則通過電解質 ZrO_2 到達外部的陽極生成 O_2。固體氧化物電解槽是 3 種電解槽中效率最高的，並且反應的廢熱可以通過汽輪機循環利用起來，使得總效率達到 90%。但由於工作在高溫下（1000℃），也存在著材料和使用上的一些問題。適合用作固體氧化物電解槽的材料主要是 YSZ（Yttria-Stabilized Zirconia），這種材料並不昂貴，但由於製造工藝比較貴，使得固體氧化物電解槽的成本也高於鹼性電解槽的成本。比較便宜的製造技術如電化學氣相沉積法（Electrochemical Vapor Deposition，EVD）和噴射氣相澱法（Jet Vapor Deposition，JVD）正處於研究開發中，有望成為以後固體氧化物電解槽的主要製造技術。

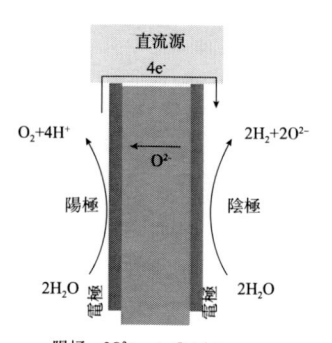

圖 5-8 固體氧化物電解槽

陽極：$2O^{2-} \longrightarrow O_2 + 4e^-$
陰極：$2H_2O + 4e^- \longrightarrow 2H_2 + 2O^{2-}$

使用 SOEC 進行製氫的優勢如下：① 高效性。高溫電解製氫技術有較高的能量轉化效率，實驗室電解製氫的效率接近 100%。從熱力學角度，隨著溫度升高，水的理論分解電壓有所下降，製氫過程中電能的消耗減少，熱能的消耗增加，能量轉換效率增高。從動力學角度，SOEC 在高溫下操作有效降低了過電位和能量損失，提高了能量利用率。② 模組化操作，產氫規模可控。單個電解池片的產氫量有限，將多個電解池片耦合製成電解池堆可以成倍地提高單位時間的產氫量。此外從理論上，產氫量與電解系統的電流密度成正比，因此採用高電流密度和可在高電流密度下運行的電解池材料，可以有效提升產氫量。單體電解池電流密度可達到 $4A/cm^2$，是單片電解的幾十倍。③ 可逆操作。SOFC 具有可以在電池和電解池模式間可逆運行的優勢。在電池模式下運行時，通過電化學反應得到電能。在電解池模式下運行時，通過與能量系統（如化石能源、核能和可再生能源）耦合，可以電解 H_2O 生產 H_2，電解 H_2O、CO_2 混合物生產合成氣。

從熱力學角度看，高溫固體氧化物電解過程是水分解的過程，對於一個理想的電解過程（處於平衡狀態下），其理論所需能量為所需電能和熱能之和：

$$\Delta H = \Delta G + T\Delta S \tag{5-1}$$

$$E_{\text{Nernst}} = -\Delta G/(nF) \tag{5-2}$$

式中：ΔH 為反應焓變，即水分解所需的理論最小能量；ΔG 為吉布斯自由能，為電解過程所需的最小電能；電解所需熱能 $T\Delta S$ 可由外部熱源或電能提供，其中 T 為電解溫度，ΔS 為反應熵變；n 為電子轉移數，取值為 2；F 為法拉第常數，其值為 96485 C/mol；E_{Nernst} 為能斯特電壓(電解水理論分電壓)。

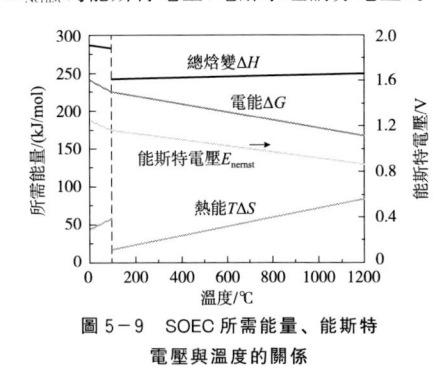

標準狀況下 SOEC 所需能量、能斯特電壓與溫度的關係見圖 5-9。可以看出，在 100℃ 時，電解所需電能 ΔG 佔比較大，約占全部所需能量 ΔH 的 93%；隨著溫度進一步升高，ΔH 略有增加，ΔG 逐漸降低，所需熱能 $T\Delta S$ 逐漸增加，當溫度升高到 1000℃ 時，電能 ΔG 佔比降低為 73% 左右，更多電能能夠被熱能所替代；隨著 ΔG 的降低，能斯特電壓 E_{Nernst} 也隨之降低。

圖 5-9 SOEC 所需能量、能斯特電壓與溫度的關係

在實際電解過程中，反應往往偏離平衡狀態。各種不可逆損失會導致電極電位偏離平衡電位，這種現象被稱為極化現象。極化現象導致實際工作電壓 E 比電解水理論分電壓高，從而使部分電能轉化成熱能。極化損失包括歐姆極化、活化極化及濃差極化。

固體氧化物電解池中間是緻密的電解質層，用於隔開兩側的氣體和傳輸氧離子，材料大多採用氧離子導體如 YSZ 或 ScSZ 等。兩側是多孔的氫電極和氧電極，多孔的結構有利於氣體的擴散和傳輸，氫電極的材料常用的是 Ni/YSZ 多孔金屬陶瓷，氧電極的材料主要是含有稀土元素的鈣鈦礦(ABO_3)氧化物材料。氫電極和氧電極分別連接直流電源的負極和正極，通過電極反應將電能轉化為化學能。SOEC 對其組成材料的要求主要有：熱穩定性好，熱膨脹係數相匹配；化學穩定性好，高溫高溼環境下不易被氧化；氣密性好，有一定的抗衝擊能力；壽命較長，容易加工，成本低等。

SOEC 電解製氫技術工業規模的應用取得的重要進展。2018 年，德國開發了可逆固體氧化物電池，在電解模式下，該系統的額定功率為 150kW，在 1400h 內產氫量超過 45000Nm³(標準狀態)。2020 年，美國開發了一個 25kW 高溫水蒸氣 SOEC 堆，每個電堆包括 50 個由電解質支撐的單電池，活性面積均為 110cm²，電解質約為 250μm 厚的 YSZ，陰極材料為二氧化鈰鎳金屬陶瓷($Ni-CeO_2$)，陽極材料為 $La_{1-x}Sr_xCo_{1-y}Fe_yO_{3-\delta}$ (LSCF)。在輸入功率為 5kW、平均電流為 40A 時，該 SOEC 堆的產氫速率可達到 1.68Nm³/h。中國也開發了一種基於雙面陰極的平面管式 SOEC，每個電解池單體的活性面積為 120cm²，陽極材料為 Ni-YSZ，電解質材料為 YSZ，陰極材料為 GDC-LSCF。將該電解池用於電解真實海水製氫，在 420h 連續運行期間，產氫速率保持在 0.011Nm³/h 左右，性能衰減率約為 4%，且 SOEC 的結構和組成在電解前後都沒有發生明顯變化，表明 SOEC 在海水製氫方面也具有應用潛力。

SOEC 除了可以用於高溫電解水蒸氣製氫外，還可以共電解化工過程中產生的高溫 CO_2/H_2O 廢氣，得到 CO/H_2 合成氣，再與費-托合成反應耦合，將合成氣轉化為液態

烴或小分子醇等化工原料。該路徑不僅可以有效利用化工過程中產生的廢氣和餘熱，還可將 CO_2 轉化為液態含碳產物進行固碳。

陰極：$H_2O + 2e^- \longrightarrow H_2 + O^{2-}$ （5-3）

$CO_2 + 2e^- \longrightarrow CO + O^{2-}$ （5-4）

陽極：$O^{2-} - 2e^- \longrightarrow 1/2 O_2$ （5-5）

總反應：$H_2O \longrightarrow H_2 + 1/2 O_2$ （5-6）

$CO_2 \longrightarrow CO + 1/2 O_2$ （5-7）

5.4.2 氫電極

SOEC 陰極的反應是水蒸氣分解產生 H_2 又稱為氫電極。其主要作用為水蒸氣分解反應提供場所，為電子、離子傳輸提供通道。因此，除了滿足 SOEC 一般材料的要求外，陰極材料還應該滿足以下要求：①在高溫高溼條件下結構和組成穩定。②必須具有良好的電子電導率和較高的氧離子電導率以保證電子及離子的傳輸，同時對水蒸氣的分解反應具有較好的催化活性。③應該具有較高的孔隙率，多孔結構可以保證電解所需水蒸氣的供應及產物的輸出，同時提供電子從電解質/陰極介面到連接體材料的傳輸路徑。此外，如果 SOEC 應用於電解 CO_2 或者 CO_2/H_2O 混合氣陰極材料，還應該具有較好的防積炭能力。

常用作 SOEC 的陰極材料主要有金屬、金屬陶瓷、混合電導氧化物。可用作 SOEC 的金屬材料有 Ni、Pt、Co、Ti 等，由於存在和電解質材料匹配性較差、易揮發、價格昂貴等缺點，一般很少採用。Ni/YSZ 多孔金屬陶瓷是高溫 SOEC 首選的陰極材料。Ni 不但是重整催化反應和氫電化學氧化反應的良好催化劑，而且 Ni 的成本相比於 Co、Pt、Pd 等較低，具有經濟性。YSZ 作為 Ni 的基質，Ni 和 YSZ 在很寬的溫度範圍裡並不互相融合或相互作用，經過處理後形成很好的微觀結構可以使材料在較長時間內保持穩定。同時，調整適合的 Ni 摻雜比可使其熱膨脹係數與相鄰的電解質層相近。更重要的是良好的陰極微觀結構和材料組成可以獲得較低 Ni-YSZ 介面的內部電阻，提高其對介面反應的電化學活性。超過 30% 的孔隙率（體積比）有利於反應物和產物氣體的傳輸。此外，YSZ 構架還可以抑制反應過程中 Ni 顆粒的長大，同時也使陰極具有了良好的電子傳導能力。

由於 SOEC 進氣中 H_2O 含量遠大於 SOFC，因此 Ni-YSZ 用作 SOEC 陰極會存在一些問題。利用 $(In_2O_3)_{0.96}(SnO_2)_{0.01}$/YSZ/Ni-YSZ 固體氧化物電解池進行製氫試驗時發現，在 900℃ 下電解池經過 1000h 運行，陽極材料沒有明顯改變，而陰極 Ni-YSZ 層發現裂紋並有 Ni 的蒸發。高溼條件（98% H_2O，2% H_2）對氫電極性能產生影響。研究發現，氫電極性能下降主要是由於 Ni 高溫高溼條件下的團聚造成的。相同材料的電池在燃料電池工作模式下（98% H_2，2% H_2O）運行 1000h 氫電極仍保持穩定。此外，採用 LSM/YSZ/Ni-YSZ 電解池在 750℃ 條件下進行製氫實驗時發現，在電解工作模式下，氫電極會發生「鈍化」現象，因此在電解池運行前用陽極電流對 Ni-YSZ 電極進行活化。電解模式下 Ni-YSZ 電極性能的衰減主要來自電極材料中雜質的影響。材料中的微量雜質（S、Si、Na 等）可以在 Ni 顆粒表面、Ni/YSZ 介面、電極/電解質三相介面（TPB）生成鈍化層，減少了電極反應的活性區域，從而降低氫電極性能。其中 Si 等雜質主要來自電解質材料，而硫

的來源還不能確定。

Ni 也可以與其他電解質材料構成金屬陶瓷材料，如 SDC($Ce_{0.8}Sm_{0.2}O_{1.9}$)、GDC($Ce_{0.8}Gd_{0.2}O_{1.9}$)等。以 Ni－SDC 為氫電極，分別以 YSZ/ScSZ 為電解質，LSC[($La_{0.8}Sr_{0.2}CoO_3$)、SDC 為過渡層]作為陽極組成電解池，在 900℃、0.5A/cm^2 條件下進行水電解，得到電解池開路電壓 1.13V。

5.4.3 氧電極

陽極是氧離子發生氧化反應的位置，因而又稱氧電極。它需要提供一個有利於氧離子被氧化的環境，同時也需要具有較好的電子導電性和離子導電性、良好的催化活性及適宜的微觀結構，並且與電解質之間有比較理想的熱匹配性和化學相容性。針對 SOEC 的研究重點從材料催化性能的提升逐漸轉變為 SOEC 的性能衰減分析。氧電極的分層、脫層及極化等是導致 SOEC 性能衰減的主要原因，研究還發現，氧分壓、電壓、電流、溫度等因素會對氧電極的性能衰減產生重要影響。針對 SOEC 性能複雜的衰減因素，海內外許多研究團隊正在致力於分析、釐清其衰減機制，並尋找優化方法。

最常用的氧電極材料是含有稀土元素鈣鈦礦結構(perovskite，ABO_3)氧化物材料，其中，A 通常是鹼土金屬元素或稀土金屬元素，B 則一般是過渡金屬元素。其代表是掺雜錳酸鑭($LaMnO_3$)。其他研究的氧電極材料還有 LSC($La_{0.8}Sr_{0.2}CoO_3$)、LSCF($La_{0.8}Sr_{0.2}Co_{0.2}Fe_{0.8}O_{3-\delta}$)、LSF($La_{0.8}Sr_{0.2}FeO_3$)、SSC($Sm_{0.5}Sr_{0.5}CoO_{3-\delta}$)、BSCF($Ba_{0.5}Sr_{0.5}Co_{0.8}Fe_{0.2}O_{3-\delta}$)等。在 SOEC 3 個核心組成中，氧電極的能量損失占的比例最大，約為電解質和氫電極的 2 倍。

(1)鍶掺雜的錳酸鑭(LSM)基氧電極

作為最為常見的氧電極材料，$La_{1-x}Sr_xMnO_{3-\delta}$(LSM)的相關研究比較豐富。LSM 是一種典型的電子導體材料，適合於 YSZ 作為電解質的電解池體系。其熱膨脹係數與 YSZ 的相近。並且 LSM 與 YSZ 的化學相容性較好，在 1200℃ 以下基本不發生反應，有利於電池壽命的延長。但 LSM 需要較高的工作溫度(一般高於 800℃)以保持較高的電導率。因此，LSM 無法適應 SOFC、SOEC 往中低溫方向發展的趨勢。此外，在 SOEC 模式下，LSM 作為氧電極時，析氧反應會被侷限在電極/電解質介面處，使得局部氧分壓大幅度提升，引起氧電極分層、剝離，最終導致 SOEC 性能發生明顯衰減甚至徹底失效。針對這種情況，常見的優化方法是將 YSZ 與 LSM 機械混合，形成複合電極。這樣不僅改善了電極的離子電導，而且增大了三相介面，一定程度上緩解了電極的分層、剝離。

$La_{1-x}Sr_xMnO_{3-\delta}$(LSM)作為十分常見的 SOEC 氧電極材料，其作為 SOEC 的氧電極時，電極與電解質的分層現象是導致電解池性能衰減乃至失效的主要原因。對此，相關研究認為電解池的性能衰減主要歸因於陽極與電解質介面產生的高氧分壓。在氧化條件下，過量的氧離子進入 LSM 中，將導致 B 位 Mn 離子的氧化和陽離子空位的產生，使得 LSM 晶格發生收縮導致電極顆粒分裂為極小的奈米顆粒，從而破壞介面結構，導致分層。另一種衰減機理認為，在 LSM 和 Y 穩定的 ZrO_2 電解質(YSZ)介面生成了高阻性的 $La_2Zr_2O_7$。SOEC 容易在高電流密度、低工作溫度的環境下失效，在這些條件下，電極產生約 0.2V

的過電位。SOEC 中氧電極的催化活性和穩定性是其電池整體性能的重要限制因素，但在相關研究中，兩者常常無法兼顧。

(2)Co、Fe 基單鈣鈦礦型

研究人員用 Co 和 Fe 替代 Mn，可以使鈣鈦礦材料具有更好的離子導電性。研究發現，相同條件下，$La_{0.8}Sr_{0.2}CoO_{3-\delta}$(LSC)、LSM、$La_{0.8}Sr_{0.2}FeO_{3-\delta}$(LSF)的過電位依次遞增。這在一定程度上說明，提高電極材料的混合導電性可以使之具有更好的電化學性質。但是 LSC 等 Co 基材料更易形成低導電相、更易 Cr 中毒、熱膨脹係數更大，所以在其作為SOEC氧電極時的穩定性不夠理想。

$La_{1-x}Sr_xCo_{1-y}Fe_yO_{3-\delta}$(LSCF)是一種更適用於中溫環境的，也是一種獲得廣泛應用的 SOEC 氧電極材料。但 LSCF 與 LSM 類似，LSCF 存在明顯的性能衰減現象。LSCF 作為氧電極時的性能衰減，主要是因為陽離子擴散及 Sr 的偏析。Sr 偏析、Co 的擴散及 YSZ/GDC 介面生成高阻性的 $SrZrO_3$ 是電解池性能下降的主要原因。

研究人員採用浸漬法，將 $La_{0.8}Sr_{0.2}Co_{0.8}-Ni_{0.2}O_{3-\delta}$(LSCN)浸漬進入 GDC($Gd_2O_3$ 摻雜的 CeO_2)多孔骨架中形成複合氧電極。研究發現，LSCN 奈米顆粒浸漬後，均勻地分散在 GDC 骨架中，使得反應活性位點明顯增多，LSCN-GDC 氧電極的析氧能力明顯增強。

$La_{1-x}Sr_xCo_{1-y}Fe_yO_{3-\delta}$(LSCF)作為一種具有較高電化學活性和較低極化電阻的氧電極材料，受到了眾多研究人員的青睞。在 SOEC 模式下，混合導電氧電極 LSCF 比 LSM 表現出更高的電極性能和穩定性。

(3)雙鈣鈦礦型

雙鈣鈦礦型用於固體氧化物電池電極材料的雙鈣鈦礦氧化物的結構主要有 $A_2BB'O_6$ 和 $AA'B_2O_5$。對於前者($A_2BB'O_6$)，A 為鹼土金屬元素(如 Ba、Sr、Ca 等)，B 與 B' 為過渡金屬元素(B 為 Fe、Co、Ni、Cu 等，B' 為 Nb、Mo 等)。對於後者($AA'B_2O_5$)，A 一般為鋼系金屬元素(如 Pr、Sm、Gd 等)，A' 一般為鹼土金屬元素，B 一般為過渡金屬元素。雙鈣鈦礦通常具有較好的氧離子體擴散性和催化活性。較為常見的雙鈣鈦礦型氧電極材料有 $Sr_2Fe_{1.5}Mo_{0.5}O_{6-\delta}$(SFM)和 $LnBaCo_2O_{5+\delta}$(Ln=Gd、Nd、Sm、Ga、Pr)。

(4)R-P 型(Ruddlesden-Popper)

R-P 型鈣鈦礦材料是一種按照 $n-ABO_3$ 鈣鈦礦層和 AO 岩鹽晶格平面有規律交替排列的化合物，結構式為 $A_{n+1}B_nO_{3n+1}$。這類鈣鈦礦型材料，具有較強的氧擴散和晶格穩定性。

研究人員對單鈣鈦礦的研究更加廣泛和深入。其中，以 LSM 和 LSCF 及其相關的複合物電極的應用最為廣泛。Mn 基、Co 基等材料雖具有不錯的電化學表現，但其穩定性不夠理想。因此，材料性能優化和新材料開發尤為重要。雖然關於雙鈣鈦礦材料和 R-P 型鈣鈦礦的研究尚不多，但是，它們卻具有一些明顯優於單鈣鈦礦型材料的獨特優勢。

SOEC 作為一種新型高效能量轉化裝置，通過消耗可再生電力，將 CO_2、H_2O 等小分子直接電解轉化為燃料或化工產品，同步實現綠色化工原料大規模製備、碳基能源高效轉化、化工餘熱高效利用和可再生能源高效儲存。高溫電解技術已在實驗室和中間試驗研究中取得了長足的進展，但是大規模工業化應用和商業化推廣還有待發展。如何進一步提

升高溫電解池的整合規模、運行效率和運行穩定性，都是亟須解決的重點和難點問題。今後應進一步加強高溫電化學領域的基礎研究，加快先進原位表徵手段和模擬分析手段在該領域的應用，以指導開發適用於高溫電解過程的 SOEC 材料體系。與此同時，還應開展更多理論模擬和實驗研究，進一步驗證可再生能源（風能、太陽能、地熱能和潮汐能等）發電、高溫電解與化工合成過程耦合的經濟性與技術可行性，為建成大規模產業鏈奠定理論依據和實驗基礎。

5.4.4 電解質層

電解質材料是 SOEC 的核心部件，負責將 O^{2-} 從陰極傳導至陽極，同時將兩側的 H_2 和氧氣完全隔離開。對電解質材料有以下要求：①高離子電導率（$\approx 0.1 S/cm$）；②可忽略的電子遷移數（$<10^{-3}$）；③在寬氧氣分壓內（$1 \sim 10^{-22}$ atm）的化學穩定性；④可靠的力學性能。

常見的氧離子導體電解質材料有螢石結構的 ZrO_2、CeO_2、$\delta - Bi_2O_3$ 基氧化物以及鈣鈦礦結構的 $LaGaO_3$ 基氧化物等。CeO_2 和 Bi_2O_3 容易產生電子電導而不能單獨使用。使用雙層電解質的方法可以將它們應用於 SOEC。但製備難度高，因其熱膨脹係數難以匹配。通常使用氧化釔穩定氧化鋯（Yttria-Stabilized Zirconia, YSZ），或者氧化釓摻雜氧化鈰（Gadolinia-Doped Ceria, GDC）。

純 ZrO_2 存在單斜（monoclinic crystal system）、四方（tetragonal system）和立方（isometric system）3 種晶體結構，1170℃ 以下是單斜晶相，1170～2370℃ 為四方晶相，2370℃ 以上為立方螢石型晶相。單斜和四方相的 ZrO_2 電導率低，在其中摻入 Y^{3+}、Yb^{3+}、Er^{3+}、Sc^{3+} 金屬氧化物，能將 ZrO_2 穩定在立方晶型，大幅提高晶格中的氧空位濃度，提高陽離子電導率。在一定範圍內，YSZ 的離子電導率隨 Y_2O_3 摻雜量的增加而提高，當 Y_2O_3 摻雜的莫耳分數為 8% 時，YSZ 離子電導率達到最大，繼續提高摻雜量，氧空位與低價金屬離子相互作用所形成的缺陷締合體過多會使有效氧空位濃度下降，同時晶格畸變會越發嚴重，增大氧空位定向移動所需克服的能障高度，導致離子電導率降低。摻雜 8% 的 Y_2O_3，1000℃ 時電導率為 0.14 S/cm。離子半徑與 Zr^{4+} 接近的 Sc^{3+} 以 Sc_2O_3 方式摻雜後（Scandium-Stabilized Zirconia, SSZ），1000℃ 時電導率為 0.3 S/cm。SSZ 在 800℃ 時電導率也可達到 0.14 S/cm。但成本高限制了其商業應用。SSZ 的老化問題比 YSZ 更加嚴重，但可以通過 Y、Gd 及 Ce 等稀土元素的共同摻雜得到提高。

CeO_2 具有螢石結構，摻雜 Gd^{3+}、Sm^{3+}、Y^{3+}、Pr^{3+}、La^{3+}、Nd^{3+} 或 Ca^{2+} 離子後，可以增加其可移動的氧空位。摻雜 Gd^{3+}（Gadolinia-Doped Ceria, GDC）、Sm^{3+}（Samarium-Doped Ceria, SDC）的 CeO_2 電解質為最佳離子導體，700℃ 時電導率分別為 3.0 S/cm 和 4.1 S/cm。在還原性氣氛中會出現鈰離子價態轉變，鈰離子從 4 價轉變成 3 價，從而出現電子電導的現象，導致開路電壓降低。相較於單一元素摻雜，雙元素摻雜體系表現出更佳的離子電導率。雙元素摻雜的 $(CeO_2)_{0.92}(Y_2O_3)_{0.02}(Gd_2O_3)_{0.06}$，相較於單摻 Y_2O_3 的樣品，其在 300～700℃ 範圍內具有更高的離子電導率，700℃ 時離子電導率為 4.2×10^{-2} S/cm。$Ce_{0.8}Sm_{0.18}Cu_{0.02}O_{1.89}$，在 800℃ 下測得其離子電導率為 6.0×10^{-2} S/

cm。以共沉澱法合成雙元素摻雜的 $Ce_{0.8}Gd_{0.1}Sb_{0.1}O_{2-\delta}$，$Sb^{3+}$ 作為燒結助劑使其燒結溫度降至 900℃。

Bi_2O_3 是一種多晶型材料，純的 Bi_2O_3 在 730℃下以單斜相（$\alpha-Bi_2O_3$）穩定存在，呈 P 型導電，在 730℃至熔點 825℃範圍內轉變為立方螢石結構（$\delta-Bi_2O_3$）。四方結構（$\beta-Bi_2O_3$）和體心立方結構（$\gamma-Bi_2O_3$）兩個亞穩相是在 δ 相冷卻至 650℃以下，由於大量熱滯後產生的。螢石結構的 $\delta-Bi_2O_3$ 在其熔點 825℃附近具有極高的離子電導率，約為 1S/cm，其原因包括 $\delta-Bi_2O_3$ 含 25% 無序的氧離子空位、Bi^{3+} 具有易極化的孤對電子、Bi－O 離子鍵的鍵能較低。由於 $\delta-Bi_2O_3$ 僅存在於 730～804℃ 這一溫度區間內，同時相變引起的體積變化會導致材料出現開裂和性能下降等問題，因此必須將 $\delta-Bi_2O_3$ 從高溫穩定到低溫並克服相變過程中體積變化所產生的機械應力。通過摻雜一定量的金屬氧化物將高溫 δ 相穩定到室溫是最為有效的方式之一，與其他固體電解質不同，對 Bi_2O_3 進行摻雜的目的不在於提高離子電導率，等價或高價態離子都可以考慮用來部分取代鉍離子，稀土金屬離子摻雜和高價態離子的共摻雜也可以將 $\delta-Bi_2O_3$ 穩定到相變溫度以下，包括 Ca^{2+}、Sr^{2+}、Y^{3+}、Nd^{3+} 及 La^{3+} 等離子。

鈣鈦礦型 $LaGaO_3$（ABO_3）摻雜後可引入大量氧空位，Sr^{2+}、Mg^{2+} 共摻雜的 $La_xSr_{1-x}Ga_{1-y}Mg_yO_3$（LSGM）具有很高的離子電導率，且與眾多的電極材料能很好地匹配。不足之處是容易與 NiO 電極反應生成 $LaNiO_3$。需要在 NiO 與 LSGM 之間添加 $La_{0.4}Ce_{0.6}O_{2-\delta}$（LDC）過渡層。隨著工作時間的延長，LSGM 中的 Ga 元素在高溫下會蒸發損失，引起 LSGM 緻密度下降、生成低離子電導雜相等問題，因此純相的 $La_{1-x}Sr_xGa_{1-y}Mg_yO_{3-\delta}$ 材料的製備難度較大，同時 SGM 與常用的電極材料和密封材料也容易發生反應生成低電導雜相，導致電池性能降低。通過加入少量的變價離子不但可以解決 Ga 元素在高溫下的蒸發問題，還能在一定程度上提高 LSGM 的離子電導率，如 Fe、Co、Ni 等過渡金屬。通過在 LSGM 與電極之間加入緩衝層可以防止其與電極發生反應。

除了上述氧化物電解質，具有二維層狀結構的矽酸鹽氧化物 $Sr_{0.55}Na_{0.45}SiO_{2.755}$，其離子電導率在 500℃下為 10^{-2} S/cm，但氧離子傳導活化能相較於 ZrO_2 基電解質材料偏低，僅有 0.3eV。$La_2Mo_2O_9$ 是一種在晶格內部本身就具有氧空位的材料，其在中低溫範圍內無須摻雜其他離子就能表現出比 YSZ 更高的離子電導率。溫度低於 580℃時立方結構的 $La_2Mo_2O_9$ 會向單斜結構轉變，引起離子電導率的下降，通過 W、Ba 共摻雜 $La_2Mo_2O_9$ 抑制其相變的同時還將立方結構穩定到了室溫，得到的 $La_{1.9}Ba_{0.1}Mo_{1.85}W_{0.15}O_{8.95}$ 電解質材料，在 800℃下離子電導率為 3×10^{-2} S/cm。儘管這些新型材料具有一定的潛質，但普遍存在循環穩定性較差、熱膨脹係數與電極材料不匹配等問題，一定程度上制約了其在實際應用中的發展和運用。

相對於氫電極和氧電極，電解模式和電池模式的改變對固體氧化物電解質的影響不大。高溫下一般採用 ZrO_2 基電解質，CeO_2 基電解質則用於中低溫。對於 ZrO_2 基電解質，摻雜 Sc_2O_3 後具有較 YSZ 更高的導電率和較好的力學性能。Sc_2O_3-YSZ 和 Al_2O_3 複合體系的研究也很受關注。

5.5 電解水製氫展望

電解水製氫出現了新的動向，比如，陰離子交換膜電解水製氫，雙極膜電解水製氫，海水電解製氫及電解水製氫耦合氧化，雖然技術尚不成熟，但很有發展前景。

5.5.1 陰離子交換膜電解水製氫

儘管 PEM 電解水過程在一定條件下具有獨特的優勢，但由於其特定的酸性環境，陰陽兩側的析氫和析氧催化劑選擇十分受限，主要由 Pt 系貴金屬催化劑組成。為解決貴金屬資源在大規模製氫應用中受限的問題，並降低材料成本，陰離子交換膜電解水（Anion Exchange Membrane Water Electrolysis，AEMWE）應運而生。通過將傳遞 H^+ 的質子交換膜更換為傳遞 OH^- 的陰離子交換膜（或稱鹼性膜），析氫和析氧反應都得以在鹼性環境中發生，因此，如果 Ni、Fe 等非金屬催化劑都能夠穩定地應用於催化過程，這也使得 AEMWE 具有廣泛的應用前景。

在 AEMWE 過程中，陰離子交換膜承擔著重要作用。OH^- 作為一種生成物、反應物和載流體，藉助陰離子交換膜能夠從陰極側傳遞至陽極側。同時陰離子交換膜也起到阻隔氣體和分隔兩極的作用。但與發展較為成熟的質子交換膜不同，商業化陰離子交換膜大多受限於其較差的耐鹼穩定性及較低的 OH^- 傳導率。

一般來說，陰離子交換膜分子結構上主要由高分子骨架和陽離子基團構成。高分子骨架作支撐材料提供力學性能，而陽離子基團則與水共同作用幫助 OH^- 在電場作用下進行定向遷移。

發展較早的一系列陰離子交換膜的主要思路是通過對現有的工程塑膠進行接枝改性，包括聚苯醚（Polypheylene ether）、聚醚砜（Polyethersulfone）、聚醚醚酮［Poly（ether－ether－ketone）］、聚降冰片烯（Polynorbornene）、聚芳基哌啶［Poly（aryl－co－aryl piperidinium）］、聚（聯苯靛紅）［Poly（aryl isatin）］等。然而，此類聚合物主鏈均存在醚鍵，在高溫、強鹼性的環境下，醚鍵受到 OH^- 進攻容易發生斷裂，導致分子量的降低及膜的破裂。

陽離子基團方面，較早的研究中主要以三甲基季銨鹽為功能基團，但諸如此類的季銨鹽在高溫鹼性的環境下，容易被 OH^- 親核進攻而發生取代或 β 消除反應，進而使陰離子交換膜降解而失去傳遞 OH^- 的能力。針對這一點，研究工作也對穩定陽離子基團的結構進行了大量理論設計和驗證，並開發出包括芳香類季銨鹽、非芳香環銨型鹽、季銨鹽、金屬中心陽離子等多種化學結構穩定的功能基團。

高性能陰離子交換膜的研發面臨氫氧根離子傳導率和尺寸穩定性、耐鹼性難以平衡的突出難題。為了使陰離子交換膜具備很好的氫氧根離子傳導能力，需在陰離子交換膜膜材分子結構上鍵合較多的離子傳導基團。但是離子傳導基團過多會導致陰離子交換膜的穩定性和耐鹼性大幅降低。當前離子功能基團使用最多的為季銨類，$α-C$ 及 $β-H$ 位的季銨類功能基團容易因為 OH^- 的攻擊發生相應反應，導致 AEM 離子電導率出現明顯下降。想要解決這方面問題，必須要對季銨基團結構進行優化，去除結構中存在的容易降解的化學

鍵，也可選擇有良好耐鹼穩定性導電基團取代，使陰離子交換基團在鹼性方面穩定性得到提升和改善。

5.5.2 雙極膜電解水製氫

雙極膜(Bipolar Membranes，BPMs)是一種新型的離子交換複合膜，它通常由陽離子交換層(Cation Exchange Layer，CEL)、中間層(Intermediate Layer，IL)和陰離子交換層(Anion Exchange Layer，AEL)複合而成。中間層通常厚度為幾奈米，呈電中性且含有催化劑。在直流電場作用下，雙極膜中間層可將水離解產生 H^+ 和 OH^-。隨後，產生的 H^+ 和 OH^- 在陰、陽兩極間電位差的驅動下，分別向陰、陽兩極遷移。同時，雙極膜兩側溶液中的水會通過 AEL、CEL 進入 IL 層，補充水的消耗。

現有的雙極膜製備技術主要有熱壓成型法、黏合成型法、刮刀成型法、基膜兩側分別引入功能基團法和電沉積法等。熱壓成型法是指將乾燥的陰、陽離子交換膜層疊放在用 PTFE 薄膜覆蓋的不鏽鋼板中，排除內部氣泡，通過加熱、加壓製得雙極膜。但是，由於熱壓過程中陰、陽兩膜層的相互滲透和固定基團的靜電作用，雙極膜中間介面層容易形成高電阻區域，使工作電壓升高。黏合成型法是用黏合劑分別塗覆陰、陽離子交換膜的內側，然後疊合，排除內部氣泡和液泡，經乾燥後製得雙極膜。黏合法製備的雙極膜主要缺點是兩膜之間的黏合力容易不足，導致其中的某一膜脫落。刮刀成型法是製備雙極膜最常用的方法，該方法在陰離子交換膜層上覆蓋一層含有陽離子交換樹脂的聚合物溶液，或者在陽離子交換膜層上覆蓋一層分散有陰離子交換樹脂的聚合物溶液，經乾燥後製得雙極膜。採用刮刀成型製備的雙極膜不僅結構緻密，具有極好的機械穩定性和化學穩定性，而且操作簡單、成本低，是製備雙極膜的首選方法。但刮刀成型本身也存在一定缺陷，如刮刀中溫度、濕度等外界環境的影響，以及凝固浴、凝固時間等工藝參數的設定都會影響雙極膜的結構和性能。同時，刮刀成型的雙極膜在使用中依然存在兩膜層彼此脫離的可能。基膜兩側分別引入功能基團法又稱含浸法，是用化學方法在基膜的兩側分別引入陰、陽離子交換基團，從而製得單片型雙極膜。該技術的主要難點在於要控制好基膜兩側陰、陽膜層的厚度，進而使兩膜層的介面平行於膜表面且不相互滲透。電沉積成型法的基本過程是將離子交換膜組裝在電解槽中，在直流電場的作用下，電解液裡懸浮的帶有相反電性的離子交換樹脂的粒子沉積在膜的表面，進而形成雙極膜。沉積在膜表面的樹脂粒子可穩定存在於膜表面，即使倒換外電極方向或者通入濃鹽水，樹脂粒子也不會輕易脫落。

雙極膜電滲析在水解離製氫方面也備受關注。25℃時，水解離的理論電壓為 0.83V。研究人員利用乙烯基磺酸鈉－聚偏氟乙烯－丙烯酸二甲胺基乙酯雙極膜水解離製氫，測得水解離臨界電壓為 0.87V，基本接近理論值。用雙極膜電滲析水解離製氫，在電解槽中分別加入 1mol/L 的 H_2SO_4 和 1mol/L 的 NaOH 溶液，產氫過程中電流密度穩定在 200A/m^2，最大產氫速率可達到 11mmol/h，但工藝效率仍較低(約55%)。雙極膜電滲析可降低水解離過程中的能源消耗，也為製氫氧產品提供了可能，可以利用酸鹼廢液生產 H_2。

雙極膜製備過程中仍存在問題，如成本較高、因兩膜膨脹係數不同造成使用中易分層等，使雙極膜的生產仍然存在一定的難度。雙極膜的製備大多仍處於批量試製階段，沒有

達到規模化生產的程度。因此，在未來的雙極膜技術發展中，需要提高膜的選擇性、熱穩定性、機械強度，拓寬操作 pH 值範圍，從而彌補現有商品膜的不足，同時需要尋找更廉價的雙極膜製備方法，降低雙極膜成本，提高市場競爭力。

5.5.3　海水電解製氫

海水占地球全部水量的 96.5%，與淡水不同，其成分非常複雜，涉及的化學物質及元素有 92 種。海水的鹽度約為 35psu(35‰)，其中鈉(Na^+)、鎂(Mg^{2+})、鈣(Ca^{2+})、鉀(K^+)、氯(Cl^-)、硫酸(SO_4^{2-})離子占海水總含鹽量的 99% 以上(表 5-1)。海水中所含有的大量離子、微生物和顆粒等，會導致製取 H_2 時產生副反應競爭、催化劑去活化、隔膜堵塞等問題。為此，以海水為原料製氫形成了海水直接製氫和間接製氫兩種不同的技術路線。海水直接製氫的路線主要通過電解水製氫或光解水製氫方式製取；海水間接製氫則是將海水先淡化形成高純度淡水再製氫，即海水淡化技術與電解、光解、熱解等水解製氫技術的結合。

表 5-1　海水的主要成分　　　　　　　　　　g/kg

陰離子		陽離子		無機鹽	
Cl^-	18.89	Na^+	10.56	$CaSO_4$	1.38
SO_4^{2-}	2.65	Mg^{2+}	1.27	$MgSO_4$	2.10
HCO_3^-	0.14	Ca^{2+}	0.40	$MgBr_2$	0.05
Br^-	0.06	K^+	0.38	$MgCl_2$	3.28
F^-	0.003	Sr^{2+}	0.01	KCl	0.72
$B(OH)_4^-$	0.03	—	—	$NaCl$	26.69

在海水電解製氫過程中，對於 HER，天然海水中存在各種溶解的陽離子(Na^+、Mg^{2+}、Ca^{2+} 等)、細菌/微生物和小顆粒等雜質。這些雜質可能會隨海水電解過程的進行而產生 $Mg(OH)_2$、$Ca(OH)_2$ 沉澱物覆蓋催化劑活性位點，從而使催化劑中毒失去活性。對於陽極來說，OER 是一個複雜的四電子質子轉移反應，反應動力學緩慢，需要更高的過電位。而海水中的高濃度氯離子帶來的析氯反應(Chlorine Evolution Reactions，ClER)和次氯酸鹽的形成都是二電子反應，與 OER 反應相比，反應動力學較快，因此會干擾 OER 並與之競爭，進而降低轉化效率。因此，開發具有高活性、高選擇性的海水電解催化劑，對於避免海水中離子及雜質的影響至關重要。在海內外海水電解製氫方面，研究主要圍繞 HER 催化劑、OER 催化劑、雙功能催化劑及電解系統等開展。

對比海水中所含離子的相應標準氧化還原電位，發現溴離子和氯離子的氧化反應將在陽極與 OER 產生競爭。然而，由於溴離子濃度較低，其競爭性通常被忽略不計，因此，海水中存在 0.5mol/L 的 Cl^- 成為直接電解海水製氫技術中的最大障礙。在酸性條件下，OER 的平衡電位(vs. NHE)僅比析氯反應(ClER)的平衡電位(vs. NHE)低 130mV，但是 OER 是一個複雜的四電子質子轉移反應，反應動力學緩慢，需要更高的過電位，而 ClER 則是一個兩電子轉移反應，反應動力學較快。因此，若要使電解海水時在陽極處生成高純

度的 O_2，則必須使用具有極高 OER 選擇性的陽極電催化劑。且與 OER 不同，ClER 的平衡電位與電解質溶液的 pH 無關。因此，可以選擇在鹼性電解質溶液中發生 OER，以降低 OER 的起始電位。

$$4OH^-(aq) \longrightarrow O_2(g) + 2H_2O(l) + 4e^- \qquad E = 1.23V - 0.059pH \text{ vs. NHE}$$

$$Cl^-(aq) + OH^-(aq) \longrightarrow HClO(aq) + 2e^- \qquad E = 1.72V - 0.059pH \text{ vs. NHE}$$

酸性條件下 OER 和氯氧化反應 ClER 的熱力學電位差僅為 130mV，而鹼性條件下電位差可達到最大 480mV，這也常被用作當前海水電解陽極催化劑的設計準則。然而，高 pH 條件下海水的淨化是不可避免的，因為鹼土金屬會直接形成沉澱，在電解過程中附著在電極表面，從而使催化劑活性面積逐漸降低直至去活化。

海水中的氫離子及氫氧根離子濃度很低，在電解過程中其質傳速率緩慢，使得電解效率較低。且由此產生的局部 pH 值差異不利於析氫、析氧半反應的熱力學變化，並可能導致鹼金屬氫氧化物等的沉澱。雖然海水中的碳酸鹽可以作為緩衝液，但其含量太低，不足以抑制陰極局部 pH 值增加和陽極 pH 值降低。通過往海水中添加緩衝液、酸鹼液等可緩解上述問題，但這同時增加了水處理成本。相比之下，使用高純水電解過程中只消耗水，酸鹼液可在系統中循環使用。直接海水電解是具有挑戰性的，因為在電解過程中雜質的濃度將不斷提高，沉澱不斷附著在電極表面，且受到氯離子的腐蝕，催化劑的選擇性及耐久性都受到大大的衝擊。

此外，即使在鹼性電解質中使用高活性、高選擇性的 OER 催化劑，海水中具有侵蝕性的 Cl^- 也會腐蝕催化劑和電極。首先由於電極極化，Cl^- 向陽極移動並吸附在電極表面發生反應，然後進一步地溶解平衡，最後通過置換反應生成金屬氫氧化物，這就要求催化劑在電解過程中兼具較高的穩定性。

$$M + Cl^- \longrightarrow MCl_{ads} + e^-$$

$$MCl_{ads} + Cl^- \longrightarrow MCl_x$$

$$MCl_x^- + OH^- \longrightarrow M(OH)_x + Cl^-$$

同時，在陰極附近產生的 OH^- 會在電極附近形成難溶的沉澱物覆蓋催化劑活性位點，如 $Mg(OH)_2$、$Ca(OH)_2$。這可能會使催化劑中毒，導致電極使用壽命縮短，但一般都可通過酸洗除去，所以催化劑的電化學活性表面積要足夠大才不會使陰極在短時間內去活化。

綜上，開發能夠在電解海水過程中提高氧析出效率和降低操作電壓的催化劑材料是氫能開發利用急待解決的問題。

至今，已經發現用於電解海水的具有較高性能的 OER 催化劑包括過渡金屬摻雜的錳基氧化物、磷酸鈷鹽、鎳鐵複合層狀氫氧化物(NiFe-LDH)等；而 HER 催化劑多包含 Co、Cu 和 Ni 等金屬元素。

研究人員在作為導體的泡沫鎳上塗上一層硫化鎳，並在硫化鎳上塗上一層鎳鐵複合氫氧化物，鎳鐵複合氫氧化物起到催化劑的作用。在電解海水過程中，硫化鎳帶上了負電，因為負負相斥，它排斥海鹽中帶負電的氯離子，從而保護正極。研究表明，沒有這一特殊的塗層設計，正極在海水中只能工作約 12h，而有了這種設計，正極可以工作超過 1000h。

為避免帶負電的氯離子侵蝕正極，此前電解海水只能在低電流條件下工作，而使用新技術的系統可以在 10 倍的強電流下工作，從而以更快的速率從海水中擷取氫和氧。研究發現，在電解液中加入硫酸鹽可以有效延緩氯離子對陽極的腐蝕，提升海水電解製氫過程中陽極的穩定時長。

根據水的電解原理，高能源消耗的基本原因是由於具有較大的熱力學電位及緩慢得多電子反應動力學。雖然各類用於海水電解的高活性催化劑被大量報導，但是在商業電流密度下其電解水的電壓基本遠超 1.72V，這不僅會消耗大量的電能，而且也會使得氯離子氧化。因此，各類低電位的陽極反應耦合無氯混合海水電解體系被提出，如水合肼、尿素、甲醇、硫化物和糠醛氧化反應等。研究人員通過在陽極耦合水合肼氧化反應，在降低電解電位的同時避免了氯離子在陽極氧化，大大提高了體系的耐腐蝕性。還有研究通過在陽極耦合甲醇氧化反應，使得電解槽得以在低電壓條件下運行，抑制了氯離子的氧化，同時生成了高附加值產品甲酸酯。陽極耦合無氯反應是一種優良的海水製氫方法，在廢水處理方面的應用也得到了廣泛研究，然而，由於其應用場合有限，其大規模發展仍有待深入研發。

(1) HER 催化劑

鉑系金屬被認為是 HER 基準電催化劑，在酸性、鹼性和中性條件下均表現出最好的性能。但是，在海水電解過程中，其 HER 性能與在淡水電解質中的表現相差甚遠。另外，貴金屬的稀缺和高成本極大地阻礙了其大規模應用。因此，在實際應用中，在保持高活性的同時減少鉑的使用至關重要。學者通過兩步法製備 Pt/Ni－Mo 析氫催化劑，在 113mV 的過電位下模擬海水和工業條件，可在鹼性溶液下穩定運行超過 140h，鹽水(1mol/L KOH＋0.5mol/L NaCl)中達到 2000mA/cm^2 的電流密度，是迄今為止的最佳性能，並能夠實現 700cm^2 大面積製備。除貴金屬催化劑以外，探索廉價、高效和穩定的電催化材料是海水電解製氫的重要方向。過渡金屬的催化活性被認為僅次於 Pt 族金屬，而且價格便宜，其中 Ni 被認為是最有前途的催化劑之一。一些研究人員製備了基於 Ni 的合金催化劑 Ti/NiM(M＝Co、Cu、Au、Pt)，在 HER 中表現出顯著的活性，但新型鎳基催化劑還存在穩定性不足的問題，這是其應用的潛在障礙。此外，非貴金屬 HER 催化劑還包括過渡金屬氧化物和氫氧化物、過渡金屬氮化物(TMNs)、過渡金屬磷化物(TMPs)、過渡金屬硫族化物、過渡金屬碳化物、過渡金屬雜化物等。TMPs 因含量豐富、活性高和穩定性良好被用於海水 HER。多孔的 PF－NiCoP/NF 析氫催化劑，在天然海水中具有高活性和持久性，且在 287mV 過電位下可達到 10mA/cm^2 的電流密度，優於商業化的 Pt/C(質量分數 20%)，研究認為三維形貌、空穴結構和導電基板提高了比表面積、電子轉移和活性位點，從而有利於 H_2 釋放。

(2) OER 催化劑

長久以來，高析氧活性的電催化劑通常是 IrO_2 和 RuO_2 等貴金屬催化劑，然而這兩種元素的稀有性決定了發展儲量豐富的過渡族 OER 高活性催化劑的必要性。由於 OER 複雜的四電子轉移過程呈現反應動力學緩慢的特徵，為應對 ClER 與 OER 競爭這一挑戰，針對 OER 的選擇性海水電解提出了三種主要策略，即鹼性設計原理、具有 OER 選擇性位

點催化劑和 Cl⁻ 阻擋層。鹼性設計原理主要基於熱力學和動力學考慮，可以最大化 OER 和 ClER 之間的熱力學電位差，從而保證對 OER 的高選擇性。過渡金屬氧化物和氫氧化物因引入氧空位，在鹼性水中具有活性位點，從而對 OER 具有良好的電催化性。此外，通過摻雜 Mo、Co、Fe、Ni、Mn 或增加活性位點，可以提高 OER 的選擇性。研究人員將硫化鎳(NiS_x)生長在泡沫鎳上，又在硫化鎳外電沉積一層層狀雙金屬氫氧化物 NiFe－LDH，形成多層電極結構。其中泡沫鎳起到導體的作用，NiFe－LDH 為催化劑，中間硫化鎳會演變成負電荷層，由於靜電相斥而排斥海水中的氯離子，從而保護陽極。正因為這種多層設計，陽極可以在工業電解電流密度($0.4 \sim 1 A/cm^2$)下運行 1000h 以上。但是，該研究尚存在諸多待研究的工程細節，實現規模化、工業化需要進行放大實驗。

(3)雙功能催化劑

設計具有較高活性和持久性的 HER 和 OER 雙功能電解催化劑仍具有挑戰性。儘管鹼性介質中存在不同類型的雙功能水電解催化劑，比如，可對電子學性質和形貌進行必要改變的金屬硫族化合物、氮化物、氧化物和磷化物，但可在海水中直接電解的催化劑還很少。研究人員通過「原位生長－離子交換－磷化」三步合成方法製備了雙金屬異質磷化物 Ni_2P-Fe_2P，是一種具備了析氧反應(OER)和析氫反應(HER)雙功能的催化劑，實現了對海水的高效穩定全分解產氫，在 2V 電壓下全解水系統可達到 $500mA/cm^2$ 的電流密度，並且能穩定運行 38h 以上。

(4)電解系統

從應用角度來看，除了開發穩定高效的催化劑外，還必須設計合適的高性能、低成本海水電解槽。鹼性水電解槽和質子交換膜水電解槽在商業市場較為成熟；另外還有低溫的陰離子交換膜水電解槽(Anion Exchange Membrane Water Electrolyser，AEMWE)和高溫水電解槽(High－Temperature Water Electrolyser，HTWE)兩種新興技術，其中高溫電解包括質子導電陶瓷電解($150 \sim 400°C$)和固體氧化物電解($800 \sim 1000°C$)。這些電解槽直接用來電解海水時，海水複雜的天然成分會對電解產生影響，其中主要問題是離子交換膜的物理或化學堵塞和金屬組件的腐蝕，如海水中的 Na^+、Mg^{2+} 和 Ca^{2+} 離子會降低質子交換膜的性能；Cl^-、Br^-、SO_4^{2-} 等陰離子也會對膜性能產生不利影響。因此，開發穩定的隔膜是海水直接電解面臨的重要挑戰。研究認為採用超濾、微濾對天然海水進行簡單過濾，可以很大程度地解決固體雜質、沉澱物和微生物造成的物理堵塞。研究人員基於固體氧化物電解技術嘗試了在高溫下進行海水電解製氫，在未使用貴金屬催化劑的條件下，以 $200mA/cm^2$ 的電流密度進行了 420h 的長期恆流電解，產氫速率為 183mL/min。在不回收高溫廢氣的前提下，其能量轉化效率可高達 72.47%。且該方法由於先將海水加熱蒸發，海水中的絕大部分雜質不與電解槽接觸，因而難以對電解槽造成破壞，因此具有良好的應用前景。

海水電解製氫是直接利用海水製備氫氣最為成熟的技術，儘管已取得良好進展，但依然面臨著一些關鍵性挑戰，例如：設計高活性、廉價且穩定持久的非貴金屬 HER/OER 催化劑；各種離子、細菌/微生物和小顆粒等雜質帶來的海水電解槽結垢、膜汙染和腐蝕等問題。為解決以上問題，未來通過奈米工程、表介面工程、摻雜、包覆、理論計算輔助

探究活性位點來開發高性能 HER/OER 催化劑，採取選擇性滲透、覆蓋鈍化層、淨化、海水蒸氣等方式來避免海水離子和雜質對電解反應的干擾，開展海水電解製氫的放大試驗將進一步促進海水電解製氫技術的發展。

採用豐富的海水資源來電解製氫，可以大幅降低製氫成本，緩解淡水資源壓力。但如何實現析氫效率的進一步提高、催化劑活性穩定性的提升及海水淨化等仍然存在巨大挑戰。通過電解水製氫耦合氧化策略，不僅可以突破理論電位，實現製氫效率的提高，還能在陽極獲得高附加值化學品，可進一步降低製氫成本。

5.5.4　電解水製氫耦合氧化

儘管通過設計高效 OER 電催化劑可以降低電解水電壓，但 1.23V 的理論電壓無法突破。此外，電解槽仍需組裝隔膜來避免陰、陽兩極產生的氫、氧混合所帶來的爆炸風險。特別是，OER 過程產生的含氧活性物種會對隔膜造成溶解破壞，從而降低電解槽壽命。利用熱力學上更有利的有機小分子氧化反應替代 OER 與 HER 耦合，不僅可以有效利用 OER 過程中的含氧活性物種，抑製氧氣析出，避免氫氧混合爆炸的風險，實現無膜電解，還能突破理論上 1.23V 的電壓限制，極大地降低析氫過電位，提高析氫效率。同時，陽極產生的高附加值化學品可以進一步降低製氫成本。為了實現電解水高效製氫耦合氧化，在選擇氧化反應和催化劑時應考慮以下幾點：①有機小分子應溶於水，且其氧化電位應該低於 OER 的氧化電位；②有機小分子應該被高選擇性地催化轉化為非氣態的高附加值產物；③有機小分子反應物及中間反應體不能與 HER 存在競爭反應。醇類、醛類、胺類或者其他含有羥基或醛基的生物質被證明可以作為氧化底物。

5.5.5　電解水製氫的前景

中國水能、水電資源雄居世界首位，特別是西南地區具有強大優勢，中國廣大窮困山區也十分豐富。據最近三年普查，中國水能總量 6.89 億 kW，技術可開發量 4.93 億 kW，經濟可開發量也達 3.95 億 kW，但實際開發利用率只有 15%，遠低於世界 30% 的水準。

中國小水電資源非常豐富，理論蘊藏量約 1.5 億 kW，可開發裝機容量 7000 萬 kW。中國政府正在積極推進「小水電代燃料生態建設工程」，如果水電站增加製氫的內容，不僅解決了農村用電問題，還可以利用富餘電力製取氫氣，延長發電季節，儲存水能、電能。

AWE 分離水產生氫氣和氧氣，效率通常在 70%～80%。一方面，AWE 在鹼性條件下可使用非貴金屬電催化劑(如 Ni、Co、Mn 等)，因而電解槽中的催化劑造價較低，但產氣中含鹼液、水蒸氣等，需經輔助設備除去；另一方面，AWE 難以快速啟動或變載、無法快速調節製氫的速率，因而與可再生能源發電的適配性較差。PEM 電解水技術的電流密度高、電解槽體積小、運行靈活、利於快速變載，與風電、太陽能(發電的波動性和隨機性較大)具有良好的匹配性。固體氧化物水電解效率高，可以與核電，工業廢熱進行匹配，具有很好的發展前景，但技術尚不成熟。三種電解水的特徵對比見表 5-2。

表 5-2　三種類型的水電解質的特徵

製氫技術	AWE	PEME	SOFC
電解質	NaOH/KOH(液體)	質子交換膜(固體)	YSZ(固體)
操作溫度/℃	70～90	50～80	500～1000
操作壓力/MPa	<3	<7	<30.1
陽極催化劑	Ni	Pt、Ir、Ru	LSM、$CaTiO_3$
陰極催化劑	Ni 合金	Pt、Pt/C	Ni/YSZ
電極面積/cm^2	10000～30000	1500	200
單堆規模	1 MW	1MW	5kW
電耗/(kW·h/m^3)	4.3～6	4.3～6	3.2～4.5
電解槽壽命/h	60000	50000～80000	<20000
系統壽命/a	20～30	10～20	—
啟動時間/min	>20	<10	<60
運行範圍/%	15～100	5～120	30～125
成本/(元/kW)	6500	10000	—

　　2030 年，中國風電、太陽能發電總裝機容量達到 12 億 kW 以上。隨機性、無規律性的風電、太陽能點網對電網安全性帶來挑戰，造成電網平衡成本逐漸增大。造成大量棄風、棄光電現象。2016 年，中國棄水棄風棄光電量達到 1100 億 kW·h，折合氫氣 220 億 m^3。2018 年受中國太陽能新政「急剎車」的影響，56％產能閒置，棄電 1013 億 kW·h。因此，若是電解與風電光電相結合，既能消納棄風棄光產生的電能，又能有效降低電解水的成本。存在的技術困難是風電、太陽能電資源多位於東北、華北、西北偏遠地區，氫氣的儲存和運輸成本高。

習題

1. 歸納概述鹼性電解水製氫中各類陰極材料的優點和不足。
2. 歸納概述鹼性電解水製氫中各類陽極材料的優點和不足。
3. 歸納概述鹼性電解水製氫中各類膜材料的優點和不足。
4. 簡述質子交換膜電解水的結構和功能。
5. 詳細歸納總結鹼性電解水、質子交換膜電解水及固體氧化物電解水的特徵、優點及不足。
6. 歸納總結降低過電位的技術措施。

第6章　工業副產製氫

　　副產氫是企業生產的非主要產品，與主要產品使用相同原料同步生產，或利用廢料進一步生產獲得。強調副產氫的原因有兩個：一是經濟性高；二是環保性強。從經濟性角度看，氫氣生產成本高，過程複雜，如果是生產其他產品的副產品，則可大大降低生產成本。從環保性角度看，綠氫清潔低碳是未來發展的要求，即使現在達不到綠氫標準，也要盡量減少生產過程中的能源消耗和污染物排放。與主要產品同一工藝流程產出的副產氫，顯然符合以上兩個要求。工業副產氫主要指氯鹼、煉焦、煉油企業的副產氫氣（表6-1）。

表6-1　主要副產氫氣及其特徵

序號	類別	產量/($10^8 m^3/a$)	典型組成(體積分數)/%	氫氣量/($10^8 m^3/a$)
1	焦爐煤氣	約1114	H_2：57，CH_4：25.5，CO：6.5，C_nH_m：2.5，CO_2：2，N_2：4	約635
2	煉廠氣	約1193	H_2：14~90，CH_4：3~25，C_2^+：15~30	約620
3	合成氨尾氣	約124	H_2：20~70，CH_4：7~18，Ar：3~8，N_2：7~25	約86
4	甲醇弛放氣	約239	H_2：60~75，CH_4：5~11，CO：5~7，CO_2：2~13，N_2：0.5~20	約161
5	蘭炭尾氣	約290	H_2：26~30，CO：12~16，CH_4：7~8.5，CO_2：6~9，N_2：35~39	約81.2
6	氯酸鈉副產氫	約5.7	H_2：約95，O_2：2.5，其他	約5
7	聚氯乙烯尾氣	約12.86	H_2：50~70，C_2H_2：5~15，C_2H_3Cl：8~25，N_2：10~15	約6
8	氫氧化鈉尾氣	約99.17	H_2：約98.5，N_2　0.5，O_2：約1，其他	約97.7
9	丙烷脫氫尾氣	約3.8	H_2：80~92，C_2H_6：1~2，C_3H_8：0.5~1，N_2：1~2	約3.1

　　達到燃料電池用氫氣的質量指標比較困難（表6-2）。工業副產氣製純氫主要有3種方法：深冷分離、變壓吸附、膜分離。深冷分離是將氣體液化後蒸餾，根據沸點不同，通過溫度控制將其分離，所得產品純度較高，適宜大規模製純氫裝置使用。變壓吸附的原理是根據不同氣體在吸附劑上的吸附能力不同，通過梯級降壓，使其不斷解吸，最終將混合氣體分離提純。膜分離法則是基於氣體分子大小各異，通過高分子薄膜的速率不同的原理對

其實施分離提純。每一種技術都有其特點和約束條件，將這幾種 H_2 回收技術結合起來尋得最佳的工藝方案：如將深冷法和變壓吸附法相結合，即可得到高回收率、高純度和高壓的 H_2。

表6-2 GB/T 37244-2018《質子交換膜燃料電池汽車用燃料 氫氣》

專案名稱	指標	專案名稱	指標
H_2 含量	$\geqslant 99.97\%$	CO	$\leqslant 0.2\mu mol/mol$
水	$\leqslant 5\mu mol/mol$	總硫（按硫化氫計算）	$\leqslant 0.004\mu mol/mol$
總烴（按 CH_1 計算）	$\leqslant 2\mu mol/mol$	甲醛	$\leqslant 0.01\mu mol/mol$
氧	$\leqslant 5\mu mol/mol$	甲酸	$\leqslant 0.2\mu mol/mol$
氦	$\leqslant 300\mu mol/mol$	氨	$\leqslant 0.1\mu mol/mol$
氮氣和氬氣	$\leqslant 100\mu mol/mol$	總鹵化物（按鹵離子計算）	$\leqslant 0.05$
二氧化碳	$\leqslant 2\mu mol/mol$	顆粒物濃度	$\leqslant 1mg/kg$

6.1 焦爐煤氣副產氫氣

將煤隔絕空氣加熱到950～1050℃，經歷乾燥、熱解、熔融、黏結、固化、收縮等過程最終製得焦炭，這一過程稱為高溫煉焦。煉焦除了可以得到焦炭外，還可以得到氣體產品粗煤氣（荒煤氣，Raw Coke Oven Gas，RCOG）。

從焦爐炭化室排出的焦爐荒煤氣（RCOG，700～900℃），因含有焦油等雜質不能被直接使用。焦油含量為80～120g/m³，占總煤氣質量的30%左右。焦油在500℃以下容易聚合、結焦、堵塞管道、腐蝕設備、嚴重汙染環境。為確保生產安全、符合清潔生產標準及提高 RCOG 的質量，在使用或進一步加工之前需要對 RCOG 進行淨化提質處理。荒煤氣經過電捕焦油器去除焦油、溼法脫硫、酸洗脫氨、洗油脫苯後成為淨焦爐煤氣（Coke Oven Gas，COG）（圖6-1）。

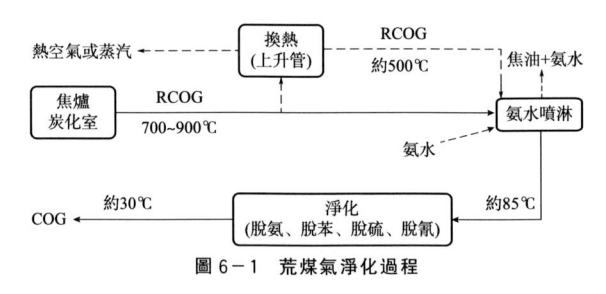

圖6-1 荒煤氣淨化過程

焦爐煤氣中的氫氣比例因熄焦方法不同而差異巨大。

溼法熄焦是採取向高溫焦炭噴淋水的方式給焦炭降溫。高溫焦炭與水發生水煤氣反應，釋放大量氫氣。溼法焦爐煤氣組成為氫氣（55%～60%）和 CH_4（23%～27%），還含有少量的 CO（5%～8%）、N_2（3%～5%）、C_2 以上不飽和烴（2%～4%）、CO_2（1.5%～3%）

和氧氣(0.3%～0.8%)，以及微量苯、焦油、萘、H_2S和有機硫等雜質。

乾法熄焦是循環輸入氮氣給高溫焦炭降溫。由於沒有大量的水與高溫焦炭發生水煤氣反應，因此乾法熄焦方式產生的焦爐煤氣中氫氣比例較低。乾法焦爐煤氣中氮氣比例最高，一般不低於66%，其次是CO_2含量8%～12%，CO含量6%～8%，H_2含量2%～4%。

2020年，中國生產焦炭產量4.71億t。按1t焦炭副產含氫55%(體積分數，下同)的焦爐煤氣427m^3計算，全行業理論副產高純氫980萬t/a。焦爐煤氣可以直接淨化、分離、提純得到氫氣。也可以將焦爐煤氣中的CH_4進行轉化、變換再進行提氫，可以最大限度地獲得氫氣產品。

由於環保要求日益嚴格，大部分焦炭裝置副產的焦爐氣下游都配套了綜合利用裝置，如將焦爐氣深加工製成合成氨、天然氣等。但由於氫氣儲運困難，其下游市場侷限性較大，焦爐煤氣製氫在其下游應用中所佔比例較小。

焦爐煤氣直接提取氫氣投資低，比使用天然氣或者煤炭等方式製氫在成本上更具優勢，是大規模、高效、低成本生產廉價氫氣的有效途徑。焦化產能廣泛分布在山西、河北、內蒙古、陝西等省、自治區，可以實現近距離點對點氫氣供應。

採用焦爐煤氣轉化其中甲烷製氫的方式雖然增加了焦爐氣淨化過程，增加了能源消耗、碳排放和成本，但氫氣產量大幅提升，且焦爐氣的成本遠低於天然氣價格，相較於天然氣製氫仍具有巨大成本優勢。未來隨著氫能產業迅速發展，氫氣儲存和運輸環節成本下降，焦爐煤氣製氫將具有更好的發展前景。淨化後的焦爐煤氣組成如表6-3所示。

表6-3 淨化後的焦爐煤氣組成

物料名稱	H_2	CH_4	CO	N_2	CO_2	C_nH_m	O_2
體積分數/%	54～59	24～28	5.5～7	3～5	1～3	2～3	0.3～0.7

大規模的焦爐煤氣製氫通常將深冷分離法和PSA法結合使用，先用深冷法分離出LNG，再經過變壓吸附提取H_2。通過PSA裝置回收的氫含有微量的O_2，經過脫氧、脫水處理後可得到99.999%的高純H_2。

提氫後的焦爐煤氣解吸氣返回燃料氣管網，也可以用作製液化天然氣(LNG)或其他富甲烷氣轉化原料進一步利用。焦爐煤氣蒸汽轉化提氫流程是在上述流程基礎上增加蒸汽轉化爐，將焦爐煤氣中的甲烷轉化為CO和H_2，可最大限度地產氫氣(圖6-2)。

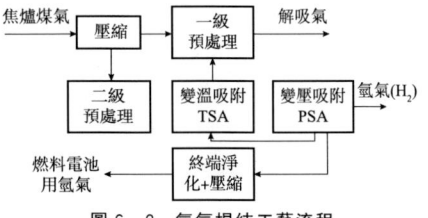

圖6-2 氫氣提純工藝流程

蘭炭利用不黏結煤和弱黏結煤為原料燒製而成，作為一種新型的碳素材料，以其固定碳高、比電阻高、化學活性高、含灰分低、鋁低、硫低、磷低的特性，已逐步取代冶金焦而廣泛運用於電石、鐵合金、矽鐵、碳化矽等產品的生產，成為一種不可替代的碳素材料。中國蘭炭的主產區為陝西榆林和新疆哈密，其原料煤均為長焰煤。據統計，2021年中國蘭炭產量約為6000萬t，同時副產中低溫煤焦油產量約為850萬t、煤氣約為800億

m³，折合原油當量達到 2100 萬 t。

因蘭炭生產工藝的特點，蘭炭尾氣熱值較低，通常在 7000～8500kJ/Nm³，同時採用直冷工藝，淨化裝置出口蘭炭尾氣的溫度較高(約 50℃)，尾氣中攜帶的水分、氨氣、硫化氫、焦油及酚類較多。中國對蘭炭尾氣的利用情況根據生產規模有所區別：對於大型蘭炭生產企業，由於蘭炭尾氣排量較大，通常用作直燃鍋爐發電或燃氣－蒸汽聯合循環發電；對於中小型蘭炭生產企業，蘭炭尾氣除部分自用外，大部分點燃放散處理，造成資源浪費，對環境也造成很大的汙染。蘭炭尾氣組成如表 6－4 所示。

表 6－4　蘭炭尾氣組成

成分	H₂	CH₄	CO	C_nH_m	N₂	CO₂
體積分數/%	~28	~8.8	~12.0	~1.0	~48	~2.0
成分	焦油	H₂S	NH₃	H₂O	C_nH_m	O₂
含量/(mg/m³)	~300	~600	~400	~90	2~3	~0.2

蘭炭尾氣經歷脫氨－脫水－除焦－加壓－脫硫除去裡面的焦油、H_2S、NH_3 等組分(圖 6－3)。

(1)採用濃氨水法脫氨，以軟水為吸收液回收蘭炭尾氣中的氨，氨水經循環濃縮得到濃氨水。循環吸收液向外流經涼水塔，以帶走脫氨

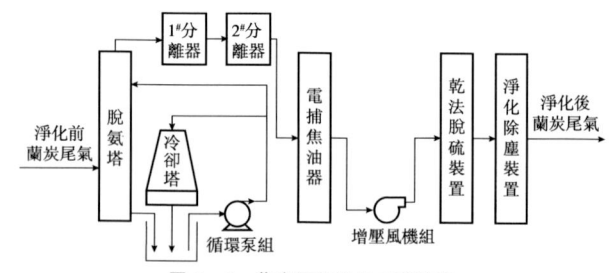

圖 6－3　蘭炭尾氣淨化工藝流程

塔內循環水吸收的蘭炭尾氣餘熱。為提高去除效率，脫氨塔設計為雙層噴淋＋雙層填料塔，並適當加大塔徑；每層均設有單獨的循環泵，提高各層的噴淋密度，以增加氣液兩相逆流的接觸機率及時間。

(2)採用兩級氣－水分離器脫水，將蘭炭尾氣因降溫產生的凝結水去除。

(3)採用兩臺電捕焦油器除焦油，經脫氨、脫水後的蘭炭尾氣通過管道進入電捕焦油器，將蘭炭尾氣攜帶的焦油、粉塵吸附去除。

(4)經過脫氨、脫水、除焦後的蘭炭尾氣因壓力降低需要加壓，以滿足後面脫硫等工序的進氣要求，因此在電捕焦油器後設置煤氣加壓機為蘭炭尾氣升壓。

(5)脫硫採用氧化鐵乾法脫硫，設置兩臺脫硫塔，為提高去除效率，脫硫塔設計為雙層填料塔，並適當加大塔徑；脫硫塔後設置淨化分離器，進一步除去蘭炭尾氣所含的凝結水、粉塵等雜質。

6.2　氯鹼副產氫氣

氯鹼廠以食鹽水為原料，採用離子膜或石棉隔膜電解槽生產 NaOH 和氯氣，同時可

以得到副產品 H₂。在電解 NaCl 溶液的過程中，氫離子比鈉離子更容易獲得電子。因此在電解池的陰極氫離子被還原為 H₂。氯氣在陽極析出，電解液變成 NaOH 溶液，濃縮後得到 NaOH 產品。其電極反應如下：

陽極反應：$2Cl^- - 2e^- \Longrightarrow Cl_2 \uparrow$（氧化反應）$\Delta G_A = 130.2 kJ/mol$

陰極反應：$H_2O + e^- \Longrightarrow OH^- + 1/2 H_2 \uparrow$（還原反應）$\Delta G_B = -79.8 kJ/mol$

電解飽和食鹽水的總反應：

$$2NaCl + 2H_2O \Longrightarrow 2NaOH + Cl_2 \uparrow + H_2 \uparrow$$

反應的能量變化：$\Delta G = \Delta G_A - \Delta G_B = 210 kJ/mol$，($\Delta G > 0$，說明反應不能自動進行)。

理論分解電壓：$V_{理} = -\Delta G/nF = -210/(1 \times 96.85) = -2.168V$

式中，ΔG 為物質的化學能變化值，kJ/mol；n 為反應中的電荷遷移數；F 為法拉第常數，96.85kJ/V·mol。

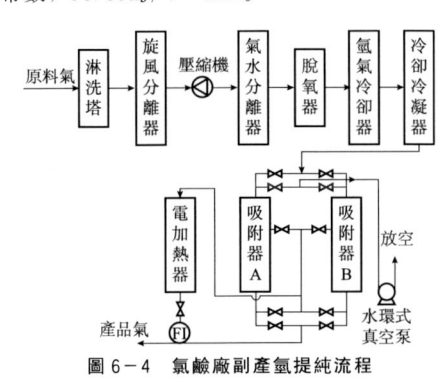

氯鹼行業副產的氫氣純度較高，H₂ 純度約為 98.5%，不含能使燃料電池催化劑中毒的碳、硫、氨等雜質，但含有部分氧氣、氮氣、水蒸氣、氯氣及氯化氫等雜質。氯鹼廠副產氫氣純化工藝主要包括 4 個步驟：除氯、除氧、除氯化氫、除氮（圖 6-4）。氫氣中的氯化氫主要是採用水洗的方法除去。氫氣中的氯氣與 Na₂S 反應，生成可溶於水的 NaCl 而從 H₂ 中除去。Na₂S 與部分氧反應，降低了後續除氧的負擔。剩餘的 O₂ 和 H₂ 在鈀催化劑作用下生成水。氫氣中的氮氣被分子篩

圖 6-4　氯鹼廠副產氫提純流程

吸附，並在吸附劑再生過程中被再生氣帶走而除去。中國氯鹼廠大多採用 PSA 技術提氫。

$$Na_2S + Cl_2 \Longrightarrow 2NaCl + S \downarrow$$
$$2Na_2S + O_2 + 2H_2O \Longrightarrow 4NaOH + 2S \downarrow$$
$$O_2 + 2H_2 \Longrightarrow 2H_2O + Q$$

大多數氯鹼廠副產氫氣已經進行了配套綜合利用，如生產氯乙烯、過氧化氫、鹽酸等化學品，部分企業還配套了苯胺。另外，氯鹼副產氫氣不僅可作鍋爐燃料供本企業使用，還可以銷售給周邊企業採用焰熔法生產人造紅、藍寶石，或者充裝後就近外售。環保管理不嚴格的地方，還有部分氯鹼副產氫氣會直接排空。2020 年，中國燒鹼產量為 3643.3 萬 t，按 1t NaOH 副產氫氣 24.8kg 計算，該行業副產氫 90 萬 t，扣除 60% 生產聚氯乙烯和鹽酸等消耗的氫氣，可對外供氫 36 萬 t/a。

中國氯鹼產能的省、自治區有山東、江蘇、浙江、河南、河北、新疆、內蒙古等。此外，在山西、四川、陝西、安徽、天津、湖北等地也有分布。氯鹼產業主要生產地與氫能潛在用戶匹配較好，是供應低成本氫氣的良好選擇。尤其在氫能產業發展導入期，可優先考慮充分利用周邊氯鹼企業副產氫氣，就近生產，就近使用，降低原料成本和運

輸成本。

武漢中極氫能源發展有限公司在湖北孝感市雲夢縣建立了2400萬 Nm^3/a 氯鹼化工副產氫純化裝置(圖6-5)。副產氣組成見表6-5。生產的氫氣為周邊多個加氫站供氣。

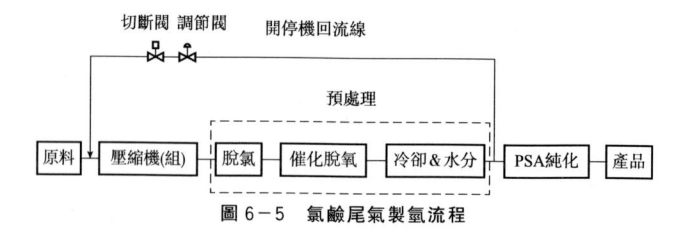

圖6-5 氯鹼尾氣製氫流程

表6-5 氯鹼副產氣組成

物料名稱	H_2	O_2	N_2	Cl_2	CO_2	CO	C_nH_m	H_2O
體積分數/%	97.48	1.02	0.5	0.02	0.02	0.01	0.01	0.09

氯酸鈉是製造二氧化氯、高氯酸、亞氯酸鈉、高氯酸鹽及其他氯酸鹽的基本化工原料。廣泛應用於紙漿漂白劑、農藥除草劑、工業用氧化劑(電子產品清洗)、印染氧化劑與媒染劑,以及鞣革、煙火、印刷油墨製造等多個領域。

氯酸鈉主要由電解工藝生產,每生產1t氯酸鈉可副產約620m^3氫氣。2020年中國氯酸鈉產量約為85萬t,即可副產$5.27×10^8 m^3$氫氣,可作為氫能產業的重要氫氣來源。氯酸鈉尾氣中氫氣含量高,原料氣處理關鍵在於脫氧脫氯和PSA分離純化流程,生成的電解產物Cl_2與OH^-在電解裝置中將產生兩個串聯的歧化反應。

陽極:$2Cl^- \longrightarrow Cl_2\uparrow +2e^-$、$E^\ominus=1.36V$ (6-1)

陰極:$2H_2O+2e^- \longrightarrow H_2\uparrow +2OH^-$ (6-2)

液相反應:$Cl_2+H_2O \Longleftrightarrow HClO+H^++Cl^-$ (6-3)

$HClO \Longleftrightarrow H^++ClO^-$ (6-4)

$2HClO+ClO^- \Longleftrightarrow ClO_3^-+2Cl^-+2H^+$ (6-5)

電解總反應式:$NaCl+3H_2O \longrightarrow NaClO_3+3H_2\uparrow +Q$

6.3 石化企業副產氫氣

煉油廠加氫裝置副產含有氫氣、甲烷、乙烷、丙烷、丁烷等的煉廠乾氣,煉廠乾氣的產量約占整個裝置加工量的5%。以往很多企業將煉廠乾氣排入瓦斯管網作為燃料,實際上同樣沒有利用煉廠乾氣的最大價值。氫氣作為煉廠重要原料的用量占原油加工量的0.8%~1.4%。煉油廠生產裝置中,連續重整裝置副產的氫氣是理想的氫源。隨著加工原油的日益劣質化,重整氫氣的產量只能提供占原油加工量需要的0.5%。因此連續重整裝置副產的氫氣遠不能滿足煉油廠日益增加的氫氣需要。多數煉油廠只能通過新建天然氣或煤製氫來彌補氫氣的不足。面對質量越來越差的原油和越來越高的產品質量要求,以及越來越嚴格的環保要求等多重壓力,煉廠應當優先考慮充分利用本廠的氫氣流股和優質輕烴

原料生產氫氣。

煉廠含氫氣體主要有重整 PSA 解吸氣(氫純度 25%～40%)、催化乾氣製乙烯裝置甲烷氫(氫純度 30%～45%)和焦化乾氣製乙烷裝置甲烷氫(氫純度 25%～40%)、加氫裝置乾氣(氫純度 60%～80%)和加氫裝置低分氣(氫純度 70%～80%)、氣櫃火炬回收氣(氫純度 45%～70%)等。回收煉廠含氫氣體通常採用的技術有 PSA、膜分離和深冷分離等。

中國齊魯公司建成了膜分離－輕烴回收－PSA 組合工藝回收含氫流股的氫氣(圖 6－6)。

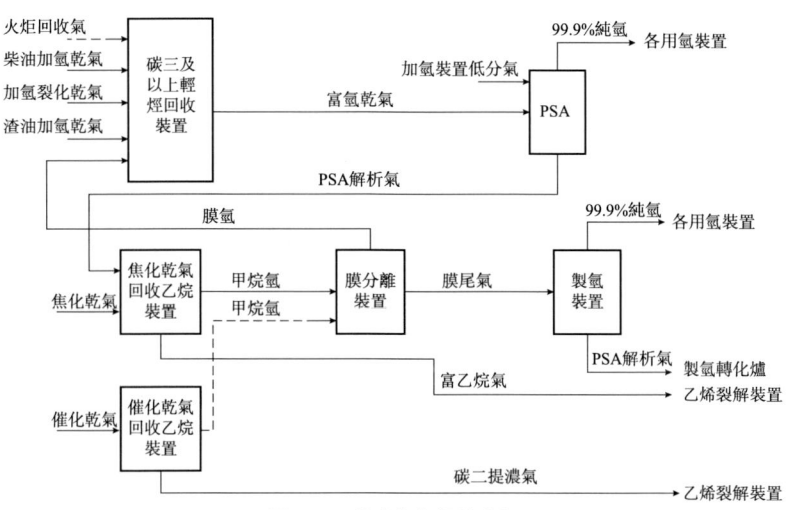

圖 6－6　煉廠氫氣提純流程

該組合工藝技術有以下優點：(1)將煉廠乾氣中 C_1～C_5「吃乾榨盡」，解決煉廠「乾氣不乾」的問題。甲烷氫經過膜分離氫氣提濃後，膜尾氣作為製氫裝置原料。C_2 通過焦化乾氣回收乙烷裝置進行回收，是乙烯裝置的優質裂解原料；C_3、C_4 在輕烴回收裝置中進行回收，液化氣外送或者作為優質裂解原料；C_5 組分通過輕烴回收裝置碳五分離塔進行正異構 C_5 分離，正構 C_5 及以上組分外送至罐區儲存。異構 C_5 作為優質汽油調和組分，直接調和汽油。(2)組合工藝將煉廠乾氣中氫氣回收達到極致。①兩次氫氣提濃。加氫乾氣回收 C_3 以後，氫氣第一次提濃；重整 PSA 解析氣回收 C_2 後，在膜分離裝置進行了第二次提濃。②兩次 H_2 提純。加氫乾氣回收 C_3^+ 後，進入重整 PSA 進行第一次提純。膜尾氣中少量 H_2(體積分數 15%)進入製氫裝置 PSA 進行第二次提純。經歷兩次提濃和兩次提純後，煉廠乾氣中氫氣基本上被回收。只有製氫裝置 PSA 解吸氣作為燃料燒掉為轉化爐提供熱量。

該組合工藝投產後，緩解了廠內氫氣不足的矛盾，也減少了製氫裝置因原料不足導致的跑龍套造成的能源消耗損失。

中國工業副產氫種類多、資源量大，在氫能產業發展起步階段可以起到助推作用，但氫能行業的長期發展無法完全依賴副產氫。原因是：一方面副產氫資源分布不均，如副產

氫最豐富的焦炭行業與中國煤炭產地高度重合，基本分布在西北地區，而用氫大戶則分布在沿海經濟發達地區，因此副產氫無法覆蓋用氫大戶。另一方面，隨著環保和節能要求的提高，以及企業精細化管理水準的提高，絕大多數副產氫都配套了回收裝置，大部分已經內部消化。如焦化企業利用焦爐煤氣生產合成氨、甲醇、LNG 或用於煤焦油加氫。氯鹼行業使用副產氫氣生產聚氯乙烯或鹽酸等。所以實際可外供的副產氫並沒有預計的那麼多。因此副產氫只作為氫能發展的臨時性的局部性的補充，無法全面支撐未來氫能產業的發展。

6.4 弛放氣回收氫氣

弛放氣是化工生產中不參與反應的氣體或因品位過低不能利用而在化工設備或管道中積聚而產生的氣體。由於弛放氣影響設備的傳熱效果、反應速率和進度，降低生產效率等，因此必須定期排放。但弛放氣並非完全無用，為降低生產成本，工業上對弛放氣的利用主要有兩種途徑：一種是經壓縮加壓或升溫後可以繼續利用；另一種是直接在另外的工序中利用其可利用的成分。

6.4.1 合成氨弛放氣

合成氨生產中使用的氮氣來自空氣分離，因此空氣中的氫氣將隨著一起被帶入反應系統。氫氣在空氣中含量（體積分數）為 0.93%。又由於原料氫氣中的甲烷不能完全變換，或者造氣工藝中採用了甲烷化工序，使原料中甲烷含量增加。由於氫氣和甲烷在合成氨反應中屬於不發生反應的惰性氣體，會在反應系統中不斷積累，因此合成系統必須經常排出一部分弛放氣。合成氨工藝中，每生產 1t NH_3 能得到約 200m^3 的尾氣。其中主要含 CH_4、N_2、Ar、NH_3、H_2 等氣體。有的公司把合成氨弛放氣送到三廢爐燃燒，既造成資源浪費，又因為熱值高影響三廢爐的操作。因此，對合成氨弛放氣中的氫氣進行有效回收，具有重大的現實意義。

弛放氣經高效低溫等壓氨回收裝置吸氨後的尾氣組成見表 6-6。

表 6-6 弛放氣組成

物料名稱	H_2	CH_4	Ar	N_2	NH_3
體積分數/%	55	22	2	20	10×10^{-6}

使用低壓膜提氫裝置分離提純弛放氣中的氫氣。氨儲槽弛放氣經高效低溫等壓氨回收裝置處理後除去弛放氣中大量的氨，經等壓氨回收後的弛放氣作為系統原料氣，以 30℃左右的溫度和 1.2MPa 的壓力經調節閥進入膜分離氫氣回收裝置。氫氣回收的工藝流程分為兩個基本過程：①弛放氣的預處理過程，包括氣液分離、預熱及預放空。弛放氣經吸收氨後先進入氣液分離器將夾帶的霧滴除去，再進入過濾器，將氣體中夾帶的微小霧滴及粉塵雜質除去，潔淨的原料氣送加熱器加熱到 50℃左右，以保證進膜前的氣體遠離露點，否則冷凝下來的液滴會在膜分離器的纖維表面冷凝，導致回收率降低，甚至對膜造成損害。最

後送入膜分離器組進行氫分離。②弛放氣的膜分離過程，原料氣進入膜分離器後，在恆定壓差的作用下，氫氣以較快的速率通過纖維膜，形成高濃度的氫從膜分離器側面輸出，稱為滲透氣，送入合成氨系統供生產利用，而含有大量甲烷和部分未被回收氫氣的尾氣由調節閥減壓後作為燃料氣送入三廢爐。

6.4.2 甲醇弛放氣

由於甲醇合成存在許多副反應，這些副反應生成了大量的惰性氣體並在系統中不斷累積，影響了反應的進行，浪費了循環機壓縮功，必須不斷地排放，這種排放氣體稱為弛放氣。甲醇合成弛放氣的主要成分為 H_2、CO、CO_2、H_2O 和 CH_4 等惰性氣體，其中 H_2 和 CH_4 體積分數含量約占 80%。有的甲醇廠商將放空的弛放氣作為預熱爐和鍋爐燃料加以利用。但是，弛放氣熱值僅為焦爐氣的一半，弛放氣產生的經濟效益比較低。回收甲醇弛放氣的有效組分，實現資源的循環利用，成為企業節能降耗的重要問題。甲醇弛放氣的組成如表 6-7 所示。

表 6-7 甲醇弛放氣的組成

組分	體積分數/%	組分	體積分數/%
H_2	78.526	CO_2	5.6
CO	3.9	CH_4	1.9
N_2	9.7	CH_3OH	0.138

下面是某公司採用膜分離法回收甲醇弛放氣的例子。

膜分離的工藝流程分為預處理(水洗塔、氣液分離器、加熱器)和膜分離兩部分。原料氣首先進入水洗塔與經過預熱後的脫鹽水逆流接觸，洗滌除去弛放氣中的甲醇，經水洗後的弛放氣，接著進入氣液分離器，進一步將氣體中霧沫除去，然後再進入套管式原料氣加熱器，將水洗後的原料氣加熱到其露點溫度以上，達到 65℃。這是因為水洗後的弛放氣溫度若低於露點溫度，則原料氣在進入膜分離器分離時，會在纖維表面形成冷凝液，導致回收率下降。預處理完畢後的原料氣直接進入膜分離器進行分離，膜分離器由 5 組外形類似管殼式的換熱器組成，前 3 組並聯後再與同樣採取並聯方式的後 2 組串聯運行。每組膜分離器芯部都是由數以萬計的中孔纖維管組成，原料氣由膜組件下端側面進入後沿纖維束外表面流動，混合氣體接觸到中孔纖維膜時便進行滲透、溶解、擴散、解析過程。由於中孔纖維膜對各種氣體的選擇性不同，從而導致其在膜中的相對滲透速率差別較大，H_2 在膜表面滲透速率是甲烷、氮氣及氬氣等的幾十倍，氫氣進入每根中孔纖維管內，匯集後從滲透氣出口排出，未滲透的氣體從膜分離器尾氣出口排出，從而實現分離提純的目的(圖 6-7)。

經分離後，氫氣純度≥86%，氫氣回收率≥94%。

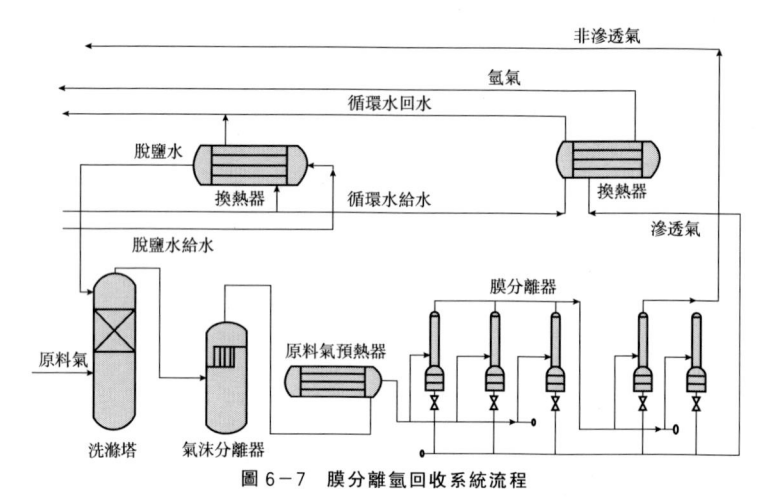

圖 6-7 膜分離氫回收系統流程

下面是某公司利用甲醇弛放氣合成氨的例子。

來自甲醇裝置的弛放氣由 5.9MPa 降壓到 3.2MPa 後，進入變壓吸附 PSA－H_2 系統。每臺吸附器在不同時間依次經歷吸附（A）、多級壓力均衡降、順放、逆放、沖洗、多級壓力均衡升、最終升壓等步驟製得合成氨所需的 H_2 原料。其中逆放步驟排出吸附的部分雜質組分，剩餘的大部分雜質通過沖洗步驟進一步完全解吸，解吸氣主要成分為 CO 和 CH_4，經過解吸氣緩衝罐和混合罐穩壓後送甲醇裝置燃料氣管網，可作為甲醇加熱爐和鍋爐用燃料。

空分裝置送出的氮氣經過氮氣壓縮機增壓到 3.0MPa，進入原料氣精製工序。取少量（約 50m^3/h）的氫氣和氮氣經混合器充分混勻後，通過 1 臺電加熱把混合氣加熱到 80℃，進入脫氧器中，在催化劑的作用下，氫和氧反應生成水，從而去除其中微量的氧氣。然後再與 PSA 製氫裝置的 30000m^3/h 的 H_2 混合，進入乾燥系統去除其中的水分至 <2×10^{-6}，經過壓縮到 15MPa 後，進入合成氨工序（圖 6-8）。

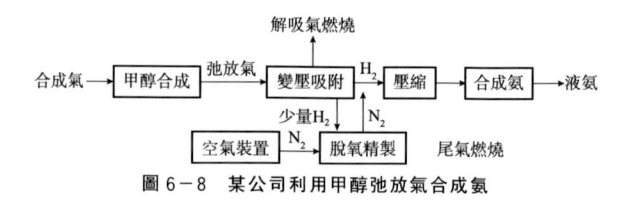

圖 6-8 某公司利用甲醇弛放氣合成氨

弛放氣為原料合成氨，對企業來說是資源綜合利用、延長企業的生產鏈、增加利潤的舉措。

6.5 電石爐尾氣副產氫氣

中國是電石生產大國，2021 年電石產量 2900 萬 t。電石是由 CaO 和焦炭在 2000℃以

上反應生成熔融態碳化鈣(CaC_2)，反應式如下：

$$CaO+3C \Longrightarrow CaC_2+CO(g)-465.2kJ/mol$$

電石是重要的基本化工原料，主要用於產生乙炔氣。也用於有機合成、氧炔銲接等。電石生成的同時產生大量的電石尾氣。

電石爐按照結構不同分為開放式、半封閉式和封閉式3種。其排放的尾氣組成存在差異。主流上電石採用密閉電石爐，密閉電石爐每生產1t電石，排放粉塵53kg。電石爐要消耗195m³ O_2，排放426m³ CO_2氣體。以密閉電石爐為例，尾氣的典型組成為CO：70%～90%；H_2：5%～15%；O_2：1%～2%；CO_2：1%～3%；N_2：3%～10%和少量硫化物、磷化物、氰化物及少量的氧化焦油氣等，並含有50～150g/Nm³的粉塵。電石爐尾氣具有成分複雜、易析出焦油、含塵量大、溫度高、易燃易爆、氣體壓力小等特點，因此輸送、淨化或提純的難度大，回收利用困難。電石爐尾氣組成如表6－8所示。

表6－8 電石爐尾氣組成

組分	CO	H_2	CO_2	N_2	O_2	CH_4
體積分數/%	70～85	5～10	2～5	5～12	<0.5	<2
組分	粉塵濃度/(g/Nm³)	焦油含量/(mg/Nm³)	不飽和烴	溫度/℃	熱值/(Kcal/Nm³)	
數量	100～150	～150	微量	600～800	2100～2500	

電石爐尾氣中含塵量大，其粉塵具有細、輕、黏、不易捕集等特點。尾氣中含微量焦油，焦油在溫度大於225℃時是氣態，在溫度小於225℃時容易析出，容易使除塵布袋黏結堵塞。尾氣溫度高，同時含有難以除淨的大量粉塵，治理難度比較大，在利用前需要對尾氣進行淨化處理。

常用的電石爐尾氣除塵淨化方案有溼法、乾法和乾/溼混合法。

常用的乾法淨化工藝有微孔陶瓷過濾除塵、旋風除塵、布袋除塵、靜電除塵等。旋風去除電石尾氣中密度小，顆粒小的粉塵效率低，很難達到現行中國污染物排放標準要求的限值，很少單獨使用。電石爐尾氣溫度高，若使用微孔陶瓷過濾器，過濾材料、過濾器及風機設備都需要採用耐高溫材質製造，造價和運行維護費用均很高。

電石爐尾氣淨化可使用靜電除塵器。但在冷卻爐氣的溫度分布不均勻的情況下，局部低溫處焦油易黏結，影響設備的安全性和除塵效率。靜電除塵器幾乎沒有能實現達標排放的，且因除塵效率較低、造價高等原因未能推廣。

爐氣溼法除塵技術的優點是在連續生產狀態下工藝成熟、可靠。不足之處是：①耗水量大，淨化1m³電石爐尾氣需水60L，乾旱缺水地區實施有困難。②工藝流程長，設備複雜，動力消耗大。粉塵中的CaO遇水生成$Ca(OH)_2$溶液，鹼性強、黏性大，對設備有較大的腐蝕作用，維護保養設備成本高。③淨化過程產生含氰廢水和大量污泥等二次污染物，需進行綜合利用和無害化處理，需增建廢水、污泥處理裝置。

綜合乾法除塵和溼法除塵淨化技術的優缺點，技術人員將溼法和乾法淨化技術結合，開發了乾/濕混合法淨化技術。清洗尾氣的水實現了閉路循環，無污染物外排，使密閉電石爐尾氣達到化工利用的標準。乾/濕混合法主要設備有高溫布袋除塵器、二級旋風分離

器、三級冷卻器、粗氣風機、空冷風機、淨氣風機、鏈板輸送機、粉塵總倉等。溼法淨化系統主要由循環泵、反沖洗泵、組合式冷卻塔、機械過濾器、反沖洗水箱、擠壓袋式除油機、隔油沉澱池、應急排放池、循環水處理系統等組成。在淨化過程中，尾氣先經乾法除塵裝置除去粒徑$\geqslant 0.7\mu m$的顆粒及大部分粉塵，將粉塵質量濃度降到小於$50mg/m^3$，得到溫度為250～260℃的淨化氣。之後將使用溼法淨化系統去除CO_2和剩餘粉塵，製得主要成分為CO和少量H_2，符合化工使用要求的氣體。

一些焦炭企業的電石爐尾氣只是經過簡單處理後，作為燃料用於燒石灰、燒鍋爐，並沒有發揮電石爐尾氣的最大價值。電石爐尾氣的主要成分是CO和H_2，在經過淨化處理後，可利用CO和H_2生產高附加值產品，如甲醇、甲酸鈉、二甲醚、合成氨、乙二醇等，甚至通過變換反應後提取氫氣。

當前正處於從研發階段轉入規模化、商業化示範應用的關鍵時期。依託化工生產裝置，中國工業副產氫資源豐富，通過對中國化工副產氫來源、成本、競爭力等分析可以看出，到2030年前，中國工業副產氫將成為在完成綠氫替代前培育氫能終端市場的重要過渡手段，工業副產氫具有成本低、分布廣等特點，可以有力地推動氫能源產業下游市場的培育。

習題

1. 概述焦爐煤氣的主要雜質組分及其去除技術。
2. 概述氯鹼副產氫氣的主要雜質組分及其去除技術。
3. 概述電石爐尾氣的主要雜質組分及其去除技術。
4. 查閱文獻資料，歸納總結石化企業實現氫平衡策略。
5. 查閱文獻資料，對比電石爐尾氣各種除塵技術的優劣點。
6. 查閱文獻資料，通過技術經濟衡算，試對年產30萬t氨的生產裝置弛放氣回收提供決策建議。
7. 查閱文獻資料，通過技術經濟衡算，試對年產20萬t甲醇的生產裝置弛放氣回收提供決策建議。

第 7 章　太陽能製氫

太陽是一座核聚合反應器，科學家們認為太陽上的核反應是：
$$4{}_1^1H \longrightarrow {}_2^4He + 2\beta^+ + \Delta E$$
其中 β^+ 為正電子的符號。這個反應又稱為氫核的聚變反應。

太陽雖然經歷了幾億年的發展，但還處於其中年時期。組成太陽的物質中 75% 是氫，且它在持續地變為氦，釋放出的巨大能量擴散到太陽的表面，並輻射到星際空間。太陽的內部中心溫度可達到 10^8 K，輻射的光譜波長為 10pm～10km，其中 99% 的能量集中在 0.276～$4.96\mu m$，發射功率為 3.8×10^{26} W，地球上接受太陽的總能量約為 1.8×10^{16} kW，僅為太陽輻射總能量的 20 億分之一，但卻是人類每年消耗能源的 12000 倍。地球表面接受的太陽能功率，平均每平方米為 1.353kW。

在人類使用的能源中，除直接用太陽的光能和熱能外，化石能、風能、水能、生物質能等均來源於太陽能。太陽能有著以下獨特的優點：

(1) 相對於常規能源的有限性，太陽能有著無限的儲量，取之不盡、用之不竭；
(2) 有著存在的普遍性，可就地取用；
(3) 作為一種清潔能源，在開發利用過程中不產生汙染；
(4) 從原理上技術可行，有著廣泛利用的經濟性。

人類利用太陽能已有 3000 多年的歷史。將太陽能作為一種能源和動力加以利用，只有 300 多年的歷史。利用太陽能製氫的方法有太陽能熱分解水製氫、光伏太陽能發電電解水製氫(只是電能來源於太陽能，同於第 5 章)、光催化分解水製氫、太陽能光化學電解水製氫、太陽能生物製氫(見第 8 章)等(圖 7-1)。利用太陽能製氫有重大的現實意義，但這卻是一個十分困難的研究課題，有大量的理論和工程技術問題需要解決。世界各國都十分重視，投入巨大資源進行研發，並取得了很多進展。

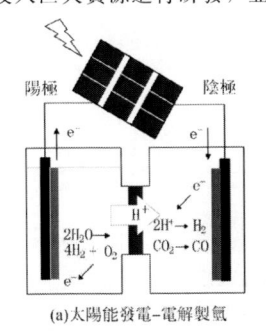

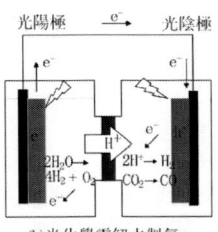

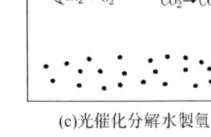

圖 7-1　太陽能製氫技術
(a) 太陽能發電-電解製氫　(b) 光化學電解水製氫　(c) 光催化分解水製氫

7.1 太陽能製氫的基本知識

水的分解反應為吸熱反應，反應的熱效應為 237.13kJ/mol，如果想利用熱來實現分解水需要 2000℃以上的高溫。依靠太陽光直接分解水則需要波長約為 170nm 的高能量光，可見光波長為 400~760nm，紫外線波長為 290~400nm，因此直接分解水幾乎不可能。

$$2H_2O \Longrightarrow 2H_2 + O_2 - 237.13kJ/mol$$

半導體(Semiconductor)是一種電導率介於絕緣體和導體之間的材料。半導體在某個溫度範圍內，隨著溫度升高電荷載流子的濃度增加，使得電導率上升、電阻率下降；在絕對零度時，成為絕緣體。依有無加入摻雜劑，半導體可分為：本徵半導體、雜質半導體(n型半導體、p型半導體)。如果在純矽中摻雜(doping)少許的砷或磷(最外層有5個電子)，就會多出1個自由電子，這樣就形成n型半導體；如果在純矽中摻入少許的硼(最外層有3個電子)，就反而少了1個電子，而形成一個空穴(hole)，這樣就形成p型半導體。

能帶理論(Energy band theory)是用量子力學的方法研究固體內部電子運動的理論。固體材料的能帶結構由多條能帶組成，類似於原子中的電子能階。電子先佔據低能量的能帶，逐步佔據高能階的能帶。根據電子填充的情況，半導體能帶分為：傳導帶，簡稱導帶，少量電子填充(Conduction Band, CB)。價電帶，簡稱價帶，大量電子填充(Valence band, VB)。導帶和價帶間的空隙稱為禁帶(Forbidden band，電子無法填充)，大小為能隙(Band gap)。一般常見的金屬材料其導電帶與價電帶之間的能隙非常小，在室溫下電子很容易獲得能量而跳躍至導電帶而導電，而絕緣材料則因為能隙很大(通常大於 9eV)，電子很難跳躍至導電帶，所以無法導電。一般半導體材料的能隙為 1~3eV，介於導體和絕緣體之間。因此只要給予適當條件的能量激發，或是改變其能隙間距，此材料就能導電。

利用半導體光催化分解水製氫則可以在室溫下進行。其基本原理為半導體通過吸收太陽光實現電子從基態躍遷至激發態並產生足夠能量的導帶電子和價帶空穴以滿足水分解的熱力學要求。半導體的價帶為「滿帶」，完全被電子佔據；導帶為「空帶」，沒有電子佔據。半導體價帶頂與導帶底的能量差稱為「能隙」，當半導體吸收能量等於或大於其能隙的光子時，電子將從價帶(VB)激發到導帶(CB)，生成電子(e^-)，在 VB 中留下空穴(h^+)(圖 7-2)。由於

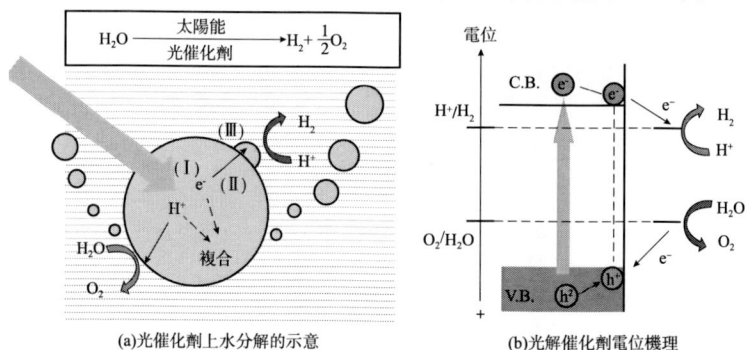

(a)光催化劑上水分解的示意　(b)光解催化劑電位機理

圖 7-2　光催化分解水製氫原理

半導體能帶的不連續性，電子或空穴在電場作用下或通過擴散的方式運動，當彼此分離後遷移到半導體的表面，與吸附在表面的物質發生氧化還原反應，或者被體相或表面的缺陷擷取，也可能直接復合、以光或熱輻射的形式轉化。光激發產生的電子－空穴對具有一定的氧化和還原能力，由其驅動的反應稱為光催化反應。

當光照射半導體時，若 $h_\nu > E_g$（能隙能量），價電子 e^- 受激發可躍遷至導帶，形成電子－空穴對，即光生載流子。由於熱振動等因素大部分光生載流子會快速復合掉，只有少部分的光生載流子遷移到半導體表面。之後仍有一部分光生載流子繼續在半導體表面發生復合，其餘部分光生載流子與半導體表面吸附的水分子發生氧化還原反應生成 H_2 和 O_2。

h_ν 為入射光子能量。其中 h 為普朗克常數（$h = 6.63 \times 10^{-31} J/s$），$\nu$ 為電磁輻射頻率；E_g 為導帶的最低點和價帶間的最高點之間的能量差，單位為 eV，$1 eV = 1.6 \times 10^{-19} J$。

根據激發態的電子轉移和熱力學的限制，光催化分解水製氫要求半導體的導帶底能階比質子還原電位更負，而價帶頂能階比水的氧化電位更正。從理論上講，驅動全分解水反應所需的最小光子能量為 1.23eV，對應波長約為 1000nm 的光子。但實際上，由於半導體能帶彎曲的影響和水分解過電位的存在，對半導體能隙的要求往往大於理論值，認為應大於 1.8eV。一般來說，光催化分解水反應包括光催化還原反應和光催化氧化反應。在光催化還原反應中光生電子還原電子受體 H^+，相應的氧化反應為空穴氧化電子給體 H_2O，整體的反應速率由速率較慢的反應決定。就熱力學而言，光催化水氧化反應是熱力學爬坡的反應（$\Delta G^\ominus$ 為 237kJ/mol），同時涉及 4 個電子的轉移過程，而光催化水還原反應只需 2 個電子參與且 $\Delta G^\ominus$ 接近零，因此光催化氧化反應通常被認為是水分解反應的速控步驟。

半導體光催化主要涉及 3 個過程（圖 7-2）：（Ⅰ）光吸收與激發；（Ⅱ）光生電子和空穴的分離與轉移；（Ⅲ）表面催化反應。太陽能到氫能的轉化效率直接由光吸收效率、電荷分離效率和表面催化反應效率的乘積決定。只有 3 個過程同時高效進行才能獲得較高的太陽能到氫能轉化效率。此外，這 3 個過程並不是互相獨立的，而是相互作用、互相影響的。

在光催化過程中參與反應的是激發態的電子和空穴，具有一定的氧化/還原能力可以實現室溫下熱力學不可自發進行的反應，光催化是利用激發態的載流子驅動反應，所用的催化材料則要求一定為半導體。

光催化性能通常用活性來表示，反應速率表示每光照 1h 產生的氣體量：$\mu mol/h$。光催化反應速率與光催化劑的質量或比表面積並不是線性對應關係，但也有文獻使用催化劑質量或表面積歸一化表達 $\mu mol/(h \cdot g)$，$\mu mol/(h \cdot m)$。考慮不同類型的設備和條件變化對性能有明顯影響，應詳細描述測試活性的實驗條件。由於不同實驗室光照條件和反應器類型不同，直接比較不同光催化劑的反應速率無法客觀判斷催化劑性能好壞，由此引入了單一波長下的量子效率（Quantum Efficiency，QE）和太陽能到氫能（Solar-To-Hydrogen efficiency，STH）轉化效率 2 個參數進行比較。

量子效率分為內量子效率（Internal Quantum Efficiency，IQE）和表觀量子效率（Apparent Quantum Efficiency，AQE）。IQE 是參與反應的光子數與被催化劑吸收的光子數之比；AQE 是指參與反應的光子數與總入射光子數之比。在光催化研究中，由於光散射等因素，使得催化劑吸收的光子數難以測定（難以計算出 IQE），通常採用測定入射光子數

的方法計算特定波長下的 AQE。

$$IQE = \frac{參與反應的電子數}{吸收的光子數} \times 100\% \quad (7-1)$$

$$AQE = \frac{參與反應的電子數}{入射的光子數} \times 100\% = \frac{2 \times H_2 分子的數量}{入射的光子數} \quad (7-2)$$

$$STH = \frac{輸出的氫能}{入射太陽能總量} \times 100 = \frac{產氫速率(mol/s) \times \Delta G^{\ominus}(273.13 \times 10^3 J/mol)}{太陽光能量密度(0.1W/cm^2) \times 照射面積(cm^2)} \times 100\% \quad (7-3)$$

7.1.1 光催化劑

已開發的半導體光催化劑有 200 多種，按照吸收光譜波長不同，可分為紫外光響應和可見光響應光催化劑。

光催化材料的吸收閾值(λ_0)與其禁帶的關係為：

$$\lambda_0 = \frac{1240}{E_g} \quad (7-4)$$

紫外光響應的光催化材料按照中心原子的電子結構可分為含 d^0 和 d^{10} 電子態的金屬氧化物。d^0 電子態金屬氧化物以 Ti 基、Zr 基、Nb 基、Ta 基、W 基、Mo 基氧化物或含氧酸鹽為主。TiO_2 和 $SrTiO_3$ 是最為典型的 Ti 基氧化物。Ta 基的半導體材料，如 $Na(K, Li)-TaO_3$ 因其鹼金屬離子不同活性差別很大，主要原因是類似鈣鈦礦結構中 A 位離子半徑的不同而引起的 Ta-O-Ta 的鍵角即彎曲程度的不同，以及電子離域程度的不同，其中 $NaTaO_3$ 的活性最高。Nb 基化合物的典型代表為 $K_4Nb_6O_{17}$ 和 $Rb_4Nb_6O_{17}$，這類材料的陽離子可以被離子交換，同時特殊的結構也有利於實現產氫產氧的空間分離。d^{10} 電子態金屬氧化物以 Ga 基、In 基、Ge 基、Sn 基和 Sb 基氧化物為主，如 Ga_2O_3、$ZnGa_2O_4$、Zn_2GeO_4 和 $CaIn_2O_4$ 等。這類材料中，由 d^{10} 金屬的 sp 軌道構成半導體的導帶。除了氧化物外，含 d^{10} 電子態的金屬氮化物(如 Ge_3N_4 和 GaN)也可作為光催化材料。這類光催化材料普遍光穩定性優異，不易發生自身的氧化且毒性低，但吸光範圍比較有限。

在太陽光譜中紫外光只占全部光譜的 5% 左右，而可見光占整個太陽光譜的 43% 左右。其在 400~800nm 範圍，表明半導體的能隙在 1.56~3.12eV 比較合適。因此，開發可見光響應尤其是具有長波長吸收的光催化劑是提高太陽能利用率的有效途徑之一。可見光響應的材料可分為氧化物、陽離子摻雜氧化物、陰離子摻雜氧化物、氮(氧)化物、硫氧化物、鹵氧化物、硫化物、硒化物、固溶體、等離子共振體等。

具有可見光響應的氧化物主要有 WO_3、Fe_2O_3、$BiVO_4$、Cu_2O、Ag_3VO_4、$SnNb_2O_6$、$PbBi_2Nb_2O_9$、Bi_2MoO_6 等，含 Ag^+、Pb^{2+}、Cu^+、Sn^{2+}、Bi^{3+} 金屬 ns 軌道的氧化物。這類材料大部分具有良好光穩定性，缺點是對可見光吸收的拓展比較有限，大多數吸收帶邊在 500nm 以內。陽離子摻雜的可見光催化材料常以 TiO_2、$SrTiO_3$ 為主體材料，摻雜 Cr、Sb、Rh、Ta 等金屬元素，這類材料通常依靠陽離子的引入提供比 O_{2p} 軌道更正的能階實現對可見光的吸收，但由於電荷的不平衡易造成新的電子和空穴復合中心，

不利於光生電荷的分離，可通過雙金屬離子共摻雜的策略補償電荷的不平衡。陰離子摻雜氧化物的陰離子主要為電負性小於 O 的 C、N、S、Cl 等，通過提升 O_{2p} 軌道能階實現吸光的拓展。在這類材料中陰離子的摻雜量對吸光的影響較大，若摻雜量有限，只能獲得可見光區的有限吸收，並不能獲得吸收帶邊的整體紅移。如選擇具有特殊結構(如層狀、隧道狀)的氧化物進行氮摻雜，可實現吸收帶邊的整體紅移(如 $MgTa_2O_{6-x}N_x$ 和 $Sr_5Ta_1O_{15-x}N_x$)。該類材料一般具有優異的吸光性能，但穩定性較差，在水氧化反應的測試中 N_3 容易被光生空穴氧化生成 N_2。

氮(氧)化物和硫氧化物是一類可見光催化材料，一般含有 Ti^{4+}、Ta^{5+}、Nb^{5+} 等 d^0 構型的中心原子。例如：TaON、Ta_3N_5、$LaTiO_2N$、$LaTaON_2$、$ABO_2N(A=Ca、Sr、Ba、La；B=Ta、Nb)$、$Sm_2Ti_2S_2O_5$ 等，這類材料的價帶一般由 N_{2p} 和 O_{2p}，或 S_{2p} 和 O_{2p} 的混合軌道構成，因此如何提升其穩定性是研究的重點。

鹵氧化物如 $Bi_4MO_8X(M=Nb、Ta；X=Cl、Br)$，其價帶為 Bi_{6s} 軌道和 O_{2p} 軌道之間通過空的 Bi_{6p} 軌道實現強的雜化構成。該類材料具有較好的光催化水氧化性能，且光穩定性較好，但光催化質子還原性能較差。

不含氧元素的半導體光催化材料主要為硫化物以及硒化物。CdS 和 CdSe 是其中最典型的代表。其中 CdS 的光催化產氫性能優異，但由於其價帶由 S_{2p} 軌道構成，不能實現水氧化反應，同時存在嚴重的光腐蝕(S_2^- 被光生空穴氧化)。除了單一材料，通過固溶體的形成可對吸光性質進行精細調變。如 GaN 和 ZnO 形成的 GaN-ZnO 固溶體(第一個在可見光下實現全分解水製氫的材料)，$LaMg_xTa_{1-x}O_{1+3x}N_{2-3x}$ (第一個吸光到 600nm 的全分解水製氫的材料)，以及 $AgInS_2-ZnS$、$CuInS_2-ZnS$、$CuInS_2-AgInS_2-ZnS$、$ZnSe-CuGaSe_2$ 等系列吸光到 700nm 的硫化物固溶體和硒化物固溶體等。

(1) 金屬氧化物半導體光催化劑

金屬氧化物半導體光催化劑與其他光催化劑相比具有在反應條件下穩定、無毒且儲量豐富等優點。d^0 或 d^{10} 過渡金屬陽離子的氧化物，如 Fe_2O_3、WO_3、ZnO、$BiVO_4$、Cu_2O、Ta_2O_5 和 Ga_2O_3 等被廣泛用作光解水製氫的催化劑。然而，大多數金屬氧化物的性能受到寬能隙、光擷取率低和電荷復合率高的限制。在金屬氧化物半導體光催化劑中研究的較多的是 TiO_2，其因具有穩定、耐腐蝕、無毒、豐富、廉價等特點而受到人們的廣泛關注。TiO_2 有 3 種晶型，即銳鈦礦型、金紅石型和板鈦礦型。板鈦礦型 TiO_2 沒有光催化活性，金紅石型 TiO_2 的活性也較低，實驗證明，銳鈦礦型 TiO_2 催化產生 H_2 的速率是金紅石型 TiO_2 的 7 倍。制約 TiO_2 實際應用和經濟性的因素有兩個：一方面，由於光生電子和空穴的快速復合，TiO_2 光解水製氫的太陽能轉化效率太低；另一方面，TiO_2 禁帶寬度較大(約 3eV)，只能利用太陽光中的紫外光部分，而紫外光僅占太陽光譜的 4%~5%，寬能隙導致 TiO_2 對太陽能的利用效率不高。為了提高 TiO_2 在可見光照射下的光催化性能，需對 TiO_2 進行改性來調整其禁帶寬度。對 TiO_2 的改性研究包括金屬摻雜 TiO_2、非金屬摻雜 TiO_2、半導體與 TiO_2 復合等。與大多數金屬離子相比，非金屬摻雜(N、F、C、S 等)的效率更高，因為摻雜後形成的電荷復合中心更少，能隙也更窄，因此對可見光具有較高的響應性。當銳鈦礦結構中加入 4.91%(質量分數)的氮時，其光學能隙從 3.28eV(未摻雜

銳鈦礦 TiO_2 樣品)減小到 2.65eV。S 摻雜 TiO_2 可以減小其能隙能，這有利於可見光的吸收，從而提高催化劑的光催化性能。

(2)金屬硫化物半導體光催化劑

金屬硫化物，如 $ZnIn_2S$、$CuInS_2$、Cu_2ZnSnS_4 等，在光催化領域受到了研究者們廣泛的關注並獲得了快速的發展。金屬硫化物的價帶通常由 S 的 3p 軌道組成，與金屬氧化物相比，其具有更負的價帶和更窄的能隙。研究多集中在 CdS、ZnS 及其固溶體上。

CdS 具有合適的能隙(2.4eV)和良好的能隙位置，常被認為是比較有吸引力的響應可見光的光催化劑。然而，CdS 中的 S^{2-} 很容易被光生空穴氧化並伴隨著洗脫 Cd^{2+} 進入溶液中而發生光腐蝕現象，並且單一的 CdS 光解水製氫的效率較低。因此，純 CdS 的光催化活性仍不理想，急待提高。為了解決這些問題，研究者們採取一些改性策略(合適的結構設計、摻雜、助催化劑改性和與其他半導體複合等)來提高 CdS 的光催化產氫效率。結構設計方面，如採用溶解—再結晶法水熱合成具有堆堆層錯結構的 CdS 奈米棒，CdS 晶體中許多立方結構單位傾向於轉變為六方相，這導致形成了大量的堆堆層錯結構，由於立方和六方單位的能帶結構不同，顯著提高了光生電子和空穴的分離速率。

ZnS 是金屬硫化物成員中另一種很好的光解水製氫催化劑。在硫化物/亞硫酸鹽(Na_2S 和 Na_2SO_3)作為還原劑存在的情況下，ZnS 表現出較好的光催化效果，在 313nm 處的表觀量子效率達 90%。但 ZnS 的能隙較寬(3.6eV)，只能利用紫外光，摻雜改性 ZnS 已被證明是提高其可見光催化效率的有效方法之一。摻雜 ZnS 的 In(0.1)，Cu(x)—ZnS 光催化劑，在可見光照射下，共摻雜 Cu 可以顯著提高單摻雜 In(0.1)—ZnS 的光催化活性，產氫效率為 131.32μmol/h，幾乎是單摻雜 In(0.1)—ZnS 的 8 倍。N、C 共摻的分級多孔 ZnS 光催化劑具有結晶良好的纖鋅礦結構，與未摻雜的 ZnS 相比，其具有優異的可見光吸收性能。考慮兩者間的類似晶體結構，近年來，$Cd_{1-x}Zn_xS$ 固溶體的製備受到了廣泛的研究。

(3)石墨碳氮化物($g-C_3N_4$)光催化劑

$g-C_3N_4$ 是一種新型的非金屬可見光催化劑，禁帶寬度 2.7eV，可以吸收太陽光譜中波長小於 475nm 的藍紫光，具有無毒、可見光響應能力強、低成本、耐光腐蝕等優點。得益於合適的能帶位置(CB 位置負於 H^+/H_2，VB 正於 H_2O/O_2)，$g-C_3N_4$ 在太陽能驅動的水分解理論上來說是可行的。然而，在實際的水分解反應中，$g-C_3N_4$ 粉末即使在犧牲劑的協助下也不能有效析出 H_2，其主要原因在於光生電荷從體相轉移到表面的速率緩慢，以及其表面結構對 H_2O 的吸附和活化能力不理想。對 $g-C_3N_4$ 進行合理的表面結構設計，從根本上解決上述缺陷從而促進其光催化產氫性能是十分必要的。表面助催化劑的負載是克服上述問題的一種可行策略，這主要是因為助催化劑的負載可以優化 $g-C_3N_4$ 表面對 H_2O 的吸附活化能力和其本身的電荷輸運效率。將塊狀 $g-C_3N_4$ 剝離成二維 $g-C_3N_4$ 奈米片可以顯著提高 $g-C_3N_4$ 的性能。此外，對 $g-C_3N_4$ 進行摻雜、與其他半導體複合和構築異質結等改性處理能有效提高其光催化性能。

(4)金屬氮(氮氧)化物光催化劑

具有 d^0 電子結構的金屬氮(氮氧)化物(如 Ta_3N_5 和 Ta—ON)的價帶主要由 N_{2p} 和 O_{2p} 雜化軌道組成，導帶主要由相應金屬的空 d 軌道組成。金屬氮(氮氧)化物光催化劑的研究

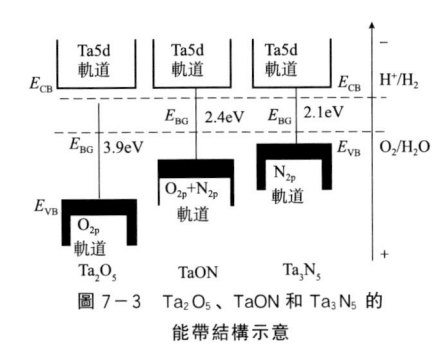

多集中在 Ta_3N_5、TaON、$LaTaON_2$ 和 $ATaO_2N$（A=Ca、Sr、Ba）。Ta_3N_5 和 TaON 的 CB 最小值分別約為 $-0.3eV$ 和 $-0.5eV$，而 Ta_3N_5 和 TaON 的 VB 最大值分別約為 $1.6eV$ 和 $2.1eV$，能隙位置表明 Ta_3N_5 和 TaON 均可用於光解水的氧化還原反應（圖7-3）。通常，金屬氮（氮氧）化物光催化劑可以氨氣（NH_3）作為氮源，通過高溫氮化鉭基氧化物前軀體來製備，TaON和金屬氮（氮氧）化物光催化劑可通過摻雜、形態控制、助催化劑的設

圖7-3 Ta_2O_5、TaON 和 Ta_3N_5 的能帶結構示意

計和異質結的構建等多種策略來提高其光催化性能。研究人員合成了由聚吡咯（PPy）敏化的 Nb 摻雜 Ta_3N_5（Nb-Ta_3N_5/PPy）全解水光催化劑，合成的 Nb-Ta_3N_5/PPy 在可見光照射下析氫效率和析氧效率分別達 $6\mu mol/(g/h)$ 和 $32.8\mu mol/(g/h)$。其光催化性能的增強主要是由於引入 Ta_3N_5 晶格中的 Nb 摻雜劑在 Ta_3N_5 的 VB 和 CB 之間起到中間帶的作用，減小了 Ta_3N_5 的能隙能，從而提高了電子-空穴對的分離效率。具有中空類海膽奈米結構的層狀鉭基氧化物和氮（氮氧）化物在420nm的光照下，顯示出 $381.6\mu mol/(g/h)$ 的析 H_2 效率，表觀量子效率9.5%，析氫效率比傳統 TaON 高約47.5倍。MoS_2/Ta_3N_5 異質結光催化劑，添加5.2%（質量分數）MoS_2，複合光催化劑的析 H_2 效率達到 $119.4\mu mol/(g/h)$，其產氫效率與 P 作為助催化劑的 Ta_3N_5 奈米片相當。

(5) 層狀化合物光催化劑

層狀化合物光催化劑是一類結構類似於雲母、黏土的層狀半導體金屬氧化物。由於其層間可以進行修飾，使其作為反應場，產生的光致電子能夠有效地遷移到催化劑表面。從而能有效地抑制電子-空穴的再復合，表現出較高的光催化活性，量子效率高。其具有的多元素、複合型結構也為材料的修飾和改進提供了更廣泛的空間。對於可見光催化劑研究使用最多的是鈣鈦礦型光催化劑，其按化學組成主要有3類：鈦酸鹽化合物、鉭酸鹽化合物和鈮酸鹽化合物，此外還有鋼酸鹽、鉍酸鹽等。

① 層狀鈦酸鹽催化劑

層狀鈦酸鹽的主體結構是 TiO_6 八面體共角或共邊形成帶負電的層狀結構。帶正電的金屬離子填充在層與層之間，而扭曲的 TiO_6 八面體被認為在光催化活性的產生中起著重要作用。層狀鈦酸鹽催化劑因為可通過過渡金屬、鹼金屬和稀土金屬離子的摻雜來減小其禁帶寬度。並且還可抑制光致電子和空穴的再結合。選擇摻雜元素的種類要根據催化劑本身化學組成進行。研究發現，在多種摻雜劑中只有 Cr 和 Fe 對可見光有強烈的吸收，但只能在甲醇-水體系中生成 H_2。通過溶膠-凝膠法製備的 $K_2La_2Ti_3O_{10}$ 和釩(V)摻雜的 $K_2La_2Ti_3O_{10}$，分別在紫外光和可見光下進行了光催化實驗，結果表明，摻雜 V 的 $K_2La_2Ti_3O_{10}$ 在紫外光和可見光下 H_2 生成速率分別為 $96\mu mol/(gcat·h)$ 和 $42.2\mu mol/(gcat·h)$，比未摻雜的分別提高了75%和167%。Co 離子摻雜可導致二氧化鈦催化劑光吸收紅移，$CeCo_{0.05}Ti_{0.95}O_{3.97}$ 在可見光($\lambda<785nm$)具有反應活性，Co 離子的

存在有效地減小了光致電子、空穴再結合，同時由於 Ce 離子的作用使其具有較高的 BET 比表面積($80\sim130m^2/g$)。

②層狀鈮酸鹽光催化劑

層狀鈮酸鹽($K_4Nb_6O_{17}$)主體是由 NbO 八面體單位通過氧原子共用堆積成不對稱層。由於層與層間堆積方位的差異形成兩種不同的 K^+ 填充的層間結構，即層Ⅰ和層Ⅱ。水的還原和氧化反應分別在層Ⅰ和層Ⅱ中進行。同時 K^+ 在兩層表面的不均勻分布，這些都會有利於電子和空穴的分離。將 Cs 負載在層狀化合物 $K_4Nb_6O_{17}$ 後，提高了催化活性，這是由於 Cs 有較低的電離能，用這種催化劑在甲醛溶液中催化分解水產生 H_2 的速率達到 37.4mmol/(h.gcat)。$ABi_2Nb_2O_9$(A＝Ca、Sr)為斜方晶系結構而 $BaBi_2Nb_2O_9$ 是四角形結構。$CaBi_2Nb_2O_9$、$SrBi_2Nb_2O_9$ 和 $BaBi_2Nb_2O_9$ 禁帶寬度分別約為 3.46eV、3.43eV 和 3.30eV。這三種催化劑在含有犧牲劑(甲醇或 Ag^+)的水溶液及紫外光下可分解水生成 H_2 和 O_2。

③層狀鉭酸鹽光催化劑

具有光催化活性的層狀鉭酸鹽種類報導的較少，主要有：$RbLnTa_2O_7$(Ln＝La、Pr、Nd 和 Sm)、$A_2SrTa_2O_7$(A＝H、K 和 Rb)、$Sr_2Ta_2O_7$ 等。$Sr_2Ta_2O_7$ 在紫外光下，顯示出鹼土鉭酸鹽最高的催化活性，由於具有較高的導帶位置使其不用通過添加共催化劑來實現其活性。層狀鉭酸鹽光催化活性大多在紫外光下才能體現出來。

(6)有機半導體光催化劑

有機半導體是一種具有半導體性質的有機物，主要組成元素碳、氫等以分子的形式存在。有機半導體中分子間相互作用力較弱、能帶較窄、光吸收範圍寬，電導率在 $10^{-10}\sim100S/cm$ 範圍內，包含的熱激發載流子非常少。有機半導體本質上是低溫材料，可在低於 $100\sim150℃$ 的溫度下從氣相或溶液加工成具有低密度電子缺陷的薄膜。非晶有機半導體載流子遷移率低[$10^{-5}\sim10^{-3}cm^2/(V/s)$]，電流密度低。多晶有機半導體能夠提供高於 $1cm^2/(V/s)$ 的場效應遷移率，如結晶膜和聚合物膜中的有機半導體的遷移率分別超過 $5cm^2/(V/s)$ 和 $1cm^2/(V/s)$。常見的小分子型有機半導體材料有富勒烯(C_{60}，Fullerene)、苝醯亞胺(PDIs)、卟啉(Pors)、酞菁(Pcs)等；高分子型有機半導體材料包括聚乙炔型(polyacetylene)、聚芳環型和共聚物型三大類，如聚吡咯(PPy)。

常見新型光電極材料有：聚合氮化碳(PCN)、共價有機框架材料(Covalent Organic Frameworks，COFs)、金屬有機框架材料(Metal－Organic Frameworks，MOFs)及其他共軛聚合物 P3HT[聚 3－己基噻吩，(poly 3－Hexylthiophene，P3HT)、pDET]，但除了 PCN 及 P3HT 等材料外，大部分新型光電極的光電流仍低於 $100\mu A/cm^2$。這些材料在電極的製備、材料的缺陷調控及介面間的修飾等方面還有待優化。在篩選新型光電極材料時，還要關注電極的起始電位。值得注意的是，新型光電極材料在粉末形式的光催化水分解製氫研究中具有較高的析氫效率與穩定性。

7.1.2 助催化劑

可用於光解水製氫反應的材料種類很多，幾乎包括了元素週期表裡 s、p、d 區及鑭系

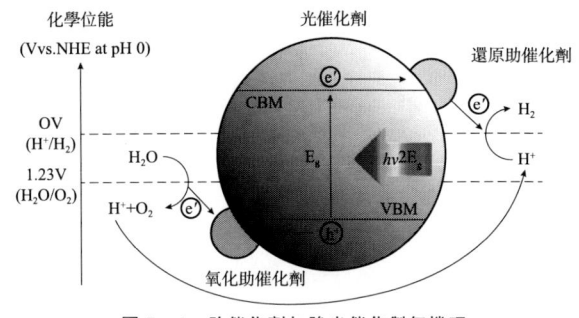

圖7-4 助催化劑加強光催化製氫機理

中所有的元素。還沒有一種單獨的半導體可以同時滿足高效光催化劑的所有要求。單純光催化劑體系在光催化產氫過程中的活性仍相對較低。光生電子和空穴的復合通常意味著將所吸收光能浪費在無用的熒光和散熱上，導致光催化量子效率下降和光催化活性降低。在催化劑表面負載助催化劑可以有效擷取光生電子或空穴，從而降低光生載流子的復合（圖7-4）。同時，在光催化產氫催化劑表面複合助催化劑有時還可作為催化反應活性位起到降低反應活化能或產氫過電位的作用。

(1) 金屬助催化劑

金屬助催化劑是使用最廣、催化活性較高的一類助催化劑。在光解水產氫技術中，此類助催化劑主要包括單獨貴金屬、雙貴金屬、過渡金屬單質等。貴金屬Pt、Au、Ag、Pd的費米能階（溫度為絕對零度時固體能帶中充滿電子的最高能階，經常被當作電子或空穴化學位能的代名詞）通常低於半導體光催化劑，功函高（電子要脫離原子必須從費米能階躍遷到真空靜止自由電子能階，這一躍遷所需的能量叫做功函，其含義類似於電子逸出功）。當貴金屬負載在半導體表面時，貴金屬助催化劑能夠擷取光生電子，同時光生空穴會滯留在主催化劑內，從而實現光生電子-空穴對的有效分離，降低載流子的復合機率。

貴金屬具有適當的功函，如Pt為5.39eV，Au為5.31eV，當它們負載在TiO_2上後能夠有效地提高TiO_2的光催化產氫活性。Pt或Au的費米能階恰好在TiO_2的導帶底和標準氫電極之間，當光照射到TiO_2後，光生電子能夠從TiO_2的表面轉移到Pt或者Au上，從而降低電子-空穴對的復合機率，提高光催化產氫活性。研究人員研究紫外光下Pt/TiO_2（0~4%Pt，質量分數）和Au/TiO_2（0~4%Au，質量分數）的產氫效率，發現1%Pt/TiO_2、2%Au/TiO_2活性最高，而2%Au/TiO_2的產氫效率略高於1%Pt/TiO_2。這是因為Au/TiO_2催化劑中，Au的表面等離子體共振效應（Surface Plasmon Resonance Effect，SPR）導致複合物光吸收增強。此外，當TiO_2負載Au或者Pt之後，Au或者Pt作為電子接受者，抑制了電子-空穴的復合，並且提供了產氫活性位點，使TiO_2表面可利用的電子增多，光催化活性提高。Ag在中孔TiO_2-ZrO_2活性提高主要是由於Ag奈米粒子可以有效擷取電子並降低蕭特基能障（Schottky Barrier，金屬-半導體接觸時，在半導體表面層內將形成能障，稱為Schottky能障），因此可以加快水的光催化分解反應。與單金屬奈米顆粒相比，有合金特徵的核-殼或亞簇結構的雙金屬奈米顆粒具有更佳的可調性和協同效應。雙金屬助催化劑可以修飾主催化劑的電子和價帶結構。研究人員採用原位光還原法將Au-Pt合金奈米片沉積在$CaIn_2S_4$表面形成等離子光催化劑。結果表明，在可見光照射下0.5%Au-Pt/$CaIn_2S_4$（質量分數）催化劑具有最高的產氫效率。其高催化活

性來自兩方面：一方面，Au 的 SPR 峰和 $CaIn_2S_4$ 固有的吸收峰表面發生重疊，導致吸收範圍擴大，產生更多的電子參與光催化還原反應；另一方面，Au 的費米能階低於 $CaIn_2S_4$ 的導帶位置，且 Au 和 Pt 的功函存在差別，導致 Au 的 SPR 效應產生的電子和 $CaIn_2S_4$ 的光生電子更傾向於傳遞給 Pt，以 Pt 作為產氫活性位點。此外，Pt 的引入增強了金屬之間的相互支撐作用，使得氫氣更容易從表面活性位點解吸出來，抑制光生載流子的復合，並且促進電荷在 Au－Pt 和 $CaIn_2S_4$ 之間的轉移。Au－Pd 合金修飾 TiO_2 奈米線，所得複合催化劑 365nm 處的量子效率達到 15.6%，產氫效率分別是 Pd/TiO_2 和 Au/TiO_2 的 1.6 倍和 4.5 倍；$Au_{0.75}Pd_{0.25}/TiO_2$ 的光電流明顯高於 Pd/TiO_2、Au/TiO_2 和 TiO_2，且其熒光強度更低，這說明 Au－Pd 合金助催化劑可以有效分離 TiO_2 的光生電子－空穴。另外，研究證明 Au 的 SPR 熱電子在接近 Au 和 Au－Pd 奈米顆粒的 TiO_2 基質中傳遞可以促進電子－空穴的分離，提高光催化活性。

貴金屬作為助催化劑具有高活性、抗光腐蝕的能力，但是高成本限制其廣泛應用。因此，尋找低成本的過渡金屬（Ni、Cu）助催化劑也是研究者關注的一個方向。研究人員將 NiO 沉積於 TiO_2 表面，通過煅燒還原將 NiO 轉變成為單質 Ni。Ni 修飾的 TiO_2 催化劑在紫外光照射下，電子從 TiO_2 的價帶躍遷到導帶；由於 Ni 單質的費米能階處於 TiO_2 的導帶與 H_2O/H_2 的氧化還原電位之間，且 Ni 的功函較高，因而電子很容易從 TiO_2 轉移到 Ni，並且在一定程度上抑制電子重新回落到 TiO_2 的價帶，提高空穴和電子的分離效率，進而提高產氫效率。研究人員用乙二醇作為溶劑，將 Ni 擔載於 CdS 上，發現 Ni 修飾的 CdS 活性甚至高於 Pt 修飾的 CdS。這是由於 Ni 也可以快速轉移 CdS 被激發的電子，增強催化劑的光電分離效率。將 Ni 沉積到 $g-C_3N_4$ 上，當 Ni 含量為 7.4% 時，產氫效率達到最高 $4318\mu mol/(g \cdot h)$，在太陽光照射下，$Ni/g-C_3N_4$ 同樣表現出了高效穩定的光催化活性。

（2）過渡金屬硫化物助催化劑

金屬助催化劑的開發有效地提高了光催化產氫催化劑的產氫效率，但是其仍舊面臨生產成本高和部分過渡金屬單質穩定性差的問題。過渡金屬硫化物以其適宜的禁帶寬度、獨特的電學和光學性質，以及較高的析氫催化活性等優點引起了研究者們廣泛的關注。相繼出現了各種過渡金屬硫化物作為助催化劑修飾的複合半導體光催化劑。MoS_2 是研究較多的一類非貴金屬助催化劑，二維 MoS_2 可作為析氫助催化劑，幫助光催化劑分離光生電子－空穴對，抑制電子－空穴的復合，提供合適的析氫活性位點，降低析氫能量能障。採用浸漬法將 MoS_2 負載到 CdS 表面形成異質結，0.2% MoS_2/CdS 產氫效率為純 CdS 的 36 倍，活性甚至高於相同測試條件下 0.2%Pt/CdS。分析原因發現：這是由於 MoS_2 導帶的還原性低於 CdS，導致 CdS 的光生電子由其導帶傳遞到 MoS_2，而層狀 MoS_2 邊緣含有豐富的析氫催化活性位點，能夠降低質子還原為 H_2 的能量能障，故 MoS_2 導帶上的電子更容易和吸附於其表面的 H^+ 反應得到 H_2。研究人員將部分晶化的 MoS_2 奈米片生長在單晶 CdS 奈米棒上，形成了奈米片－奈米棒異質結構。這種緊密結構不僅促進了電子－空穴對的分離和轉移，而且縮短了傳輸路徑，使 CdS 奈米棒缺陷結構減少，因此有效地降低了載流子的復合機率。

WS_2 和 MoS_2 有非常相似的晶體結構和化學特性。將 WS_2 負載在 CdS 上，1.0% WS_2/CdS 產氫活性甚至高於相同情況下的 Pt/CdS。光催化反應的結果和電化學測試表明，WS_2/CdS 產氫活性提高主要歸功於 WS_2 和 CdS 之間形成的異質結以及 WS_2 作為助催化劑能夠降低質子還原為 H_2 的能量能障。將 CuS 負載到 CdS 上，光催化產氫速率為純 CdS 的 3.5 倍。原因是 CuS 通過擷取電子，延長 CdS 的光生載流子壽命，提高了催化劑的活性。採用水熱法和離子交換法用 CuS 對 ZnS 進行表面修飾，製備出具有中孔結構的 CuS/ZnS 奈米片。當 CuS 的負載量為 2% 時，光催化產氫效率達到 $4147\mu mol/(g \cdot h)$，在 420nm 處，量子效率達到 20%。如此高的可見光光催化產氫活性來源於可見光誘導的介面電荷轉移，電子從 ZnS 的價帶轉移到 CuS，導致部分 CuS 還原為 Cu_2S，CuS/Cu_2S 的電極電位為 $-0.5V(vsSHE, pH=0)$，比 H^+/H_2 的電極電位更負，更容易將 H^+ 還原為 H_2，從而增強了材料的光催化產氫活性。Ni 元素在地殼中含量相對較高，且其價格相對低廉，故 Ni 基硫化物更適合被用作半導體光催化材料的助催化劑。NiS 修飾的 CdS，1.2% NiS/CdS(莫耳分數)複合催化劑的產氫活性約為 CdS 的 35 倍，量子效率在 420nm 處達到 51.3%。在相同條件下，NiS/CdS 的光催化效率是 CoS/CsS 的 5 倍。NiS 在 NiS/CsS 複合物中同樣扮演著轉移電子的角色，由於 NiS 和 CdS 兩相緊密接觸，CdS 的光生電子很容易轉移給 NiS。將 CuS、NiS 同時負載到 TiO_2 表面，修飾後的 TiO_2 光催化產氫活性明顯高於 CuS/TiO_2、NiS/TiO_2 和 TiO_2。這是由於 CuS 和 NiS 在抑制 TiO_2 載流子分離方面起到了協同作用，促進了表面電荷轉移，同時提供了更多的活性位點。

(3) 過渡金屬氧化物/氫氧化物助催化劑

金屬氧化物和氫氧化物也常被用作助催化劑以提高光催化材料的性能，它們的作用類似於金屬硫化物助催化劑。金屬氧化物助催化劑和半導體間的電荷轉移能夠在介面處形成內建電場，驅動載流子的分離。研究人員對不同尺寸的 Cu_2O 奈米片沉積在 TiO_2 表面後的光催化產氫活性進行研究。結果表明，粒徑為 4nm、CuO_2 含量為 0.9%(莫耳分數)的催化劑產氫活性最高。活性增長主要歸因於 Cu_2O 奈米片的量子尺寸效應。Cu_2O 的量子化導致其導帶底升高，與 TiO_2 形成異質結後，促進了光生載流子的分離，從而提高了光催化產氫速率。將 NiO 用作 $NaTaO_3$ 的助催化劑。結果表明，由於 Na^+ 和 Ni^{2+} 的相互擴散，在 NiO 和 $NaTaO_3$ 的介面處形成了固溶體過渡區；同時，離子的相互擴散導致在 NiO 和 $NaTaO_3$ 上分別形成 p 摻雜和 n 摻雜，在介面處的這種摻雜促進了通過介面能障的電荷轉移。當負載量為 0.05% 時，在 n 摻雜的 $NaTaO_3$ 和純 $NaTaO_3$ 之間形成了同質結，結介面的彎曲也可能是光催化活性提升的原因之一。

氫氧化物也常被用作助催化劑對光催化劑進行修飾。研究人員對 $Ni(OH)_2$ 對 TiO_2、$g-C_3N_4$ 和 CdS 的修飾作用進行研究，發現 Ni^{2+}/Ni 的電極電位低於銳鈦礦、$g-C_3N_4$ 和 CdS 的導帶位置，且比 H^+/H_2 的電極電位更負。因此光催化劑上的光生電子更容易轉移給 $Ni(OH)_2$，從而有利於提高光催化產氫活性。用 $Cu(OH)_2$ 修飾 TiO_2 和 $g-C_3N_4$ 表面，使催化劑的產氫活性明顯提高。用共沉澱法製備 $Co(OH)_2/CdS$ 光催化劑，$Co(OH)_2$ 和 CdS 成緊密介面對於電子傳輸以及提高光催化產氫活性具有重要意義。

(4)磷化物助催化劑

過渡金屬磷化物(Ni_2P、CoP、MoP等)是一類具有類似零價金屬特性的化合物。將Ni_2P作為助催化劑與具有一維奈米棒結構的CdS結合,在$Na_2S-Na_2SO_3$作犧牲劑條件下,產氫速率高達$1200\mu mol/(h \cdot g)$,其在450nm處的量子效率約為41%。複合Ni_2P後的CdS穩態熒光猝滅,而瞬態熒光壽命明顯下降,這表明光生電子從CdS轉移到表面的Ni_2P上。此過程抑制了CdS電子和空穴的復合。Ni_2P可以增強TiO_2、$g-C_3N_4$和CdS光催化劑修飾的普適性。結果表明,Ni_2P修飾這三種光催化劑的載流子轉移效率,並且改善其表面反應速率。當Ni_2P含量為2%時,其產氫活性是純$g-C_3N_4$的60倍。Ni_2P、CoP和Cu_3P三種磷化物助催化劑對CdS的產氫性能有較大影響。結果表明,這幾種磷化物和CdS複合後的光催化產氫效率均高於Pt/CdS催化劑。其中,CoP對CdS的修飾具有最高的產氫活性。相對於Ni、Co和Mo等過渡金屬而言,Fe不僅在地殼中含量豐富並且價格低廉。將FeP用於修飾CdS,使CdS在可見光及太陽光下都具有非常高的光催化產氫活性,並通過實驗和計算證明了FeP在複合光催化體系中扮演著接收電子的角色。它的負載可以有效地抑制電子-空穴的復合。實驗和理論計算證明MoP是一個非常好的傳遞H體系,且磷化作用可達到修飾金屬Mo的目的。將MoP和CdS進行複合,將CdS的產氫效率提高了20倍。由於CdS和MoP的費米能階匹配,使得CdS上的光生電子很容易從其導帶流向MoP,同時由於MoP具有良好的金屬特性,電子可以快速流動,因此質子更容易在MoP表面得到電子產生氫氣。

(5)複合助催化劑

為了解決單一助催化劑的不足,進一步提高光催化劑的量子效率。研究者們不斷嘗試使用雙助催化劑來對光解水催化劑進行修飾。研究人員在CdS的表面同時修飾了Pt和PdS,它們分別作為水分解過程中的還原和氧化反應助催化劑,使複合催化劑的產氫量子效率提高了93%。該體系中還原和氧化助催化劑的同時修飾,有效解決了電子和空穴的空間分離、傳輸等問題,極大地提高了產氫速率。同時這種由吸光材料、氧化助催化劑和還原助催化劑所組成的三元催化劑的理念也為發展高效可見光光催化劑提供了新思路。共負載的NiS-PdS/CdS光催化劑在可見光下的活性比CdS明顯增強。當NiS和PdS負載量分別為1.5%和0.41%(質量分數)時,NiS-PdS/CdS獲得最佳活性,最大產氫量達到$6556\mu mol/(g \cdot h)$,在$\lambda=420nm$時的AQE為47.5%。Pt和IrO_2共同修飾的Ta_3N_5催化劑,在Ta_3N_5的內表面和外表面分別修飾了還原助催化劑Pt及氧化助催化劑IrO_2;由於Ta_3N_5光生電子和光生空穴分別向Pt及IrO_2轉移,Ta_3N_5催化劑內部電子-空穴快速分離,使該體系的可見光分解水性能顯著提高。將核-殼結構的Ni-NiO負載到$g-C_3N_4$上,其光催化產氫活性明顯高於單獨Ni以及NiO的修飾。

(6)H_2酶模擬物助催化劑

受氫化酶極高活性的啟發,研究人員致力於開發模擬氫化酶催化中心的小型有機金屬分子催化劑。這些人工催化劑被稱為H_2酶模擬物。已經開發了幾種H_2酶模擬物,分別是Fe、Co或Ni的配位化合物。其中,雙核[FeFe]-H_2酶模擬物和Co配合物被認為是與半導體結合用於光催化H_2釋放的具有高度活性的助催化劑。用冬胺酸基碳量子點作為

光敏劑來驅動[FeFe]－氫化酶光催化析氫，用 LED 燈作為光源，TEOA(Triethanolamine，三乙醇胺)作為電子供體，顯示出良好的光催化析氫活性和良好的穩定性。雖然[FeFe]－H_2 酶模擬物具有良好的 H_2 釋放活性，但它們大多都不溶於水。為了解決這一問題，研究人員在氫化酶中引入水溶性基團來解決這一問題。研究人員開發了水溶性[FeFe]－H_2 酶模擬物，其通過引入氰化物(CN)基團將三個親水性醚鏈錨定到[FeFe]－H_2 酶模擬物的活性位點，以提高其在水中的溶解度。所開發的[FeFe]－H_2 酶模擬物與 CdSe 量子點偶聯，用於在含有抗壞血酸作為電子給體的水溶液中光催化產生 H_2。該系統能夠在純水溶液中在 λ＞400nm 下照射 10h 後產生 786mmol H_2。將[FeFe]－H_2 酶模擬物的介面定向組裝到水溶性人工光合系統的 CdSe 量子點上，得到的光催化系統顯示出非常高的光催化 H_2 生成效率。

(7) MOF 和 MOF 衍生物助催化劑

金屬有機框架(Metal－Organic Frameworks，MOF)是由金屬粒子或金屬簇與有機連接體自組裝而成的新型多孔材料。具有週期性分布的金屬中心、有序多孔結構和可調官能團等突出優點。第一，MOF 作為分散基質時可以控制半導體顆粒的大小。第二，MOF 高的比表面積可以產生更多的活性位點，利於反應物和活性位點接觸。第三，MOF 的多孔結構可以為電子的遷移提供額外路徑，促進電荷分離。CdS/UiO－66 催化劑中，UiO－66 不僅提高了 CdS 在其表面的分散性，還起到電荷分離和助催化劑的作用。第四，MOF 中高分散的金屬活性位點可以避免金屬奈米顆粒在反應過程中易燒結的缺點。MOF 的衍生物也可作為光催化產氫中的助催化劑。如 Co_2P、CoP、Ni_2P。通過 Ni－MOF 和 g－C_3N_4 結合，製備出 g－C_3N_4－$NiCoP_2$ 多孔碳三元結構的催化劑。MOF 模板形成的多孔結構可以防止 g－C_3N_4 奈米片的堆積，多孔碳促進電荷的運輸，$NiCoP_2$ 能夠降低生成 H_2 的過電位。利用 MOF 多面體的結構合成 CoS_x 多面體助催化劑，中空結構能夠增強光的收集，提供更多的暴露面，有利於增加反應活性位點數。

(8) 石墨烯助催化劑

石墨烯具有較大的功函(4.42eV)而表現出類似金屬的性質。因此，石墨烯可以接受來自大多數半導體的光生電子。同時，石墨烯/石墨烯*⁻的還原電位為－0.08eV，比 H^+/H_2 的還原電位更負，可以將 H^+ 還原為 H_2 分子。因此，石墨烯可以作為一種促進電子傳遞、高效且成本低的助催化劑，可從半導體中分離和轉移電子並在其表面將質子還原。在含有等離子體的催化體系中，石墨烯能作為等離子金屬產生的熱電子到半導體傳遞的橋梁。多組分助催化劑中含碳的殼層可以穩定內部結構。

(9) 碳量子點助催化劑

碳量子點(Carbon Quantum Dots，CQDs)具有上轉換發光[反－斯托克斯發光(Anti－Stokes)，是指材料受到低能量的光激發，發射出高能量的光。即經波長較長、頻率較低的光激發，材料發射出波長更短、頻率更高的光]特性、水溶性好、毒性低、環境友好且製備 CQDs 的原材料來源廣泛、成本低廉等優點。在太陽能電池、光電催化、感測器等太陽能與光電領域展現出廣闊的應用潛力。研究人員製備了質量分數為 2% 的 CQDs/Co_2SnO_4，產氫速率達到 475.53μmol/(g·h)，是純相 Co_2SnO_4 的 4.74 倍，是質量分數

為 $1\%Pt/Co_2SnO_4$ 的 4.15 倍。此複合光催化劑光催化活性的提高主要歸因於 CQDs 是良好的電子接受體，能有效提高光生電子和空穴對的分離效率。

7.1.3 光敏化劑

理想的光敏劑(PS)應當具備較高的光捕捉能力、較寬的吸收光譜、較好的光學穩定性、激發態壽命較長等條件。受染料敏化太陽能電池的啟發，敏化光催化體系逐步發展起來。其基本原理(圖7-5)為敏化劑(有機染料，窄頻隙半導體等)被激發產生光生電子，由於電位差的存在，產生的電子遷移到電位更正的寬能隙半導體的導帶上發生質子還原產生氫氣，而被氧化的敏化劑通過接受來自供體的電子再生。

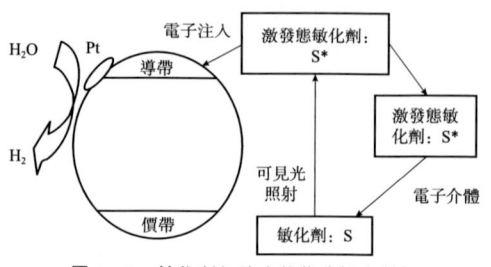

圖 7-5 敏化劑加強光催化分解水製氫

(1) 聚合物材料光敏化劑

聚對苯二胺、共價三嗪框架(CTFs)、共軛微孔聚合物(CMPs)、共價有機骨架材料(COFs)都可用來提高光的吸收效率。CTFs 結構特性為具有超大的 π 共軛和獨特的排列方式。不同於無機半導體材料，聚合物由光激發產生電子－空穴對，以電子－空穴對的形式進行電荷傳輸，當其遷移到表面後再解離成自由電子和空穴，最終驅動氧化還原反應。這類材料具有結構可調變、比表面積大、質量輕等優點。但其吸光性能通常有限，光生電子－空穴難分離易復合、化學穩定性較差、易自身光分解，自身的表面親水性通常不好，同時較低的光催化水氧化性能制約了其進一步實現全分解水製氫。

(2) 金屬－有機框架材料光敏化劑

金屬－有機框架材料(MOFs)也可作為敏化劑，吸光後被激發產生光生電子並傳遞出去。MOFs 自身作為光催化劑，既被光激發也催化反應發生。ZIF、MIL、UiO、卟啉系列為其中的典型代表。MOFs 材料的電荷轉移機制一般有以下幾種：LMCT(Ligand－Metal Charge Transfer 有機配體激發，從配體到金屬的電荷轉移)、LCCT(Ligand－Clusters Charge Transfer 配體到金屬氧簇的電荷轉移)、MLCT(Metal－Ligand Charge Transfer 金屬到有機配體的電荷轉移)、LLCT(Ligand－Ligand Charge Transfer 配體到配體的電荷轉移)。由於 MOFs 中存在大量的有機配體，而有機配體中激子的結合能較大，導致光生電子－空穴對不易分離。此外，金屬與配體之間的相互作用相對較弱，導致此類光催化劑水相穩定性較差，配體自身也容易被光腐蝕分解導致光照穩定性不好，其水氧化能力面臨與聚合物類似的挑戰。針對電荷分離的問題，最近研究者通過介面微環境調製促進金屬奈米粒子 Pt 與 MOFs 之間的電子轉移，從而提升光催化產氫性能。此外，通過將金屬有機框架分別嵌入脂質體中的疏水和親水區域模擬光合作用中的類囊體膜結構，可實現光生電荷的空間分離。基於此，將產氫與產氧半反應通過離子對串聯實現全分解水製氫，AQE 可達到 $1.5\pm1\%@436nm$。

(3) 含吡啶釕金屬有機染料光敏化劑

有機金屬配合物染料敏化劑使用最多的是釕的配合物，其中 N3 和 N719 染料是公認效果最好的聯吡啶釕類光敏染料(結構見圖 7-6 和圖 7-7)，其 η 均大於 10%，通常被選為參比染料來比較一種新染料的光電性能。釕(Ru)配合物染料敏化劑具有較好的熱穩定性、化學穩定性和光電轉化效率，因此是應用最為廣泛的染料敏化劑之一。

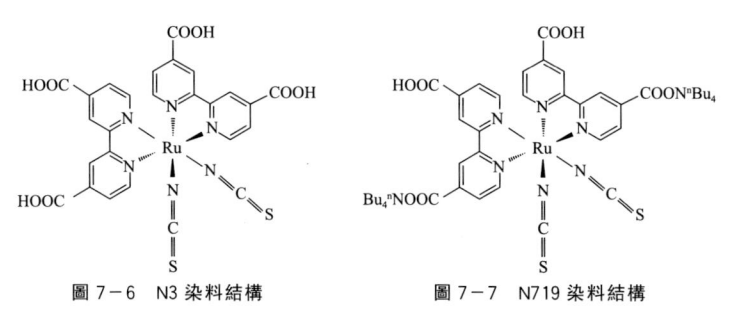

圖 7-6　N3 染料結構　　　　圖 7-7　N719 染料結構

(4) 卟啉染料光敏化劑

卟啉及其衍生物是具有 18 電子體系的共軛大分子雜環化合物(圖 7-8)。它是由 4 個吡咯環通過次甲基相連而成的，間位(meso)和 β 位，是卟啉分子周圍的兩類取代位置，可通過各種化學手段引入不同的取代基。卟啉化合物由於其結構的特殊性，在光敏染料中是一類重要的電子給體。自由鹼卟啉由於自身環電流較大導致其導電性能差。

卟啉環中心氮原子與金屬原子配位，可形成金屬卟啉。金屬卟啉具有良好的光導性，可形成有機半導體用於太陽能材料中。近些年來，利用卟啉及其金屬配合物優良的光電性能及獨特的電子結構，設計合成光電功能材料和器件成為人們研究的焦點。卟啉化合物通常在 400~450nm 附近有較強的光譜吸收，在 550~650nm 附近有中等強度的吸收。鋅卟啉染料已成為極具吸引力的一類染料光敏劑。高性能鋅卟啉染料的研究主要集中在從卟啉 meso 位出發「推-拉」電子的 D-π-A(Donor-π-Acceptor，電子給體-π 橋-電子受體)設計體系上。卟啉染料光敏化劑由於共軛的平面結構，具有良好的電子緩衝性和光電磁性。

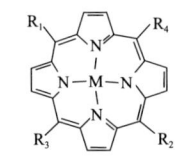

圖 7-8　卟啉染料光敏化劑

(5) 酞菁光敏化劑

酞菁本身是一個大的共軛體系(圖 7-9)，呈高度平面結構，環狀大 π 鍵內含有 18 個 π 電子，電荷分布均勻。因此，4 個苯環很少變形且每個碳氫鍵長度基本相等，這種結構使其非常穩定，它耐水、耐酸、耐鹼、耐光和有機溶劑。酞菁環內有一空穴，可以容納 Zn、Al、Cu、Mn、Ti、Co、Ca 等許多金屬元素而形成金屬酞菁。周邊苯環 α、β 位的氫又可被許多原

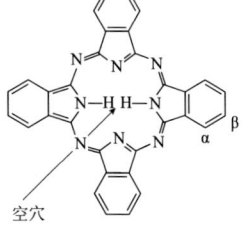

圖 7-9　酞菁光敏化劑

子、基團取代。因此，酞菁很容易被修飾。已有數千種酞菁類化合物被合成。形形色色的酞菁衍生物在化學、物理學、生物學上性能迥異，這些為尋找性能優良的酞菁類光敏染料提供了保障。酞菁類光敏染料具有低成本、化學性質穩定、對環境友好等優勢。酞菁有兩個吸收帶：一個在可見光區(Q-Band)，為600~700nm；另一個在紫外光區(B-Band)，為300~400nm。分子軌道理論研究表明：Q-Band 吸收是由非定域酞菁環體系的 $\pi-\pi^*$ 躍遷引起的，其中包含電荷從外苯環到內環的躍遷。通過與不同的離子絡合和接上不同取代基的方法可改變酞菁化合物的性質，使吸收譜帶發生變化，得到不同光電特性的酞菁化合物。

此外，常用的光敏化劑還有羅丹明、花青素、葉琳、玫瑰紅等，以及無機光敏化劑材料，如 AgI、AgBr、$CuInS_2$ 等。

7.1.4 提高轉化效率

太陽能到氫能的轉化效率由光吸收效率、電荷分離效率和表面催化反應效率共同決定 ($\eta_{轉化}=\eta_{捕光}\times\eta_{分離}\times\eta_{反應}$)，因此需要從三個方面調控提升效率。

(1) 吸光性能調控

拓展光催化材料的吸光範圍是提升太陽能利用的有效途徑。主要有三種策略可以縮小半導體的能隙：價帶工程、導帶工程及導帶和價帶的連續調變。摻雜 3d 過渡元素、d^{10} 或 $d^{10}s^2$ 構型的陽離子及非金屬元素摻雜，如 $SrTiO_3$：Rh、TiO_2：Cr/Sb、$BiVO_4$、N 摻雜的 TiO_2、TaON、Ta_3N_5、$Sm_2Ti_2S_2O_5$ 等；對於導帶工程，鹼金屬或鹼土金屬元素的替代被證明是有效的，如 $AgMO_2$(M=Al, Ga, In)；對於導帶和價帶的連續調變，主要是通過形成固溶體得以實現，如 GaN：ZnO、$LaMg_xTa_{1-x}O_{1+3x}N_{2-3x}$、$\beta-AgAl_{1-x}Ga_xO_2$ 等。

(2) 光生電子－空穴分離

基於光催化分解水的基本原理，促進光生載流子分離是提高太陽能轉化率的關鍵。由於光生電子和空穴需要從體相遷移到表面，首先需要提高材料體相的電荷分離效率。結晶度、粒徑尺寸、比表面積、缺陷等已被證明是影響光生載流子的分離和轉移的主要因素。例如，增加結晶度可以降低缺陷，促進電荷分離。然而，結晶度的增加往往伴隨著顆粒的燒結和比表面積的減小，因此在實際應用中需要平衡這些影響因素。除上述因素外，不同的相結構對光催化劑的性能也有明顯影響。例如，TiO_2 具有銳鈦礦、金紅石和板鈦礦三種相結構，雖然它們都由 TiO_6 八面體組成，但晶體結構的不同導致了截然不同的光催化活性。形貌是另一個影響光催化性能的重要因素，多孔、奈米線、奈米片等形貌結構通過縮短電荷傳輸距離實現有效的電荷分離。此外，不同晶面間電荷分離現象的發現進一步推進了形貌調控在光催化系統中的重要應用。

除了體相的電荷分離外，抑制遷移到表面後的電荷復合同樣重要。在這方面，表介面調控是重要的策略。例如，利用 ZrO_2 修飾 TaON 可減少表面的低價 Ta 缺陷，抑制表面電子和空穴的復合。

(3)光催化劑表面的催化轉化

光催化分解水的最後一步是遷移到表面的光生電子和空穴分別用於還原和氧化吸附物質產生 H_2 和 O_2。這一步通常需要藉助助催化劑來提升性能。助催化劑的主要功能是從半導體中提取光生電子和空穴，並提供氧化還原反應位點，通過降低活化能促進反應的進行。當助催化劑沉積在表面時，由助催化劑和半導體能階拉平而產生的介面處內建電場促進介面電荷轉移。助催化劑根據其功能可分為還原助催化劑和氧化助催化劑，分別用於加速釋放 H_2 和 O_2 的反應。通常，Pt、Rh、Ru、Ir 和 Ni 等貴金屬可促進 H_2 析出，而 Co、Fe、Ni、Mn、Ru 和 Ir 的氧化物可加速 O_2 釋放。

(4)陷光結構提高效率

陷光結構不僅可以增加光的散射、衍射、延長光的傳播路徑，還可明顯減少入射光的乾涉相消現象，提高光的吸收利用率。陷光結構有望在降低有源層厚度的條件下，獲得寬譜域、寬入射角範圍的良好光子吸收性能，同時具有重複性好、便於模擬和易於改變結構等優點。

週期性陣列結構通過光波導、光擷取及光散射等效應可以增加光的有效傳播路徑，提升電極的光吸收效率。常見的週期性陣列結構有：反蛋白石結構、奈米棒多孔陣列及奈米錐(釘)陣列。以反蛋白石結構為例，利用光子晶體對入射光多次較強且相乾的散射，可以使入射光以非常低的群速度在光子阻帶邊緣附近傳播，從而增加入射光的有效傳播路徑，改變結構的尺寸還可以調控光吸收的增強範圍。但採用反蛋白石結構時，需要注意多數載流子向基底的傳輸效率。

(5)異質結構半導體光催化劑

異質結構光催化劑是由一種或多種組分通過一個小接觸面連接在一起，其結構特點為：一方面，兩種組分的表面暴露在外面，使兩種顆粒均有參與環境互動的可能性；另一方面，兩種材料均獨立形成奈米顆粒，使其功能更強大，兼有雙元組分各自的特性。

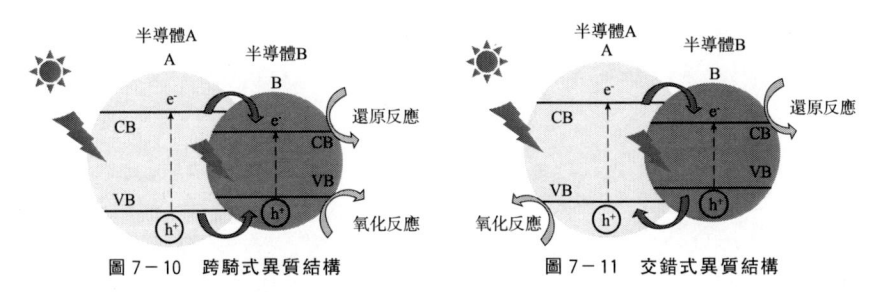

圖 7-10　跨騎式異質結構　　　　圖 7-11　交錯式異質結構

異質結半導體光催化劑主要分為傳統異質結結構(圖 7-10、圖 7-11)、P-N 異質結構(圖 7-12)和 Z 型異質結構(圖 7-13)等。P 型和 N 型半導體中的光生電子和空穴分別在內建電場的作用下遷移到 N 型半導體的 CB 和 P 型半導體的 VB，從而導致電子和空穴的空間分離，進而提高催化劑的產氫率。P-N 異質結構的 $Cu_2S/Zn_{0.5}Cd_{0.5}S$ 光催化劑，與純 Cu_2S 和 $Zn_{0.5}Cd_{0.5}S$ 相比，合成的 $Cu_2S/Zn_{0.5}Cd_{0.5}S$ 顯示出的析 H_2 效率顯著提高。

含3%（質量分數）Cu_2S 的 $Cu_2S/Zn_{0.5}Cd_{0.5}S$ 在 $Na_2S-Na_2SO_3$ 溶液中的產氫效率達到 4923.5μmol/(g·h)，相應的表觀量子效率在420nm處為30.2%。P-N異質結 $Co_3O_4/Cd_{0.9}Zn_{0.1}S$ 複合光催化劑。在可見光照射(λ≥420nm)下，所製備的 $Co_3O_4/Cd_{0.9}Zn_{0.1}S$ 異質結催化劑的產氫效率達到139.78mmol/(g·h)，表觀量子效率高達23.21%，比純 $Cd_{0.9}Zn_{0.1}S$ 高出15.88倍。

P-N異質結型光催化體系見圖7-12，P型光催化劑的CB中的光生電子遷移到N型光催化劑的CB，而N型光催化劑的VB中的光生空穴移動到P型光催化劑的VB。光生電子和空穴在空間上被隔離，這極大地抑制了它們的復合。由於P型光催化劑的VB電位比N型光催化劑的更正，N型光催化劑的CB電位比P型光催化劑的更負，光生電子和空穴的氧化還原能力在電荷轉移後減弱。

儘管上述所有的異質結構光催化劑都能有效地增強電子和空穴的分離，但由於還原和氧化過程分別發生在還原電位和氧化電位較低的半導體上，因此犧牲了光催化劑的氧化還原能力。為了克服這個問題，研究人員提出了Z型光催化的概念。通常存在三種類型的Z型異質結構光催化劑，即傳統液相Z型光催化體系、全固態Z型光催化體系和直接Z型光催化體系。傳統液相Z型光催化劑只能在液相中構建，因此限制了其在光催化領域的廣泛應用。全固態Z型光催化體系由兩種不同的半導體(PSⅠ和PSⅡ)和它們之間的固體電子介質(如Pt、Ag和Au等)組成(圖7-13)，PSⅡ的VB上的電子在光照射下首先被激發到CB上，在VB上留下空穴。然後，PSⅡ上的光生電子通過電子介質遷移到PSⅠ的VB，並進一步激發到PSⅠ的CB。結果使光生電子聚集在具有較高還原電位的PSⅠ中，光生空穴則聚集在具有較高氧化電位的PSⅡ上，從而導致電子-空穴對的分離而又實現了氧化還原電位的優化。在全固態Z型光催化劑中改善電子遷移路徑所需的電子介體昂貴且稀有，因此限制了該光催化劑的大規模應用。

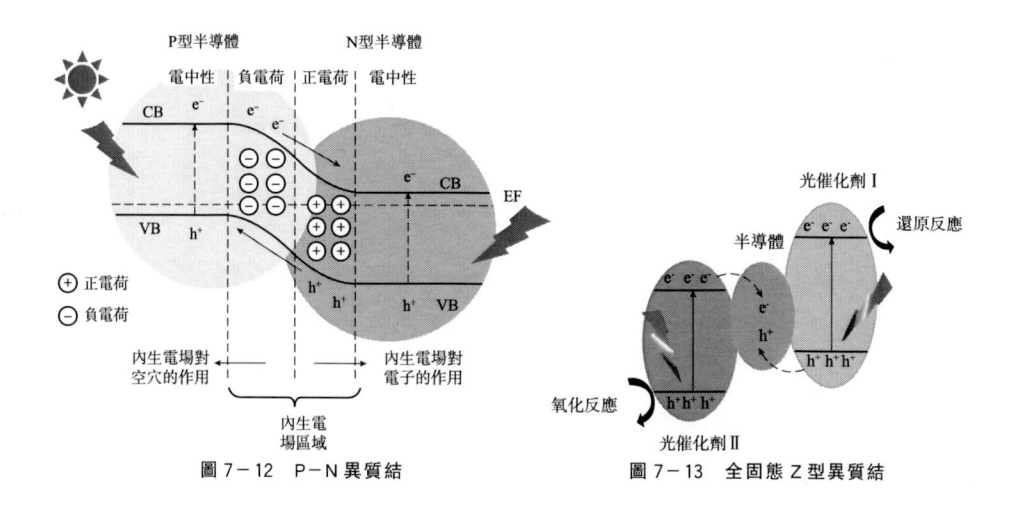

圖7-12　P-N異質結

圖7-13　全固態Z型異質結

直接 Z 型異質結光催化劑的構造與全固態 Z 異質結光催化劑相同，只是在該系統中不需要電子介體。此外，由於電子和空穴之間的靜電吸引，直接 Z 型異質結光催化劑對電荷的轉移更有利（圖 7-14）。研究人員已構築出如 $ZnO/g-C_3N_4$、ZnO/CdS、$ZnO_{1-x}/Zn_{0.2}Cd_{0.8}S$、$TiO_2/WO_3$、$Ta_3N_5/WO_{2.72}$ 等用於光解水製氫的不同類型 Z 型異質結構光催化劑。

在犧牲試劑存在的情況下進行產氫和產氧半反應的測定有助於獲得特定光催化劑是否具有合適的導價帶位置資訊。然而，吉布斯自由能降低的半反應是不能實現太陽能儲存的，因此組裝全分解水製氫體系是十分必要的。實現全分解水製氫方式有一步光激發法和兩步光激發法。在一步光激發體系中，要求半導體的導價帶應跨越 H^+/H_2 和 O_2/H_2O 的氧化還原電位，同時需要考慮諸多因素，例如光吸收、載流子遷移率、電荷分離、助催化劑和光穩定性。從熱力學的角度看，氧化物由於價帶位置更正且穩定性好是實現全分解水製氫的理想材料。在紫外光區，已有 20～30 種氧化物可以實現全分解水製氫，易於空間電荷分離奈米級結構的 La 摻雜 $NaTaO_3$、Zn 摻雜 Ga_2O_3 和 Al 摻雜 $SrTiO_3$ 是其中的典型代表（$E_g=3.2eV$）。利用具有不用晶面暴露的 $SrTiO_3$：Al 為吸光材料，分別在其{100}和{110}晶面負載 Rh/Cr_2O_3 和 CoOOH 雙助催化劑後在 360nm 取得 95.9% 的量子效率。這說明光激發產生的電子和空穴幾乎沒有復合，接近百分百地參與了質子還原與水氧化反應。

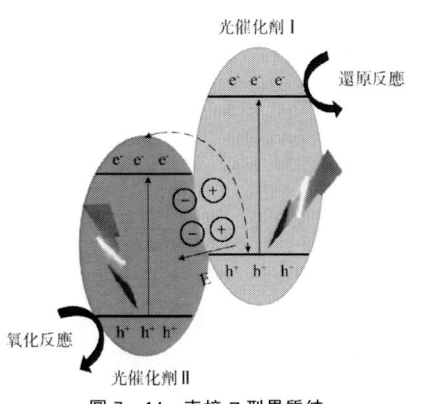

圖 7-14　直接 Z 型異質結

雖然紫外光區已報導了大量可實現分解水的材料。但可見光區實現全分解水製氫的材料很少，$In_{1-x}Ni_xTaO_4$、$(Ga_{1-x}Zn_x)(N_{1-x}O)$ 和 $LaMg_xTa_{1-x}O_{1+2x}N_{2-2x}$（$x\geqslant 0.5$）是典型的實例，其中在 $(Ga_{1-x}Zn_x)(N_{1-x}O)$ 表面負載 $Rh_{2-y}Cr_yO_3$ 為助催化劑後，可在 420nm 取得 5.9% 的量子效率，最長穩定性可達半年。一些特殊材料 Au/TiO_2（表面等離子體共振效應）、CoO 奈米顆粒、氮摻雜氧化石墨烯量子點、MOFs、聚合物半導體）也被報導有全分解水性能，但其可重複性仍值得研究。整體來說，考慮一步光激發對半導體的導價帶位置要求嚴格，同時在同一粒子上容易發生 H_2 和 O_2 的複合，因此在單一光催化劑上構建全分解水仍然十分具有挑戰性。此外，由於光催化材料的吸光性能決定了太陽能到氫能的理論轉化效率，而實現太陽能-氫能的高效轉化要求半導體具有寬光譜捕光。因此基於寬光譜捕光催化劑實現一步法分解水是十分必要的，制約其效率提升的瓶頸問題主要來源於低載流子驅動力下的電荷分離，這與半導體自身的微區結構、載流子濃度、顆粒尺寸、形貌結構、助催化劑/半導體的介面結構等息息相關。

與一步光激發法不同，兩步光激發體系的構築要求相對較低。通過模仿自然光合作用，探索出利用兩種光催化劑分別釋放 H_2 和 O_2 的兩步光激發體系（也稱 Z 機制）。

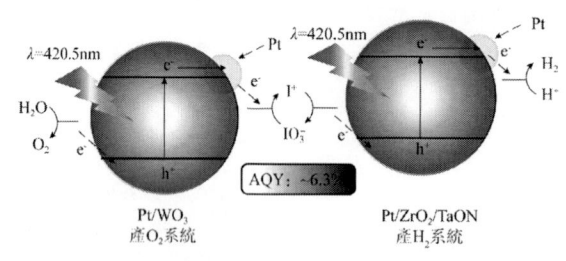

图7-15 可溶性氧化还原电对构建Z机制分解水体系

一般而言，Z机制全分解水体系由产氢光催化剂、产氧光催化剂和电子传输介质组成（图7-15）。在产氢光催化剂上，光生电子将水还原为H_2；而在产氧光催化剂上，光生空穴将水氧化为O_2；产氧光催化剂的光生电子和产氢光催化剂的光生空穴通过氧化-还原电对或固态电子传输介质完成复合。与一步法分解水体系相比，Z系具有以下优点：①两种不同的光催化剂只需分别满足质子还原或水氧化一个条件即可，对材料的导价带要求没有一步法那么严格，更有利于宽光谱光催化材料的应用；②H_2和O_2分别在两个半导体表面产生，有利于实现H_2和O_2的原位分离。然而，二步法由于需要两次光激发的过程，生成相同量的气体需要的光子数加倍，并且两种半导体之间存在吸光的竞争。此外，Z体系中存在更多的竞争性电子转移路线。因此，抑制竞争反应、促进产氢光催化剂和产氧光催化剂之间的电荷转移是实现高效全分解水的关键问题。在以氧化-还原电对为电子传输介质的体系中，已探索出IO_3^-/I^-、Fe^{3+}/Fe^{2+}、$[Fe(CN)_6]^{3-}/[Fe(CN)_6]^{4-}$等多种电对，其中$IO_3^-/I^-$可在接近中性的pH值下工作，但面临涉及多个电子转移动力学挑战；Fe^{3+}/Fe^{2+}虽然工作条件比较苛刻（pH＝2～3），但只需接受/提供一个电子即可实现循环。除了无机离子对，一些有机配合物或多金属氧酸盐也可作为氧化-还原电对。

从紫外光响应的TiO_2到可见光响应的（氧）氮化物（$ZrO_2/TaON$、$BaTaO_2N$、g-C_3N_4等）、（氧）硫化物（$Sm_2Ti_2S_2O_5$、$(CuGa)_{1-x}Zn_{2x}S_2$等）、氧化物（$SrTiO_3$：Rh）、染料敏化氧化物（香豆素染料/$H_1Nb_6O_{17}$）均已被报导可作为产氢光催化剂。氧化物（WO_3、$BiVO_4$等）、卤氧化物（Bi_4NbO_8Cl、Bi_4TaO_8Cl等）和（氧）氮化物（$TaON$、Ta_3N_5等）已被证明可以作为产氧光催化剂。$MgTa_2O_{6-x}N_y/TaON$异质结用作Z机制的产氢光催化剂，通过异质结对电荷分离的促进作用获得420nm下AQE为6.8%。除了半导体光催化剂外，一些天然光合酶（如PSⅡ膜片段）也可与半导体光催化剂结合，构建Z机制全分解水体系。

在以氧化-还原电对为电子传输介质的Z体系中，如何控制反应的选择性是一个重要课题。从热力学来看，氧化-还原电对的还原电位比质子的还原电位更正，同时氧化电位比水的氧化电位更负，这使得其氧化与还原更容易进行。因此，尽管已经开发了大量可见光响应的光催化材料，但真正在可见光下表现出活性的Z机制全分解水体系数量十分有限。电对离子的吸附、活化、解吸对克服上述问题具有重要作用。通过助催化剂担载、表面改性、半导体与助催化剂之间的介面调节可以有效抑制竞争反应。例如，Ir、RuO_2和PtO_x助催化剂具有催化活化IO_3^-还原的能力，在Ta_3N_5表面修饰氧化镁可有效抑制I^-离子的吸附，从而抑制其氧化。

Z机制中产氢光催化剂与产氧光催化剂间的电荷传输还可通过固态电子传输介体实现。在这种情况下，主要挑战来源于产氢光催化剂、产氧光催化剂和固态电子传输介质之

間的介面電荷轉移,並需有效抑制短路電流的產生。已經探索出多種金屬(Ir、Ag、Au、Rh、Ni、Pt)、還原氧化石墨烯(RGO)和碳點作為構建全固態 Z 機制全分解水的固態電子傳輸介質。

7.2　太陽能熱化學裂解水製氫

聚光式太陽能採集是將直射到採集器上的太陽光匯聚到焦點(線)處,利用吸熱材料獲得高溫,以實現供熱或發電,主要有點聚光和線聚光兩種模式。聚光太陽能採集方式能量收集效率高,獲得的光能、熱能品位高。太陽爐已可達到 1200℃的高溫,這將使利用太陽能熱化學循環分解水成為可能(參見本書第 8 章)。太陽能轉換為熱能的裝置,基本上可分為兩大類:平板式集熱器和聚光式集熱器。前者根據熱箱原理設計,內表面的採光塗層吸收太陽光,轉變為吸熱介質的熱能,溫度可達到 300~400℃;後者利用各種光學方法將太陽光聚集在一起,提高能量密度,然後通過吸收體將匯聚的太陽能轉變為熱能。它也可分為兩類:反射鏡集熱器和透鏡集熱器,拋物面反射鏡集熱器可達到 4000℃的高溫。

太陽能熱分解水製氫技術的主要問題在於:高溫太陽能反應器的材料問題和高溫下 H_2 和 O_2 的有效分離。隨著聚光科技和膜科學技術的發展,太陽能熱分解製氫技術得到了快速發展。科學家從理論和實驗上對太陽能熱分解水製氫技術可行性進行了論證,並對多孔陶瓷膜反應器進行了研究。研究發現,在 H_2O 中加入催化劑後,H_2O 的分解可以分多步進行,可大大降低加熱的溫度,在溫度為 1000K 時的製氫效率能達到 50％左右。

太陽能熱化學製氫被認為是能源可持續利用最具潛力的途徑之一,對推進「碳達峰、碳中和」目標的實現,緩解能源與環境危機具有重大的策略意義。直接熱解水雖能實現近零碳排放製氫,然而超高的反應溫度以及氫、氧產物分離難等問題,使之難以應用於規模化產氫。太陽能熱化學循環間接分解水製氫,通過載氧材料循環來降低直接熱解水溫度,並實現氫、氧產物分步分離,將間歇、波動、能流密度低的太陽能轉化為穩定、高密度的氫氣化學能,受到廣泛的關注和研究。

熱化學循環最高溫度一般隨著反應步數的增加而降低,熱化學兩步循環溫度一般在 1500~1800℃,熱化學多步循環溫度則普遍低於 1000℃。該溫度區間與核反應堆所提供熱量的溫度範圍匹配,故多步循環最初屬於核製氫技術。太陽能相對於核能而言更為安全、可靠,並且隨著近年來聚光太陽能集熱技術的快速發展,高聚光比的聚光太陽能集熱設備已被商業化應用,利用聚光太陽能替代核燃料作為熱化學多步循環的驅動熱源,逐漸受到關注和研究。

太陽能熱化學循環目前仍然處於方案驗證及實驗室測試階段,與當前商業化的其他製氫技術路線相比還有一定距離。但是,較高的理論製氫效率(約 50％)使得該技術尚有較大提升潛力。

7.3　太陽能光催化分解水製氫

中國太陽輻射總量最豐富帶、很豐富帶、較豐富帶分別占中國的 22.8％、44％和

29.8%,最豐富帶太陽能輻射年總量高於 1750kW·h/m²。但是,中國太陽能資源豐富地區主要集中在西北與華北北部,年輻照天數在 250～350d,年平均輻照高於 200W/m²,而西南部分地區太陽能輻射年總量低於 1050kW·h/m²,年平均輻照低於 120W/m²。可以看出,太陽能存在空間分布不均勻,受晝夜、氣象因素影響,存在不穩定性和不連續性。

實現太陽能到氫能的高效轉化,這將促進社會發生巨大能源變革。利用粉末光催化劑實現太陽能分解水製氫是上述 3 種技術路線中最簡單、最經濟的。半導體光催化分解水製氫已報導的很多,然而大多數催化材料在產氫方面都存在產率低、性能不穩定等問題。因此開發高穩定性、高產氫效率的光催化材料一直是研究的焦點。

半導體光催化分解水製氫體系通常由兩部分組成:一部分是半導體,另一部分是助催化劑。半導體主要負責光吸收、激發及光生載流子的遷移;助催化劑主要負責富集轉移到其表面的電荷,同時也可降低反應的活化能,加快反應的速率。一般當沒有助催化劑存在時,半導體自身的活性通常比較低,一方面緣於其自身有限的電荷分離能力,另一方面因為分解水本身的活化能較高。由於半導體與助催化劑往往分別隸屬於不同的物相,因此其介面結構對光生電荷由半導體向助催化劑的傳輸具有重要影響,對光催化分解水製氫性能起關鍵作用。助催化劑根據其功能可分為還原助催化劑和氧化助催化劑,分別用於加速釋放 H_2 和 O_2 的反應。通常,Pt、Rh、Ru、Ir 和 Ni 等貴金屬可促進 H_2 析出,而 Co、Fe、Ni、Mn、Ru 和 Ir 的氧化物可加速 O_2 釋放。

光催化全分解水要求半導體同時滿足質子還原和水氧化的電位需要,對半導體的導價帶位置要求較高,同時考慮水分解反應為熱力學爬坡、動力學需多電子轉移的過程,因此實現全分解水製氫仍然十分具有挑戰。

為了研究光催化劑分解水的潛力,有必要將全分解水拆解成兩個半反應:產氫半反應和產氧半反應。為提高效率,將空穴犧牲試劑或電子犧牲試劑引入體系中,快速消耗光激發的空穴和電子,避免因電荷累積而引起的復合(圖 7-16)。電子受體的標準電極電位比質子還原的電位更正,而電子供體的標準電極電位比水氧化的電位更負。從熱力學角度看,犧牲試劑的反應相較於質子還原與水氧化更容易進行。在產氫半反應中,常用的空穴犧牲試劑為甲醇、SO_3^{2-}/S^{2-}、三乙醇胺和乳酸等;而對於產氧半反應,常用 Ag^+、Fe^{3+} 和 IO_3^- 等作為電子犧牲試劑。

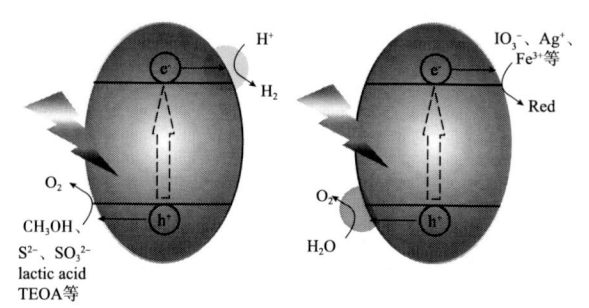

圖 7-16 空穴犧牲試劑或電子犧牲試劑

對於產氫和產氧半反應,相應的反應式如下:

光催化產氫半反應:$2H^+ + 2e^- \longrightarrow H_2$

$$Red + nh^+ \longrightarrow O_x (Red = 電子供體)$$

光催化產氧半反應:$2H_2O + 4h^+ \longrightarrow 4H^+ + O_2$

$$O_x + ne^- \longrightarrow Red(O_x = 電子受體)$$

針對光催化劑的表面結構調整的方法眾多，主要可分為表面結構重築、表面功能化和表面組裝三大類。表面結構重築是在不引入額外單位成分的情況下，對表面結構如表面積、成分、晶相、暴露晶面或缺陷等進行調整，使光催化劑的表面結構和物化性質更適合於光催化反應進行的一種策略。表面功能化是通過在光催化劑表面負載一些特定的功能化組分來優化單一光催化劑存在的一些固有缺陷的策略，如引入表面等離激元金屬拓寬光譜吸收、負載助催化劑調控表面催化效率。表面組裝策略表面來看與表面功能化存在類似，但表面功能化是負載不具有獨立光催化性能的功能化材料，而表面組裝則是由兩種或者多種半導體構建的複合材料。

當半導體同時滿足導帶電位超過質子還原電位($-0.41V$，$pH=7$)，價帶邊緣電位超過水的氧化電位($+0.82V$，$pH=7$)，可以直接吸收光分解水同時產生氫氣和氧氣，實現水的全分解。科學家們一直致力於開發各種全分解水光催化劑半導體，主要有TiO_2、鈦酸鹽、鉭酸鹽、鈮酸鹽、金屬硫化物、金屬氮化物、主族元素氧化物及其他過渡元素氧化物等。

鹼金屬鉭酸鹽$ATaO_3$($A=Li$, Na, K)和鹼土金屬鉭酸鹽$BTaO_6$($B=Mg$, Ba)均能在分解水的同時產生氫氣和氧氣。而對於過渡金屬鉭酸鹽，在沒有共催化劑的條件下，只有$NiTa_2O_7$可以分解純水為氫氣和氧氣，其他過渡金屬鉭酸鹽均不能產生氧氣。$Cd_2Ta_2O_7$能在無負載任何助催化劑的情況下實現水的全分解。該材料價帶由O_{2p}形成，導帶則由Ta_{5d}、O_{2p}和Cd_{5s5p}共同構成。$Cd_2Ta_2O_7$由TaO_6和CdO_8構成三維框架，TaO_6八面體共角相連，Cd原子佔據了TaO_6八面體網絡的隧道處。該催化劑的能隙寬度約為$3.35eV$，比一般鹼金屬、鹼土金屬鉭酸鹽的能隙都要窄，因此具有較高的全分解水效率，產氫和產氧效率分別為$46.2\mu mol/h$和$23.0\mu mol/h$。$Cd_2Ta_2O_7$負載0.2%(質量分數)NiO後，在純水中的光解水速率大約可以提高4倍。

Zn_2GeO_4、貴金屬(Pt、Rh、Pd、Au)和助催化劑(RuO_2、IrO_2)有三元協同作用，三元體系光解水效率比只沉積貴金屬或只沉積助催化劑的二元體系要高得多。其中，$Pt-RuO_2/Zn_2GeO_4$系統的全分解水速率比Pt/Zn_2GeO_4高2.2倍，比RuO_2/Zn_2GeO_4高3.3倍。

圖7-17　層狀結構的$K_4Nb_6O_{17}$

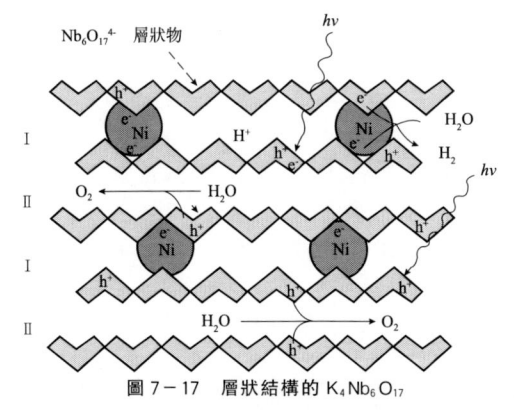

具有層狀結構的$K_4Nb_6O_{17}$負載NiO後具有完全分解水的能力，$K_4Nb_6O_{17}$獨特的結構是其具有高活性的原因。以O^{2-}和Nb^{4+}形式表現的光生電子和空穴分別處於不同的Ⅰ層和Ⅱ層(圖7-17)，Ⅰ層的電子還原H^+生成H_2，Ⅱ層的空穴氧化H_2O形成氧氣，不僅有效抑制了載流子的復合，同時抑制了分解水逆反應的發生。

光催化劑的選取在光解水製氫中至關重要。然而，用於光解水製氫的大多

數催化劑的可見光響應和量子效率都比較低。因此，為實現光催化製氫的產業化，必須解決與光催化劑成本和產氫效率相關的問題。

7.4 太陽光電化學電解水製氫

太陽光電解水製氫技術主要是由光陽極和陰極共同組成光化學電池，在電解質環境下依託光陽極來吸收周圍的陽光，在半導體上產生電子，之後藉助外路電流將電子傳輸到陰極上。H_2O 中的質子能從陰極接收到電子產生的 H_2。在太陽光電解水製氫的過程中，光電解水的效率深受光激勵下自由電子－空穴對數量、自由電子－空穴對分離和壽命、逆反應抑制等因素的影響。

7.4.1 太陽光電化學電解水製氫機理

光化學電解池（Photochemical Electrolysis Cell，PEC）系統主要包括單一光陽極系統、單一光陰極系統及光陰極－光陽極雙光電極系統（圖7-18）。N型半導體通常用作光陽極，當與溶液接觸時，表面能階通常向上彎曲，有利於光生空穴向電極表面和光生電子向體相的遷移，空穴在電極表面參與氧化反應。反之，P型半導體常被用作光陰極使用。另外，在N型光陽極和P型光陰極組成的雙光電極體系中，多數載流子在光生電場或外加偏壓的驅動下通過外電路流向對電極，而各自的光生少子則向電極表面遷移參與表面反應，這與自然光合作用中的 Z－scheme 體系極其類似。

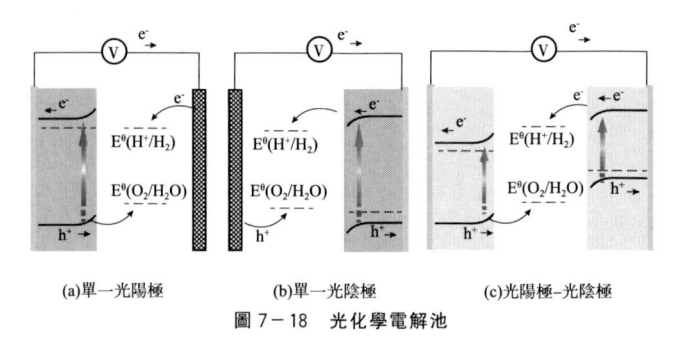

(a) 單一光陽極　　(b) 單一光陰極　　(c) 光陽極-光陰極

圖7-18　光化學電解池

典型的無偏壓PEC電池由光陽極、光陰極、外接電路及電解質溶液構成，需要吸收4個光子才能產生1個氫氣分子。光陽極與光陰極相串聯，利用自身的光電壓實現無偏壓水分解，可以更為經濟、高效地實現太陽能向氫能的轉換。其中，光陽極主要由N型半導體構成，實現水的氧化產氧；光陰極則主要由P型半導體構成，實現水的還原產氫。串聯的光陽極與光陰極存在平行與疊層兩種構型。疊層構型通常由能隙較寬（1.3~2.4eV）且較透明的光陽極（上層）與能隙較窄（0.65~1.3eV）的光陰極（下層）構成，疊層構型在單位面積上具有較高的光利用效率；平行構型由平行放置的光陽極與光陰極構成，對電極材料的能隙、透光率要求較小。

無偏壓PEC裝置不需要電極材料的導帶與價帶的位置同時滿足水的氧化產氧電位

(1.23V vs. Normal Hydrogen Electrode，NHE)與還原產氫電位(0V vs. NHE)，為電極材料的選擇提供了更多的可行性。為了實現水的氧化產氧，光陽極半導體的價帶要低於水分解產氧電位，實現水的還原產氫需要光陰極半導體的導帶高於水分解產氫電位。動力學上，還需要考慮水的析氫與析氧過電位以及電路電阻帶來的電壓損失，其中，析氫過電位約為0.05V，析氧過電位約為0.25V。

太陽能轉化效率是衡量光化學轉化系統的關鍵參數之一。國際評估結果表明，當STH＞10％時，PEC分解水才可能實現工業化並和現有製氫工業競爭。基於單一半導體光電極的STH距工業化目標仍比較遠。主要問題在於電極吸光有限，表面反應過電位(反應發生需要的外加電位偏離平衡電位的值)高且動力學緩慢，載流子復合嚴重等。此外，光電極的穩定性也是PEC研究的重要問題之一。從太陽光照射電極直到產物生成，光生載流子的產生、分離、傳輸和參與表面反應的過程就像接力賽，STH受多個因素影響：

$$STH = \eta_{光吸收} \times \eta_{光生電荷分離} \times \eta_{電荷注入表面反應}$$

式中：$\eta_{光吸收}$為光吸收效率(光電極受光激發產生光生電荷的效率)；$\eta_{光生電荷分離}$為光生電荷的分離效率；$\eta_{電荷注入表面反應}$為光生電荷參與表面催化反應而被利用的效率。

在標準狀態下，把1mol水(18g)分解成氫氣和氧氣需要約237kJ或1.23eV的能量。太陽能輻射波長為200～2600nm，對應的光子能量為400～45kJ/mol。光解水的研究關鍵是構築有效的光催化材料。實際上從TiO_2、過渡金屬氧化物、層狀金屬氧化物到能利用可見光的複合層狀物的發展過程，則反映了光解水發展的主要進程。

7.4.2 光陽極

許多N型半導體如$BiVO_4$、$\alpha-Fe_2O_3$、Ta_3N_5等已經被作為光陽極廣泛的研究，但在光電化學分解水過程中，這些電極都需要有一個外加偏壓才能夠實現對水的分解。要實現無外加偏壓全分解水，就必須要找能帶和起始電位均與其匹配的光陰極，組裝成P-N型光電化學水分解電池。有望實現高效水分解的光陽極材料有：$\alpha-Fe_2O_3$、$BiVO_4$、Ta_3N_5、$SnNb_2O_6$、WO_3。這些材料具有相對成熟的電極製備方式，其主要研究內容為調控材料的缺陷及電極的表面修飾。

(1)$\alpha-Fe_2O_3$

$\alpha-Fe_2O_3$作為光分解水用光陽極材料，具有合適的禁帶寬度(2.1eV)、優異的化學穩定性及廉價易得等優點。但其較短的光生載流子壽命、光生空穴傳輸距離及較高的析氧過電位，導致其實際光電製氫效率低，有礙實際應用。摻雜被認為是解決這一問題的有效手段，摻雜具有電子給體的元素，如Sn、Si、Ti，能顯著地增加$\alpha-Fe_2O_3$的供體密度，從而提高導電率。通過表面改性(過渡金屬磷化物或硼化物)及奈米多孔氧化鐵光陽極材料的構築等策略，明顯改善其光生電荷分離和利用效率，大大提升其光生電流密度。

(2)$BiVO_4$

釩酸鉍($BiVO_4$)是一種無毒的光催化劑，具有優異的化學和光子特性。此外，約2.4eV的低禁帶能量使其對可見光的吸收能力強、化學穩定性好、價格低廉。純$BiVO_4$光催化劑的光催化效率仍然很低，這可能是由於光誘導的電子-空穴對的快速復合，以及

表面吸附能力較弱所致。為了克服這些缺陷，主要通過縮小能隙寬度並結合較大的比表面積，從而可以提供更多的活性位點，並提高介面電荷的轉移速率。改性 $BiVO_4$ 的方法分為四種：第一種是摻雜 Cu/Mo/F/S 等金屬或非金屬元素；第二種是利用等離子貴金屬（如 Ag/Au/Pd）在 $BiVO_4$ 中充當電荷中心；第三種是構建異質結進而在介面中引入內建電場；第四種是使用奈米碳管(CNT)或者 MOF 等材料與之耦合。

(3) Ta_3N_5

Ta_3N_5 是一種非常有潛力的光陽極候選材料，在 AM 1.5G 太陽光照射下，理論光電流密度和太陽能轉換效率分別能達到 $12.8mA/cm^2$ 和理論太陽能對氫(STH)效率 15.9%。但 Ta_3N_5 在實際應用中也存在侷限性，如載流子遷移率較低$[1.3～4.4cm^2/(V·s)]$、復合速率快(<10ps)及有效質量各向異性顯著等問題。研究者利用離子摻雜、異質結和功能層構建及助催化劑協同催化等方法改善電荷分離效率與注入效率，旨在提高光陽極的光電化學性能，實現低偏壓分解水。此外由於構建異質結和擔載功能層等方法受限於兩種材料的能帶結構不匹配、介面接觸質量差及 Ta_3N_5 自身易氧化等問題，極大地限制了材料種類及製備方法的選擇，因而仍存在很大挑戰。通過調控 Ta_3N_5 微晶的生長取向與晶面暴露，使載流子傳輸方向為高遷移率方向，可進一步提升電荷分離效率。通過異質結的構建或沉積氧化物層及擔載助催化劑等手段，可有效促進 Ta_3N_5 光生電子－空穴對的分離和運輸，從而實現光陽極起始電位的降低和光電流密度的有效提升。通過陽離子摻雜及表面形貌設計等手段，促進 Ta_3N_5 光生電荷的分離與傳輸，緩解表面費米能階釘扎，從而提升其 PEC 性能，降低起始電位。

(4) $SnNb_2O_6$

鈮酸錫($SnNb_2O_6$)作為一種典型的二維奈米片材料，由於其較大的比表面積和可調控的電子結構，在光催化降解有機汙染物和分解水製氫領域具有廣闊的應用前景。然而，由於 $SnNb_2O_6$ 量子效率低，光生電子－空穴對復合率高，嚴重制約了其實際應用。

負載不同的載體，通過構築異質結構來促進光生電荷的分離效率，從而得到催化活性增強的可見光響應複合光催化材料。將 $SrTiO_3$ 奈米顆粒負載在 $SnNb_2O_6$ 奈米片表面製備出 $SrTiO_3/SnNb_2O_6$ 奈米異質結構複合光催化劑。在可見光照射下，1%(質量分數)－Pt/$SrTiO_3/SnNb_2O_6$ 複合光催化劑在甲醇水溶液中催化分解水製氫，結果顯示，20%－$SrTiO_3/SnNb_2O_6$ 奈米異質結表現出最佳的製氫活性，析氫效率分別是單純 $SrTiO_3/SnNb_2O_6$ 與 $SnNb_2O_6$ 的 298 倍和 2 倍，並且具有優良的穩定性和循環使用性。將 MoS_2 奈米片負載在所製備的 $SnNb_2O_6$ 奈米片表面，製備出 $MoS_2/SnNb_2O_6$ 奈米複合光催化劑。10%－$MoS_2/SnNb_2O_6$ 異質結表現出最佳的光催化製氫活性，製氫速率達到 $257.78\mu mol/(h·g)$，約為單純 $SnNb_2O_6$ 和 MoS_2 的 4.3 倍和 5 倍。

採用過渡金屬離子摻雜和金屬氧化物表面修飾也可 $SnNb_2O_6$ 改善光電化學性能。在 $SnNb_2O_6$ 顆粒表面均勻沉積 NiO 奈米顆粒得到 $SnNb_2O_6$：NiO 複合材料，其中 NiO 顆粒作為電子、空穴在半導體表面的俘獲位置。$SnNb_2O_6$：NiO/Ni 電極具有明顯的光電流，達到 $2\mu A$，光響應電流遠高於未修飾樣品。Cr、Co 元素的摻入可以更為有效地提高 $SnNb_2O_6$ 的光電化學性能。

(5)WO₃

三氧化鎢(WO_3)具有電子傳輸能力強、載流子擴散距離適中(<150nm)、穩定性好等優點而被廣泛應用為光陽極。一方面,WO_3 的禁帶寬度相對較大,對太陽光的利用效率較低;另一方面,WO_3 的光生載流子復合速率較高導致光陽極的水分解效率較低。為解決 WO_3 的上述問題,通過構建異質結構的方法改進和優化 WO_3 光陽極。以普魯士藍(亞鐵氰化鐵,化學式為 $Fe_4[Fe(CN)_6]_3$,Prussian Blue,PB)修飾 WO_3 奈米陣列獲得 WO_3@PB 複合光陽極。隨後對複合材料進行熱處理,在 WO_3 表面原位合成了 Fe_2O_3 奈米顆粒,形成以 WO_3 奈米棒為中心的 WO_3@Fe_2O_3 核殼異質結構。與純的 WO_3 相比,WO_3@PB 複合材料表現出更好的光電催化性能。其中,WO_3@PB-100 光陽極在 1.23V vs. RHE(可逆氫電極,Reversible Hydrogen Electrode,RHE)時的光電流密度為 $0.49mA/cm^2$,分別是純 WO_3 和 PB 的 2 倍和 40 倍。PB 的存在提高了光吸收效率的同時,WO_3 和 PB 形成了異質結,促進了載流子的分離和轉移,提高了光生載流子的壽命,從而使光電性能明顯提升。WO_3@Fe_2O_3 光陽極在 1.23V vs. RHE 時的起始電位為 0.6V,明顯小於單一的 WO_3 和 Fe_2O_3 電極,光電流密度為 $1.22mA/cm^2$,與純 WO_3 相比,光電流提高了 5 倍。

7.4.3 光陰極

通過優化製備方式、摻雜以及表面修飾等手段,光陽極的 STH 效率與穩定性都取得了較大的進展,而光陰極材料通常具有較低的空穴遷移速率,且易於發生光電腐蝕,研究進展較為緩慢。通過串聯高性能光陽極與光陰極,實現無偏壓下的高效水分解,是光電化學水分解領域的發展趨勢。由氧化物 Cu_2O 光陰極與 $BiVO_4$ 光陽極組成的疊層 PEC 電池取得的 STH 效率為 3%,而由非氧化物 $CuIn_{0.5}Ga_{0.5}Se_2$ 光陰極與 $BiVO_4$ 光陽極組成的疊層 PEC 電池取得的 STH 效率為 3.7%。

(1)氧化亞銅光陰極

氧化亞銅(Cu_2O)是 P 型半導體,Cu_2O 的窄頻隙(2.0~2.3eV),在 AMG1.5 照射下,理論最高光電流密度為 $-14.7mA/cm^2$。其成本低、無毒無害,作為太陽能電池材料的能量轉化率理論上可達到 18%,能夠有效吸收可見光,從而使太陽光的利用效率最大化。Cu_2O 光催化劑具有兩大問題:一是 Cu_2O 在潮溼空氣中不穩定,會被氧化生成 CuO,導致 Cu_2O 光催化劑的去活化;二是其能隙較窄,光生電子和空穴容易復合,降低了 Cu_2O 的光催化活性。研究人員為解決這兩大問題,同時為提高 Cu_2O 的性能,對其製備方法進行了大量研究並取得進展。Au/Cu_2O 多殼多孔異質結在介面上形成蕭特基能障(Schottky Barrier),Au 的 SPR 效應導致光致激發效應增強。

(2)p-Si 光陰極

p-Si 的能隙為 1.1eV,能吸收大部分的太陽光,理論光電流達到 $44mA/cm^2$。研究人員用 p-Si 作光陰極實現無犧牲劑產氫,並且在 514.5nm 光照下的太陽能轉化效率達到 2.4%。但表面態的存在使產氫動力學反應及穩定性較差,極大地限制了 Si 電極的光電性能。為了進一步提高 Si 光陰極的效率和穩定性,表面保護、電催化劑擔載及微奈結構調

控是幾種常見方法。

表面保護及電催化劑擔載 Si 電極上直接擔載電催化劑是加快析氫反應的有效手段。在 p-Si 的表面擔載 Pt, 有效提高了 Si 電極的光電化學性能。用白鐵礦型 $CoSe_2$ 作為產氫的助催化劑, 由於 $CoSe_2$ 與 p-Si 和電解液之間較小的介面電阻使其光電性能得到提高。表面擔載雖然可以提高 Si 光陰極的光電化學性能, 但是仍然存在電極穩定性較差的問題, 於是引入保護層引起了研究人員的關注。研究人員用六甲基氧二矽烷覆蓋 p-Si 的表面, 用 In 摻雜的 CdS 作 p-Si 的保護層, 或者在 p-Si 的表面引入 Ti 層, 這些保護層的構建都極大地提高了 Si 的穩定性。在擁有保護層的情況下再擔載電催化劑能更有效地提高電極整體性能。在矽片上長出 2nm 厚度的 SiO_2, 然後通過沉積上 20/30nm 的 Pt/Ti 雙金屬層, 構建了一種金屬-絕緣體-半導體結構的 Si 光陰極, 使電極產氫的穩定性和效率都有了很大的提升。用 Ni 同時作為 p-Si 的保護層和電催化劑, 製備的 Ni/Pt/p-Si 光陰極, 這種電極在硼酸鉀緩衝液中雖然起始電位比在 NaOH 中小, 但穩定性提高了很多。用導帶位置跟 Si 相差不大, 且晶格匹配度很高的 $SrTiO_3$ 代替了 SiO_2 層製備金屬-絕緣體-半導體結構的矽光陰極。當沒有金屬催化劑, 只有 $Si/SrTiO_3$ 時, 電極在 -0.8V vs. NHE 處幾乎沒有光電流, 而構建成金屬-絕緣體-半導體電極後, 在 -0.5V vs. NHE 處飽和光電流達到 $-35mA/cm^2$。除了光電流的提高, 電極的起始電位也正移到 0.46V, 但是起始電位會隨著 $SrTiO_3$ 厚度的增加而下降。在電極的穩定性方面, 相比於沒有保護層的 Si 有了巨大的提高, 電極在 0V vs. Ag/AgCl 光電流經過 35h 測試沒有下降, 而 p-Si 裸電極在 -0.2V vs. NHE 下, 經過 50min 測試光電流下降了 70%。

微奈結構調控相比於平面結構, 奈米陣列有很多優勢: 減少光反射, 提高光吸收效率; 與溶液接觸面積多, 具有較多的反應活性位點; 空穴傳輸到電解液的距離縮短, 減少了體相復合, 這些都有助於提高光電化學性能。用光刻方法可製備大長徑比的 Si(100) 奈米柱陣列, 表面用 Mo_3S_1 電極修飾。與平面 Si 相比, 柱狀 Si 的飽和光電流和 IPCE (Incident Monochromatic Photon-Electron Conversion Efficiency, 光電轉化效率)有了明顯的提高, 分別達到 $-16mA/cm^2$ 和 93%($\lambda>620nm$)。同樣地, 修飾後的電極起始電位也提高到約 0.15 vs. RHE。但修飾後的電極的飽和電流相比修飾前均有下降, 這是由於 Mo_3S_1 層修飾導致電極疏水, 氫氣泡更容易附著在電極表面, 使有效表面反應面積減小造成的。除了陣列結構外, 多孔奈米 Si 結構也有很多優勢: 表面積大、與溶液接觸點多、反應位點多; 也能減小光反射, 提高光吸收。多孔奈米 Si 可用作光電化學電池光陰極製氫。這種多孔奈米 Si 電極通過金屬輔助刻蝕的方法製備, 其對全太陽光譜的反射率降到 2% 以下, 由於光吸收的增強, 飽和光電流也由 $-30mA/cm^2$ 提高到了 $-36mA/cm^2$。除此之外, 析氫過電位也下降了 70mV。在多孔 Si 表面上沉積了 Pt, 發現光電流雖然減小了, 但是產氫效率得到了提高, 同時析氫過電位也得到降低。但當多孔 Si 的厚度超過 $10\mu m$ 時, 由於介面處的表面復合急速加大, 光電流會開始下降。用 InP 敏化多孔 Si 光陰極, 以 $Fe_2S_2(CO)_6$ 為電催化劑, 相比於多孔 Si 光陰極, 產氫效率、穩定性等都有了提高, 但在低偏壓下的光電流僅有 $-1.2mA/cm^2$ 左右, 相比於其他 Si 光陰極, 性能還有待進一步提高。

(3) p-InP 光陰極

InP 能隙為 1.35eV，相比 Si 價帶位置更正，在 P-N 疊成雙光子系統中能夠提供更高的光電壓。研究人員以 p-InP 為光陰極的太陽能水分解電池，獲得了 9.4% 的太陽能轉化效率。之後製備 InP 的電極，把太陽能轉化效率提高到 14.5%。儘管 InP 擁有較佳的光電化學性能，但主要通過成本較高的金屬有機物氣相外延法製備，同時需要昂貴的外延生長基底，不利於商業化應用。為降低生產成本，研究人員提出了一種新的 InP 薄膜製備方法，即薄膜－氣－液－固法。這種方法可以在非外延生長基底上製備，從而可以降低成本，以便大規模製備，同時能獲得較大的晶粒，展現較好的光電化學性能。為更進一步提高 p-InP 電極的光電化學性能，表面保護、電催化劑擔載及微奈結構調控是較為有效的方法。

由於 TiO_2 和 InP 的價帶的帶邊位置相差很大，形成的能障使空穴很難達到表面，但兩者的導帶匹配，從而使電子傳輸到電極表面且降低了載流子復合，最後使光陰極的起始電位正移了 0.2V，達到 0.8V vs. RHE。這表明，TiO_2 是非常理想的 InP 保護層。在 InP 薄膜沉積了 TiO_2 和 Pt 電催化劑。InP/TiO_2/Pt 光陰極的起始電位為 0.63V vs. RHE，半電池太陽能轉化效率為 11.6%，同時光電流能穩定 2h 以上。

研究人員研究了 InP 光陰極奈米棒核殼結構的電子結構和波函數，發現 InP-CdS 和 InP-ZnTe 的核殼結構電極非常適合光電化學體系。寬能隙的殼層材料在溶液中能很好地保護窄頻隙核層材料免於腐蝕，兩種材料導帶或價帶的略微交錯能很好地避免電子－空穴的復合；InP-CdS 中電子在殼層，空穴在核層，InP-ZnTe 中則正好相反，這兩種不同的電子－空穴分布使電極能在不同的溶液狀態中使用。通過金屬有機物氣相外延法在 Si(111) 面上生長 InP 奈米線，發現結晶度好、無缺陷的 InP 比具有孿晶界的 InP 擁有更好的性能；製備 InP 奈米線陣列，用 MoS_3 作為電催化劑，優化半導體/催化劑的介面，使太陽能轉化效率提高到 6.4%。通過反應離子刻蝕技術製備 InP 奈米柱陣列 (p-InP NPLs)，用 TiO_2 作保護層，Ru 作助催化劑，太陽能轉化效率達到 14%，超過之前所有的 InP 電極性能。與相同方法製備的平面 InP 相比，InP 奈米柱反射比由 30% 降到 1%，起始電位由平面 InP 的 0.5V 正移到 0.73V vs. NHE (Normalized Hydrogen Electrode)，太陽能轉化效率由 9% 提高到 14%，在 0V vs. NHE 處光電流由 $-27mA/cm^2$ 提高到 $-37mA/cm^2$。此外，穩定性也有了明顯的提高，p-InPNPLs/TiO_2/Ru 光電流穩定在 $-37mA/cm^2$ 超過 4h，而平面的 InP，光電流 4h 後由 $-27mA/cm^2$ 下降到 $-18mA/cm^2$。儘管用 Ru 作助催化劑沒有明顯提升光電流，但使其起始電位獲得了 0.5V 的正移。

(4) p-$CuIn_{1-x}Ga_xS(Se)_2$ 光陰極

$CuIn_{1-x}Ga_xS(Se)_2$ (簡稱 CIGS) 通過調節 In/Ga 的比來調節能隙。由於具有高光吸係數、性能穩定、相對低成本等優點，CIGS 被認為是最有潛力的太陽能電池材料，在實驗室中的太陽能轉化效率已經超過 20%。鑑於 CIGS 在太陽能中表現出的優異性能，研究者們開始試圖將其應用於光電化學分解水領域中。關於 $CuIn_{1-x}Ga_xS_2$ 的研究，很多集中在調控 Ga 的量，很少對薄膜中的雜相進行研究。研究發現 $CuIn_{1-x}Ga_xS_2$ 薄膜中存在的 Cu_xS 和 CuAu 亞穩相兩種雜相可通過控制腐蝕電位的方法選擇性消除。通過不同的腐蝕

電位選擇性消除 Cu_xS 並不會對性能有太大影響，CuAu 亞穩相除去後，光電流提高了約 2 倍。CuAu 亞穩相腐蝕後，經 CdS/Pt 修飾，在 0V vs. RHE 電位下，光電流達到－$6mA/cm^2$。

合適的保護層及電催化劑對 CIGS 電極的提升非常有效。在 $CuIn_{1-x}Ga_xS(Se)_2$ 薄膜上電鍍上 CdS 層，然後濺射上 ZnO 層製備成光電極，最後沉積上 Pt，發現 CIGS/CdS/ZnO/Pt 電極在 0.5mol/L 硫酸鈉溶液中的光電流為－$6mA/cm^2$（－0.6V vs. NHE）。但是這個電極的穩定性較差，1h 不到光電流就幾乎降到 0。在 CIGS 上生長一層 CdS，利用射頻磁控濺射法生長 Mo 和 Ti 層，最後把 Pt 粒子沉積到電極上，得到 Pt/Mo/Ti/Cds/CIGS 電極。該電極在 0V vs. RHE 處光電流約為－$27mA/cm^2$。在 0V vs. RHE 電壓下，雖然電極的光電流每天都有下降，但仍能持續工作 10d 以上。除此之外，電極在 0.38V vs. RHE 處的半電池太陽能轉化效率達到了 8.5%。通過類似的方法製備了 CIGS 薄膜電極，只是把 Mo/Ti 層換成了 ZnO 層。此設計理念主要是通過 CIGS/CdS 形成 P-N 結，促進載流子的分離，ZnO 層促進電子從 CIGS 遷移到電極與電解液的接觸面，空穴傳輸到 Pt 電極，各自參與反應。這種電極的光電流比之前報導的都要高，達到－$32.5mA/cm^2$（－0.7V vs Ag/AgCl）。

(5) $p-Cu_2ZnSnS_4$

光陰極在太陽能產業中，CdTe、GaAs、$CuIn_{1-x}Ga_xS(Se)_2$ 等由於其優異的性能而備受矚目，但又因蘊藏有限、本身有毒等很大程度上限制了應用。基於環保、廉價、高性能等要求，硫族半導體材料慢慢被發掘出來。由於 Cu_2ZnSnS_4（Copper Zinc Tin Sulphur, CZTS）所含元素地殼蘊藏豐富，且 CZTS 擁有合適的能隙（1.5eV）、帶導位置和高的吸收係數（$\sim 10^{-6}m^{-1}$），被研究應用於光敏劑、鋰離子電池、光電二極體、太陽能電池等上面。基於 CZTS 的太陽能電池效率有了很大的提升，最高的太陽能轉化效率已達到 12.6%。CZTS 薄膜的製備方法主要有濺射、噴霧熱裂解法、蒸發法、電沉積、熱注入等。CZTS 不僅在太陽能上有巨大應用潛力，而且可以作為光陰極分解水製氫。CZTS 作為光陰極的太陽能轉化效率還遠遠低於理論值。通過噴霧熱裂解法在 FTO（Fluorine Doped Tin Oxide）玻璃上製備 CZTS 薄膜。CZTS 的導帶位置比 H_2O 的還原電位更負，因此可用來作為光電化學電池的光陰極分解水製氫。製備純相 CZTS 非常困難。在薄膜太陽能電池及光電極體系中，晶粒的大小對其性能有很大的影響，一些真空法雖然能得到較大的晶粒，但是這些方法成本過高，不利於大規模製備。與此相對，低成本方法如溶液法等製備大晶粒的薄膜一直是個難題。

將 CZTS 用於光陰極產氫時，通過 Pt、CdS、TiO_2 表面修飾可提高 CZTS 的光電化學性能。通過改變 Zn 電鍍液的 pH 值，改變 CZTS 的表面狀態，用浸漬法製備 CdS 緩衝層，最後沉積 Pt 製備完整的 Pt/CdS/CZTS 光陰極。用 In_2S_3/CdS 雙緩衝層和 Pt 修飾 CZTS 薄膜，製備 Pt/In_2S_3/CdS/CZTS 光陰極。由於 In_2S_3 層的加入，擁有較好的抗腐蝕性。經比較發現，僅 Pt 修飾的 CZTS 電流非常小，但加入緩衝層 CdS 後有明顯的光電流提高和起始電位的正移，這是由於 CZTS 和 CdS 形成了 P-N 結，提高了光生載流子的分離。把 CdS 換成 In_2S_3 後也有提高，但不如 CdS。可能是 In_2S_3/CZTS 之間的介面接觸不

如 CdS/CZTS，因此研究人員又製備了 Pt/In$_2$S$_3$/CdS/CZTS 電極，雖然電極的起始電位沒有太多提升，仍在 0.63V vs. RHE，但在 0V vs. RHE 的光電流提高到-9.3mA/cm^2。在 0.31V vs. RHE 處，半電池太陽能轉化效率達到 1.63%。

(6)鐵酸鹽光陰極

鐵酸鹽材料屬於三元金屬氧化物，具有合適的能隙(1.5～2.1eV)、較正的起始電位及較低的製備成本，並且在鹼性溶液中具有較好的光穩定性。比較受關注的鐵酸鹽光陰極材料有 CuFeO$_2$、CaFe$_2$O$_4$ 和 LaFeO$_3$。通過製備方法的開發與改進、元素摻雜及表面修飾等方法提高其光電轉換效率。

①CuFeO$_2$

CuFeO$_2$ 屬於 Cu(Ⅰ)銅鐵礦結構 CuMO$_2$(M=Cr，Fe，Rh，Al 等)。Cu(Ⅰ)銅鐵礦結構材料通常具有較好的空穴載流子濃度，被廣泛應用於光電催化及 P 型透明導電玻璃的研究中。其價帶(-0.45V vs. NHE)與導帶(1V vs. NHE)分別主要由 Cu$_{3d}$ 和 Fe$_{3d}$ 構成，價帶位置滿足還原水產氫及還原 CO$_2$ 的熱力學要求。在鐵酸鹽光陰極材料中，CuFeO$_2$ 具有較窄的間接能隙(～1.5eV)以及較高的載流子遷移速率[0.225cm^2/(V/s)]與壽命(200ns)，起始電位可達到 0.98V vs. RHE，所含元素地球儲量豐富。但 CuFeO$_2$ 仍然無法實現體相載流子的有效分離，並且 CuFeO$_2$ 電極表面析氫催化反應的活性較差，載流子表面注入效率有待提高。對 CuFeO$_2$ 光陰極的構建奈米形貌與表面修飾等方面提高其性能。

②CaFe$_2$O$_4$

CaFe$_2$O$_4$ 屬於正交型結構，與其他 AB$_2$O$_4$ 型鐵酸鹽(MgFe$_2$O$_4$、ZnFe$_2$O$_4$)的尖晶石結構不同，Fe—O 鍵長的不同導致兩種不同的 FeO$_6$ 八面體結構，從而形成角共享的之字形鏈條，Ca 原子則佔據由角落和邊緣共享的 FeO$_6$ 八面體形成的偽三角形隧道。其價帶(-0.6V vs. NHE)與導帶(1.3V vs. NHE)橫跨水的氧化與還原電位，價帶主要由 Fe$_{3d}$ 構成，導帶則主要由 Fe$_{3d}$ 與 O$_{2p}$ 構成，具備水分解及還原 CO$_2$ 的能力。CaFe$_2$O$_4$ 具有較窄的能隙(1.9eV)，起始電位可以達到 1.3V vs. RHE，所含元素地球儲量豐富，但較低的載流子遷移速率[0.1cm^2/(V/s)]導致載流子體相復合較為嚴重，並且 CaFe$_2$O$_4$ 較高的合成溫度(800℃)限制了其製備。通過製備方式的開發及元素摻雜改進其性能。此外，CaFe$_2$O$_4$ 還被廣泛用於修飾光陽極的表面，提升光陽極的轉換效率及穩定性。

③LaFeO$_3$

LaFeO$_3$ 屬於 ABO$_3$ 鈣鈦礦結構，擁有立方與正交兩種晶系，具有較高的結構穩定性。立方晶系結構中，La 原子位於立方體中心，周圍存在 12 個氧原子，Fe 原子位於立方體頂角，與 6 個氧原子形成八面體配位。其價帶(-0.5V vs. NHE)與導帶(1.5Vvs. NHE)橫跨水的氧化與還原電位，價帶主要由 Fe$_{3d}$ 構成，導帶則主要由 Fe$_{3d}$ 與 O$_{2p}$ 構成，在無偏壓下具備分解水的能力。LaFeO$_3$ 的間接能隙為 2.1eV，起始電位可達到 1.41V vs. RHE，鹼性條件下具有較好的光穩定性。但 LaFeO$_3$ 電極表面析氫催化反應的活性也較差，載流子表面注入效率有待改善。從 LaFeO$_3$ 光陰極達到的最高氧還原電流可以看出，體相載流子復合仍是限制其光電性能的主要因素。LaFeO$_3$ 被廣泛應用於電催化及粉末形式的光催化降解與產氫研究中。LaFeO$_3$ 也被應用於光電化學水分解產氫的研究中，主要研究內容為

元素摻雜與電極的表面修飾。

習題

1. 簡述太陽能發電電解水製氫、光催化分解水製氫、太陽能光化學電解水製氫的區別。

2. 計算 $\alpha-Fe_2O_3$、$BiVO_4$、WO_3 等吸收光能波長範圍。

3. 列表對比幾種提高光轉化效率方法的優劣。

4. 根據課本中提供的光陽極和光陰極材料的禁帶數據，查閱一部分文獻資料，設計可見光太陽能光化學電解水製氫的電極對。

5. 歸納總結提高光催化劑效率的方法。

6. 概述助催化劑提高光催化效率的原理。

7. 概述異質結的種類和特徵。

第8章 其他製氫技術

除了前面提到的製氫技術之外，實際應用的還有氨氣分解製氫。尚處於研究階段的熱化學循環製氫、生物質製氫、光合生物和微生物製氫等。

8.1 氨分解製氫

氫氣是一種良好的保護性、還原性氣體，在冶金、半導體及其他需要保護氣氛和還原氣的工業和科學研究中得到廣泛應用。氫氣是軋鋼生產特別是冷軋企業常用的保護氣體。此外，氫氣還原法是工業生產鉬粉的主要方法，還原過程需要大量使用高純度的氫氣。在鉬坯料的燒結、鉬材料的熱加工和熱處理過程中，氫氣作為保護氣體也大量使用。氨分解製氫裝置投資少，效率高，原料採購運輸容易，氫氣純度高，是小規模分散式製氫工藝中常用的生產技術之一。氨分解變壓吸附製氫在中小企業得到廣泛應用。

8.1.1 氨分解製氫原理

氨分解製氫是以液氨為原料，在催化劑上氨被分解得到氫氣和氮氣的混合氣體，其中 H_2 占 75%，N_2 占 25%。其化學反應式為：

$$2NH_3 \Longrightarrow 3H_2 + N_2 + 46.22 kJ/mol$$

理論上計算表明，400℃時該反應的平衡轉化率可達 99%，但實際需要高於 1000℃（圖 8-1）。使用催化劑有助於降低氨的分解溫度，但是分解溫度仍需 650℃以上。高溫操作對設備及公用工程要求高，投入大，將降低氫能的使用能源效率。因此，開發高效催化劑降低氨分解反應溫度有助於提高氨載氫過程氫能能源效率，對氨載氫工業應用推廣意義重大。

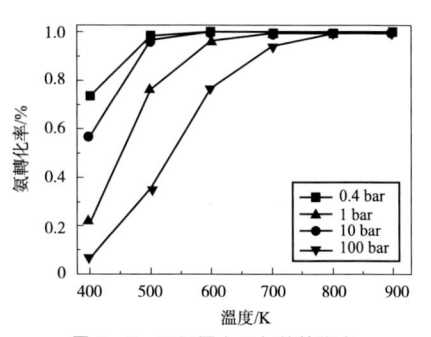

圖 8-1 不同壓力下氨的轉化率隨反應溫度的變化

氨分解反應過程包括氨的吸附、吸附氨的分解及分解產物的解吸。首先，氨分子吸附在催化劑活性位點上，形成吸附態的氨分子；其次，吸附態的氨分子逐步脫氫，最終解離成吸附態的氮原子和氫原子；最後，吸附態的氮原子和氫原子經歷結合、解離，最終脫附分別形成氮分子和氫分子。

常壓($1.01325×10^5$ Pa)，反應溫度為 T K，NH_3 分解的平衡轉化率 X 可按照如下公式進行計算。

$$[40100-(25.46×T×\ln T)+(0.0091T^2)-(10300/T)+54.81T]=-RT\ln[1.3X^2/(1-X^2)]$$

式中，T 為反應溫度，K；R 為氣體常數；X 為平衡轉化率。

8.1.2 氨分解製氫催化劑

氨分解製氫催化劑包括單金屬 Ir、Ru、Ni 和 Fe 等；雙金屬催化劑 Fe—Ni、Fe—Mo 等；碳化物催化劑 FeC_x、MoC_x 等；以及氮化物催化劑 FeN_x、MoN_x 等。其中，以 Ru、Fe 和 Ni 等催化劑為主。

Ru 催化劑在氨合成反應中活性最高。根據微觀可逆原理，應該是氨分解反應活性最好的單金屬催化劑。釕系氨分解製氫催化劑的助催化劑主要有鹼金屬、鹼土金屬和稀土氧化物等。鹼金屬通常作為電子型助催化劑，通過改善金屬粒子周圍的電子環境，達到提高催化活性的目的。結構型助催化劑的引入有利於提高催化劑的熱穩定性。釕系催化劑的載體則有 CNTs、MgO、TiO_2、Al_2O_3 和 AC 等。Ru 基催化劑因具有低溫高活性、高穩定性等優勢，成為氨分解製氫研究中應用最多的催化劑。然而 Ru 價格昂貴，使用成本高，限制其大規模商業化應用。

Ni 催化劑催化活性僅次於 Ru 基催化劑，且成本低廉。Ni 催化劑反應速率慢，為了達到高產氫速率要求，鎳基催化劑中鎳負載量高達 17%～21%，且需在 650～750℃ 下進行，致使催化劑容易去活化、過程能源消耗高等問題。700℃ 下，氨在 Raney 鎳上的轉化率才 81.6%。對鎳基催化劑的奈米粒子粒徑、第二金屬、助劑、載體等進行調變，以提高催化劑的活性和穩定性。助劑包含鹼土金屬和稀土金屬兩類。稀土金屬主要作為結構型助催化劑(如 La、Ce、Y 等)，它的引入有利於提高催化劑的熱穩定性。鹼土金屬(如 Ca、Mg、Sr 等)有電子助劑和結構助劑的雙層作用。

8.1.3 氨分解製氫的工藝流程

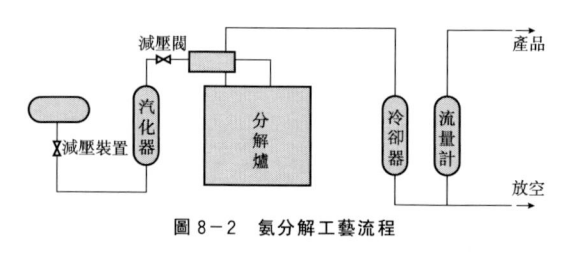

圖 8-2 氨分解工藝流程

氨分解製氫的工藝流程簡單。氣化後的氨在分解爐中與催化劑接觸反應生成氮氣和氫氣。使用要求不高的場景，則氫氣直接冷卻使用，對氫氣要求高時使用 PSA 提高氫氣純度(圖 8-2)。

氨分解變壓吸附製氫系統已經在鎢鉬行業大量應用，但是變壓吸附過程要排掉部分氫氣。根據不同的變壓吸附工藝一般為 10%～25%。乾燥塔再生工藝過程也要消耗 8% 左右的純氫氣。此外，分解產生的占總氣量 25% 的氮氣也被排空，未得到利用。中國許多企業已經在嘗試氫氣回收利用，但技術參差不齊，回收系統穩定性不好。

浮法玻璃生產的成型過程是在通入保護氣體(N_2 及 H_2)的錫槽中完成的。熔化的錫液

極易被氧化為氧化亞錫及氧化錫，有硫存在時還可生成硫化亞錫和硫化錫。錫的化合物容易黏附到玻璃表面，既汙染玻璃，又增加錫耗。因此需將錫槽密封並連續穩定地送入高純度氮氫混合氣體，以維持槽內正壓，保護錫液不被氧化。氫氣是還原性氣體，可迅速將錫的氧化物還原。氫氣用量視玻璃的生產規模而定，一般在 60～140Nm³/h。水電解或氨分解兩種方法都有應用。因氨分解製氫工藝比較經濟、安全，所以被許多浮法玻璃企業採用。

8.2 熱化學循環分解水製氫

熱力學計算表明，熱解水的效率遠大於電解水的效率。但水分解需要 2500K 以上的高溫，在此溫度下，裝置材料及分離氫氣和氧氣用的膜材料均無法工作。若將水的分解分成由吸熱和放熱幾步循環反應組成，就可降低水分解所需的溫度。化學鏈循環技術具有內分離 CO_2、低㶲損失、低 NO_x 排放等特點。世界上許多研究機構研究了 200 多種熱化學循環生產 H_2 的方法。

8.2.1 典型熱化學循環反應

見諸文獻的熱化學循環很多，下文只介紹比較經典的熱化學循環反應。按照涉及的物料，熱化學循環製氫體系可分為氧化物體系、含硫體系和鹵化物體系循環三大類。

(1) 氧化物體系循環

氧化物體系循環是利用較活潑的金屬與其氧化物之間的互相轉換或者不同價態的金屬氧化物之間進行氧化還原反應的兩步循環：一是高價氧化物(MO_{ox})在高溫下分解成低價氧化物(MO_{red})，放出氧氣；二是 MO_{red} 被水蒸氣氧化成 MO_{ox} 並放出 H_2，這兩步反應的焓變相反。Fe_3O_4 和 Fe_2O_3、Fe_3O_4/FeO、Zn/ZnO、MnO/Mn_3O_4、CoO/Co_3O_4 等體系是其代表。反應式如下：

$$MO_{red}(M) + H_2O \longrightarrow MO_{ox} + H_2$$

$$MO_{ox} \longrightarrow MO_{red}(M) + 1/2 O_2$$

$$Fe_2O_3 + H_2O + 2SO_2 \longrightarrow 2FeSO_4 + H_2 \quad (180℃)$$

$$2FeSO_4 \longrightarrow Fe_2O_3 + 2SO_2 + 1/2 O_2 \quad (800℃)$$

$$ZnO(s) \longrightarrow Zn(g) + 1/2 O_2$$

$$Zn(l) + H_2O \longrightarrow ZnO(s) + H_2$$

第一步是吸熱反應，固態 $ZnO(s)$ 於 2300K 分解為 $Zn(g)$ 和 O_2；第二步為放熱反應，Zn 與水在 700K 反應生成 H_2 和固態 ZnO，第二步生成的固態 ZnO 在第一步循環使用。不同的反應步驟中，分別獲得 O_2 和 H_2，避免了在高溫下分離氣體的步驟。

二級循環的優點是操作步驟少，是最簡單的循環，因此成本較低。為了降低反應溫度和尋找能量轉換效率更高的反應系統，研究人員開發了三級、四級及多級循環反應系統。硫、鉍、鈣、溴、汞、鐵、碘、鎂、銅、氯、鎳、鉀、鋰等的化合物，作為中間反應物參加循環反應，反應溫度通常為八九百度，高的也有上千度。反應結束後，化學藥品的數量

不減少，可以循環利用，消耗的只是水；水被分解成 O_2 和 H_2。

金屬氧化物經熱化學循環分解水製氫時，氧化物的分解反應能較快進行所需溫度較高，所以一般考慮與集中太陽能熱源耦合。該法優點是過程步驟比較簡單，氫氣和氧氣在不同步驟生成，因此不存在高溫氣體分離等困難的分離問題。面臨的問題包括：過程溫度高，帶來材料問題，連續操作困難，熱效率較低，產氫量小，集中太陽能熱源尚存在很多問題。

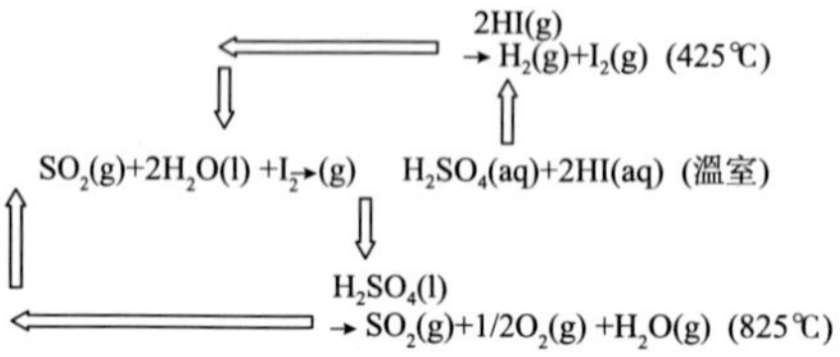

$$2HI(g) \rightarrow H_2(g)+I_2(g) \ (425℃)$$
$$SO_2(g)+2H_2O(l)+I_2(g) \rightarrow H_2SO_4(aq)+2HI(aq) \ (溫室)$$
$$H_2SO_4(l) \rightarrow SO_2(g)+1/2O_2(g)+H_2O(g) \ (825℃)$$

圖 8-3 碘硫循環反應路線

1970年代初，義大利 Ispra 研究所提出了 Mark1 循環，是典型的金屬－鹵化物體系循環，其反應路徑見圖 8-4。

其基本原理是在 750℃ 左右 $CaBr_2$ 與水發生反應生成 CaO，CaO 與 Br_2 在 550℃ 的條件下再生成 $CaBr_2$。為此，該循環主要取決於 $CaBr_2$ 與 CaO 之間的可重複轉化，同時氣固反應也導致該循環存在反應動力學緩慢等問題，但由於運行的溫度較 SI 循環低，該循環反應製氫效率達到 40%～60%，一般為 50%。

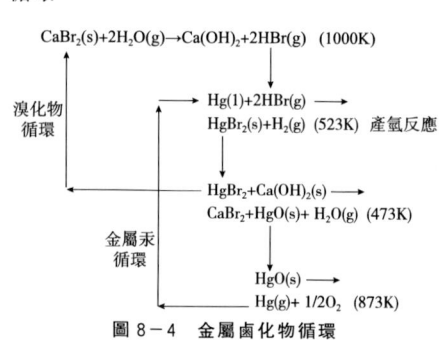

(2) 含硫體系循環

研究較廣泛的含硫體系循環主要有 4 個：碘硫循環、$H_2SO_4-H_2S$ 循環、硫酸－甲醇循環和硫酸鹽循環。其中碘硫循環的反應路徑如圖 8-3 所示。

(3) 金屬（金屬氧化物）－鹵化物體系循環

$CaBr_2(s)+2H_2O(g) \rightarrow Ca(OH)_2+2HBr(g)$ (1000K)

溴化物循環

$Hg(l)+2HBr(g) \rightarrow HgBr_2(s)+H_2(g)$ (523K) 產氫反應

$HgBr_2+Ca(OH)_2(s) \rightarrow CaBr_2+HgO(s)+H_2O(g)$ (473K)

金屬汞循環

$HgO(s) \rightarrow Hg(g)+1/2O_2$ (873K)

圖 8-4 金屬鹵化物循環

日本東京大學的颯山秀雄提出了 UT-1，2，3 循環反應，其中 UT-3 反應是個固－氣四級循環反應，其過程如圖 8-5 所示。

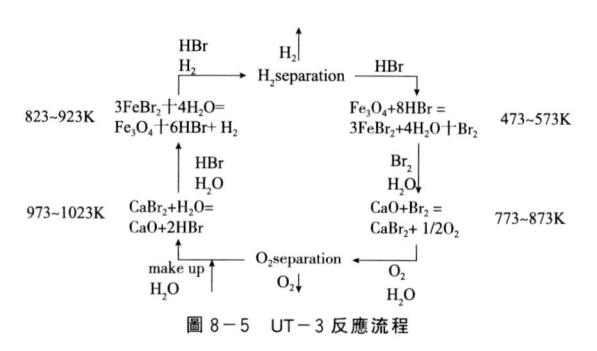

823~923K　$3FeBr_2+4H_2O=Fe_3O_4+6HBr+H_2$

$Fe_3O_4+8HBr=3FeBr_2+4H_2O+Br_2$　473~573K

973~1023K　$CaBr_2+H_2O=CaO+2HBr$

$CaO+Br_2=CaBr_2+1/2O_2$　773~873K

圖 8-5 UT-3 反應流程

該循環反應製氫效率≥40%。

美國化學家提出氯銅循環、碘鋰循環。氯銅循環反應的反應過程如圖 8-6 所示。

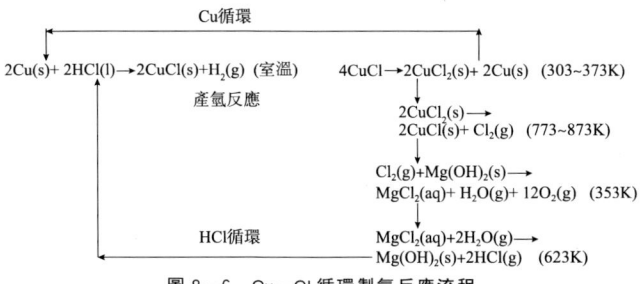

```
                    Cu循環
        ┌─────────────────────────────────────┐
        │                                     │
2Cu(s)+ 2HCl(l)→2CuCl(s)+H₂(g) (室溫)   4CuCl→2CuCl₂(s)+ 2Cu(s)  (303~373K)
        產氫反應                  
                                        2CuCl₂(s)→
                                        2CuCl(s)+ Cl₂(g)  (773~873K)

                                        Cl₂(g)+Mg(OH)₂(s)→
                                        MgCl₂(aq)+ H₂O(g)+ 12O₂(g)  (353K)

        HCl循環                          MgCl₂(aq)+2H₂O(g)→
        └─────────────────────────────── Mg(OH)₂(s)+2HCl(g)   (623K)
```

圖 8-6　Cu-Cl 循環製氫反應流程

　　Cu-Cl 循環製氫所需的最高溫度約為 550℃，較低的運行溫度不僅降低材料和維護成本，並能有效利用低檔餘熱，該循環反應製氫效率為 55%。
Mg-Cl 循環如圖 8-7 所示。

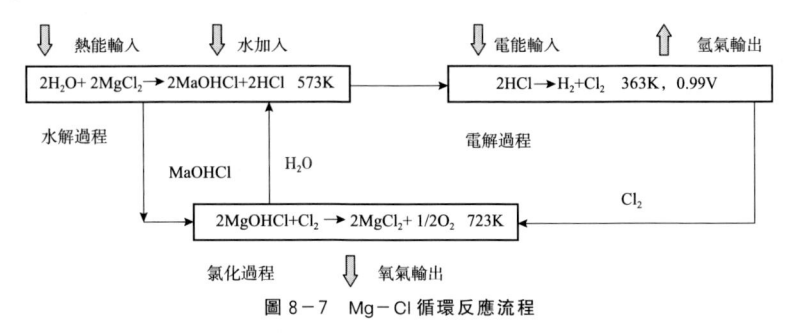

```
    ⇓ 熱能輸入      ⇓ 水加入              ⇓ 電能輸入      ⇑ 氫氣輸出
┌─────────────────────────────────┐   ┌─────────────────────────────┐
│ 2H₂O+ 2MgCl₂→2MaOHCl+2HCl  573K │──→│ 2HCl→H₂+Cl₂  363K, 0.99V   │
└─────────────────────────────────┘   └─────────────────────────────┘
        水解過程                               電解過程
              MaOHCl   H₂O                            Cl₂
        ┌─────────────────────────────────┐
        │ 2MgOHCl+Cl₂→2MgCl₂+ 1/2O₂  723K │←──────────────
        └─────────────────────────────────┘
              ⇓ 氯化過程   ⇓ 氧氣輸出
```

圖 8-7　Mg-Cl 循環反應流程

　　該循環的運行溫度只有 450℃，比 Cu-Cl 循環的溫度還低，為此能與許多能源耦合，如核能、太陽能和其他發電廠的餘熱等，雖然較低的溫度要求和易處理的反應使該循環成為熱化學製氫的可行選擇，但循環的熱效率和對環境的影響較其他循環有所欠缺。
碘鋰循環反應過程如圖 8-8 所示。

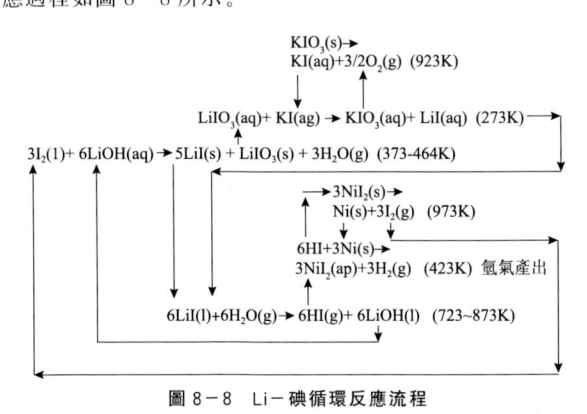

```
                        KIO₃(s)→
                        KI(aq)+3/2O₂(g)  (923K)
                              ↑
                    LiIO₃(aq)+ KI(aq) → KIO₃(s)+ LiI(aq)  (273K)─┐
                              ↑                                   │
3I₂(l)+ 6LiOH(aq)→5LiI(s) + LiIO₃(s) + 3H₂O(g)  (373~464K)       │
                              │                                   │
                              │         →3NiI₂(s)→               │
                              │         Ni(s)+3I₂(g)  (973K)     │
                              │         6HI+3Ni(s)→              │
                              │         3NiI₂(aq)+3H₂(g) (423K) 氫氣產出
                              ↓                                   │
                    6LiI(aq)+6H₂O(g)→6HI(g)+ 6LiOH(l)  (723~873K)
```

圖 8-8　Li-碘循環反應流程

該循環反應製氫效率為 64%。

硫化循環(或 Mark2)反應過程：

(1) $2H_2O(l)+SO_2(g) \longrightarrow H_2SO_4(aq)+H_2(g)$ (電解 0.17V)　(室溫)

(2) $H_2SO_4(aq) \longrightarrow H_2O(g)+SO_2+1/2O_2(g)$ (1143K)

該循環反應製氫效率達到 40%～50%。

化學鏈製氫的過程開發與技術放大需要高性能反應系統。反應－再生系統設計在決定化學鏈製氫過程性能方面也起著至關重要的作用。固定床、流化床和移動床是化學鏈製氫過程開發中常見的操作模式。化學鏈製氫涉及金屬氧化物材料、催化科學、反應工程、顆粒技術等多學科交叉，其工藝開發與過程放大應注重理論與實驗相結合。

常規的含碳燃料重整與氣化製氫流程長，既耗費資金又不節能，且產品為灰氫，伴生 CO_2 排放重。化學鏈過程通過反應循環，可以同時實現副產物和氫氣分離，有望發展為廉價、清潔和高效的新型低碳製氫方法。

8.2.2　基於太陽能的化學鏈製氫

太陽能熱化學循環製氫主要通過聚光集熱技術將太陽能轉換為高溫熱能以驅動間接分解水循環，實現太陽能到氫燃料化學能的轉化。相對於太陽能電解水及光催化分解水，由於其可將全光譜太陽能轉化為熱能用於製氫，因此理論效率較高(約 50%)。利用光學系統大面積地收集和集中太陽能方面取得了較大的進展，如具有幾個 MW 水準的太陽能反射塔技術。這些集光體系能夠獲得相當於 5000 倍太陽光強度的能量。如果採用不成像的二次集熱器會獲得更高的能量。這些高輻射能量相當於溫度超過 3000K 的穩定熱源，它能夠實現溫度超過 2000K 的加熱效果，這樣為利用太陽能進行熱化學循環製氫提供了可能性。當前太陽能熱化學循環仍面臨製氫效率低(不足 6%)、兩步循環反應條件苛刻、多步循環產物分離難及系統複雜等影響其進一步工程化的諸多難題。

聚焦型太陽能集熱器主要有槽型集熱器(Trough)、塔型集熱器(Tower)和碟型集熱器(Dish)。槽型集熱器、塔型集熱器和碟型集熱器的聚光比分別為 300～100、500～5000、1000～10000，聚光比越高，可以獲得的溫度越高，效率也越高。

在基於金屬氧化物的太陽能熱化學循環體系中，不同材料基對的製燃料活性不同，進而影響太陽能反應器的設計和能源轉化效率，因此材料基對篩選對太陽能熱化學發展十分重要。隨著試驗技術和理論方法的發展，反應材料基對的研究取得了顯著的進展，研究對象已逐步從熱穩定性差的 SnO_2、Fe_3O_4 等化學計量材料擴展到晶體結構穩定的非化學計量材料。

8.2.3　基於核能的化學鏈製氫

核能作為清潔能源不僅可提供大規模製氫所需的電力，還可提供熱化學循環製氫所需的熱能。常規的輕水堆製氫的整體效率為 25%～38%，對於結合蒸汽電解或熱化學循環工藝的高溫堆，其效率能達到 45%～50%。核能與 SI 循環結合如圖 8-9 所示。核心反應為 I_2 和 SO_2 與蒸汽在約 120℃下反應生成兩種不混溶酸，即 HI 和 H_2SO_4；之後被分離、

提純和濃縮。另外兩個吸熱反應為這兩種酸的分解，硫酸在約 900℃下分解產生氧氣和二氧化硫；HI 在約 400℃下分解產生 H_2，剩餘的 I_2 被回收到核心階段。

核反應堆的選擇隨製氫工藝的不同而不同，不同的堆型可以在不同的溫度範圍內提供製氫所需的熱/電能。輕水堆溫度為 280～325℃，適用於常規電解，效率約為 25％。超臨界水堆溫度為 430～625℃，適用於中溫混合循環製氫。以氦氣為冷卻劑的高溫氣冷堆溫度高達 750～950℃，適用於蒸汽重整、蒸汽電解、熱化學循環等高溫過程製氫，其效率可達到 45％～50％。

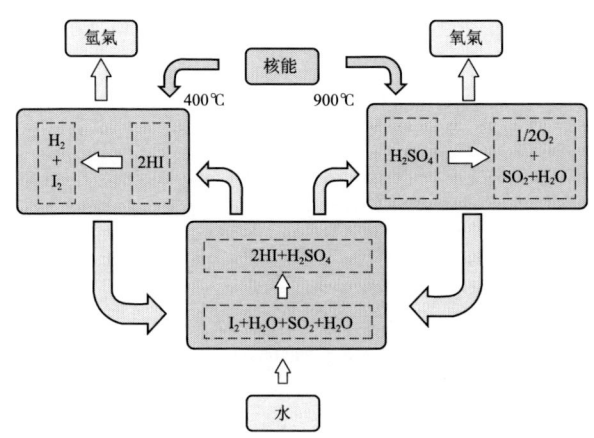

圖 8-9 核能與熱化學循環製氫的耦合

相比於直接電解水製氫，熱化學循環的出現直接降低了電解所需的電壓。Cu－Cl 循環所需的電壓只有 0.2～0.8V，降幅達到 35％～84％；HyS 循環所需的電壓只有 0.15～0.17V，降幅達到 86％～88％，純熱化學循環 SI 需要在較高的溫度下進行。為此，能與之相耦合的堆型大幅受限，同時較高的溫度對工藝的安全性、材料的兼容性和持續製氫的時間都提出了較高的要求。而以一定電能消耗作為代價的 HyS 混合循環，則可顯著地降低溫度的要求從而降低化學的複雜性和材料的性能要求。

8.3 光合生物製氫

能通過光合作用產氫的微生物有微藻和光合細菌兩種。微藻屬於光合自養型微生物，包括藍藻、綠藻、紅藻和褐藻等。光合細菌屬於光合異養型微生物。研究較多的有深紅紅螺菌、球形紅假單胞菌、深紅紅假單胞菌、夾膜紅假單胞菌、球類紅微菌、液泡外硫紅螺菌等。

8.3.1 光合細菌產氫

光合細菌光照放氫是光合細菌以有機物、還原態無機硫化物或者氫氣為供氫體，太陽能為能源，將其分解產生氫氣的一種代謝反應。產氫是光合細菌調節其機體內剩餘能量和

還原力的一種方式，對其生命活動非常重要。分子 H_2 的形成是機體排除還原劑（電子）過剩的方法。放氫是一種調節機制，可維持機體在末端受氫體不足時的正常生命活動。光合產氫的基本過程是在固氮酶或氫酶催化下，將光合磷酸化和還原性物質代謝耦聯，利用吸收的光能及代謝產生的還原力形成氫氣的過程。主要由兩個部分組成：光合系統和固氮酶、氫酶產氫系統。

光合細菌的光合系統存在於細胞質膜內陷構成的內膜系統中，功能上可分為捕捉光能的光擷取複合體，將光能轉化為生物能的反應中心（Reaction Centers，RC），以及電子傳遞系統3個部分。光擷取複合體由各式細菌葉綠素和類胡蘿蔔素等組成，起到吸收能量的作用，又稱為天線光合色素。它們吸收光能後迅速傳遞給反應中心。反應中心主要由細菌葉綠素和脫鎂細菌葉綠素組成。光合系統吸收光能使 P 成為激發態 P，隨後電子被傳遞到電子受體，進入電子傳遞系統。電子經過環式電子傳遞即環式光合磷酸化生成大量的 ATP（Adenosine Triphosphate，腺嘌呤核苷三磷酸）。在環境中存在 H_2S 等強還原劑作供氫體時，可進行非環式光合磷酸化，產生少量的 ATP 和還原力 $NAD(P)H_2$（Nicotinamide Adenine Dinucleotide Phosphate，煙醯胺腺嘌呤二核苷酸磷酸）。光合細菌利用光合磷酸化產生的 ATP，以及主要由還原態無機物產生的還原力 $NAD(P)H_2$ 在光照厭氧條件下，依靠固氮酶的催化完成固氮。固氮酶是光合細菌光合產氫的關鍵酶，在細胞提供足夠的 ATP 和還原力的前提下，固氮酶可以將氮氣轉化成氨氣，同時質子化生成氫氣。

氮源和氧氣對產氫存在影響。在電子分配上還原氮氣和質子存在競爭，N_2 對產氫具有一定抑制作用，這種作用是可逆的。在氮飢餓時，$NAD(P)H_2$ 中的 H^+ 幾乎全部在固氮酶上被 e^- 還原成 H_2，所以可用其他氮源代替氮氣。固氮產氫需要厭氧環境，氧氣對固氮酶有抑制作用，能夠使其鈍化，這種反應是不可逆的。氧氣超過 4%，固氮能力完全被抑制，固氮酶 2 個組分鐵蛋白和鉬鐵蛋白對氧氣敏感，能被氧氣不可逆抑制，另外氧氣還能阻抑固氮酶的形成，氫酶也可被氧氣鈍化。

$$N_2+6e^-+12ATP \longrightarrow 2NH_3+12ADP+12Pi \quad （固氮過程）$$
$$N_2+8e^-+8H^++16ATP \longrightarrow 2NH_4^++H_2+16ADP+16Pi \quad （固氮＋產氫過程）$$
$$2H^++4ATP+2e^- \longrightarrow H_2+4ADP+4Pi \quad （氮「飢餓」下產氫過程）$$

ATP（腺嘌呤核苷三磷酸，簡稱三磷酸腺苷），Pi 為磷酸，ADP，二磷酸腺苷（通常為 ATP 水解失去一個磷酸根，即斷裂一個高能磷酸鍵，並釋放能量後的產物）。

氫酶（Hydrogenases）是一種含有金屬的蛋白，絕大多數都含有鐵硫簇，其活性中心都含有 2 個金屬原子，分為[Fe－Fe]氫酶和[Ni－Fe]氫酶。這兩類酶都可逆地催化 $H_2 \rightarrow 2H^++2e^-$ 反應，在微生物能量代謝中具有重要的作用。光合細菌在利用光產氫的同時伴隨有吸氫現象，一旦有機供體被消耗完，細菌利用 H_2 還原 CO_2 而繼續生長，H_2 的吸收由可逆氫酶催化。

光合微生物製氫過程存在厭氧、光轉化率低、連續產氫時間短等問題。

光合細菌在黑暗條件下，通過氫酶催化，也能以葡萄糖、有機酸、醇類物質產生 H_2，產氫機制與嚴格厭氧細菌相似。

通過遺傳或誘變手段可獲得光合系統改進的突變株，突變株對於提高產氫效率、簡化

光合反應器的設計、實現規模化光合產氫具有重要意義。

光合細菌製氫反應器是光合細菌利用外界環境條件進行生產和產氫的場所。對於光合細菌生物製氫系統來說，光合生物反應器是關鍵設備。管式反應器是早期開發的最簡單光合製氫反應器。反應器由一支或多支透光管組成。該類反應器的主要優點是結構簡單，容易滿足光照要求，通過適當的連接形式可獲得較大體積的反應器。但反應液在管內的流動阻力大，不易控溫，光轉化效率低。相對於管式反應器容積受加工材料及採光面積的限制，溫度不易控制等問題，板式反應器一般採用硬性材料做骨架，僅使用透光材料作採光面，非採光面可以進行保溫處理。反應器的主要缺點包括反應器厚度受限及反應器內溶液混合性差。柱狀反應器是在管式反應器的基礎上進行改進設計，通過多級串聯或並聯實現得到大容積反應器。多柱回流式反應器可通過不同柱間料液的分離和回流實現料液攪拌、菌株的回收利用，提高了料液處理能力和產氣率。利用光合細菌和藻類相互協同作用發酵產氫可以簡化對生物質的熱處理，降低成本，增加氫氣產量。

光合細菌在工業、農業、環保、醫藥保健、食品、化妝品等方面有較高應用價值。光合細菌除了開發新能源產氫外，在農業方面，光合細菌可與農作物根表其他固氮菌之間具有協同生長和協同固氮效應；在環保方面，固定化光合細菌可降解某些有機廢液，光合細菌還可與酵母菌跨界融合發酵，為廢水資源化提供理想菌株等。

8.3.2 微藻產氫

光合作用分為光反應和暗反應兩個階段。

光反應階段的特徵是在光驅動下水分子氧化釋放的電子通過類似於粒線體呼吸電子傳遞鏈那樣的電子傳遞系統傳遞給 $NADP^+$，使它還原為 $NADPH$。電子傳遞的另一結果是基質中質子被泵送到類囊體腔中，形成的跨膜質子梯度驅動 ADP 磷酸化生成 ATP。

反應式為：$H_2O + ADP + Pi + NADP^+ \longrightarrow O_2 + ATP + NADPH + H^+$

暗反應（卡爾文循環）階段是利用光反應生成 $NADPH$ 和 ATP 進行碳的同化作用，使氣體 CO_2 還原為糖。由於這階段基本上不直接依賴於光，而只是依賴於 $NADPH$ 和 ATP 的提供，故稱為暗反應階段。

反應式為：$CO_2 + ATP + NADPH + H^+ \longrightarrow$ 葡萄糖 $+ ADP + Pi + NADP^+$

二磷酸腺苷（ADP）；三磷酸腺苷（ATP）；$NADP^+$，氧化型輔酶Ⅱ；$NADPH$，還原型輔酶Ⅱ。

微藻中綠藻、紅藻和褐藻屬於真核生物，含有光合系統 PSⅠ和 PSⅡ，不含固氮酶。氫代謝全部由氫酶調節。放氫可由以下兩個途徑進行。途徑一：葡萄糖等有機供體經分解代謝產生電子供能。電子轉移方向為：電子供體→PSⅠ→Fd（鐵氧還蛋白，Ferredoxin，Fd）→氫酶→H_2，同時伴隨產生 CO_2。途徑二：生物光水解產氫。電子轉移方向為：H_2O→PSⅡ→PSⅠ→Fd→氫酶→H_2，同時伴隨產生 O_2。綠藻中氫酶活性是光合細菌和藍藻中的氫酶活性的 100 多倍。

綠藻是一種既能進行光合作用放氧又存在氫代謝途徑的真核微生物。生理學和遺傳學方面的研究表明，這兩種生化途徑具有密切的連繫。光合作用分為光反應和暗反應兩個過

程。光反應分解水釋放 O_2，產生高能電子；暗反應則是一個開爾文循環。它利用光反應產生的電子和能量固定 CO_2。在綠藻葉綠體類囊體膜上存在的可逆氫酶，通過鐵氧還蛋白與光合傳遞鏈相連。它可能對光合傳遞鏈的電子流起到調配作用。當光合傳遞鏈上的電子過剩時，過多的電子就會傳到可逆氫酶。最終催化氫氣的生成，從而消除了積累的電子對細胞機體產生的傷害。反之，當細胞代謝體系需要能量時，可逆氫酶可以分解氫氣產生電子，並將電子通過泛醌傳入光合傳遞鏈，為細胞提供能量，固定 CO_2。

綠藻產氫有兩種基本方式：一種是在厭氧條件下氫酶催化的產氫過程直接與 CO_2 固定過程競爭光解水產生的電子；另一種是在特殊的情況下，分解內源性底物產生電子，流向氫酶用來產氫。

藍藻又稱藍細胞，是原核生物，含有光合系統 PSⅠ和 PSⅡ。藍藻的氫代謝由氫酶催化進行生物光水解產氫。另外，有些藍藻也能進行由固氮酶催化地放氫。固氮酶存在於異形胞中。這種細胞中不含 PSⅡ，因此與光合細菌一樣，不能進行 CO_2 的固定和光合放 O_2，但能進行光合磷酸化，為固氮酶提供所需的能量後產氫。

這種不經過暗反應直接利用氫化酶產氫的過程具有較高的光能轉化效率。理論上計算可達到 12%～14%，是太陽能轉化為氫能的最大理論轉化效率。

8.4 微生物發酵製氫

能夠發酵有機物產氫的細菌包括專性厭氧菌和兼性厭氧菌，如大腸埃希式桿菌、丁酸梭狀芽孢桿菌、褐球固氮菌、產氣腸桿菌、白色瘤胃球菌、根瘤菌等。與光合細菌一樣，發酵型細菌也能夠利用多種底物在固氮酶或氫酶的作用下將底物分解製取氫氣。這些底物包括：甲酸、乳酸、丙酮酸及葡萄糖、各種短鏈脂肪酸、纖維素二糖、澱粉、硫化物等。有些產甲烷菌可在氫酶的催化下生成 H_2。

8.4.1 發酵產氫路徑

根據代謝過程特徵，發酵細菌產氫有兩條基本的代謝路徑：丙酮酸去羧產氫和 $NADH+H^+/NAD^+$ 平衡調節產氫。

(1)丙酮酸去羧產氫。丙酮酸去羧產氫過程分為兩種方式：一種是通過丙酮酸去羧→鐵氧還蛋白→氫化酶途徑產氫；另一種是通過甲酸裂解途徑產氫。①丙酮酸去羧→鐵氧還蛋白→氫化酶途徑。該途徑為在丙酮酸去羧形成乙醯輔酶 A 期間，產生了還原的鐵氧還蛋白(Fd_{red})，該 Fd_{red} 可通過氫化酶的催化將質子還原為 H_2。梭菌屬和乙醇細菌屬通常利用此途徑生產氫氣。②甲酸裂解途徑。該途徑為丙酮酸經丙酮酸→甲酸裂解酶催化去羧後形成甲酸，然後甲酸通過甲酸氫化酶作用簡單地裂解為 H_2 和 CO_2。兼性厭氧菌如腸桿菌屬、克雷伯氏菌屬和芽孢桿菌屬通常利用此途徑生產氫氣。

(2)$NADH+H^+/NAD^+$ 平衡調節產氫。該途徑為經 EMP 途徑(Embden－Meyerhof Pathway，EMP)產生的 $NADH+H^+$ 與各類型的發酵過程相耦聯而被氧化為 NAD^+，同時釋放出氫氣。反應式為：$NADH+H^+\rightarrow NAD^++H_2$。丙酸型發酵、丁酸型發酵和乙醇

型發酵都涉及此途徑。它主要用於維持生物製氫的穩定，對於產氫貢獻較小。

8.4.2 發酵產氫類型

根據液相末端產物的不同，發酵產氫又可以分為 4 種主要類型：丙酸型發酵、丁酸型發酵、乙醇型發酵和混合酸型發酵。這 4 種發酵類型分別按照上面所述的一種或兩種代謝途徑產氫。

(1)丁酸型發酵。丁酸型發酵菌群主要包括梭狀芽孢桿菌屬，如丁酸梭狀芽孢桿菌等。其發酵產氫路徑有兩條：第一條是丙酮酸去羧→鐵氧還蛋白→氫化酶途徑；第二條是 $NADH+H^+/NAD^+$ 平衡調節產氫，即在乙醯輔酶 A 轉化為丁酸的過程中，產生的電子轉移給 $NADH+H^+$ 產生 H_2。在厭氧條件下，由丁酸梭菌代謝葡萄糖的液相末端產物主要是丁酸和乙酸。

(2)丙酸型發酵。丙酸型發酵菌群主要包括丙酸桿菌屬。其發酵途徑為經 EMP 路徑〔Embden Meyerhof Pathway，在無氧條件下，C_6 的葡萄糖分子經過十多步酶催化的反應，分裂為兩分子丙酮酸，同時使兩分子腺苷二磷酸(ADP)與無機磷酸(Pi)結合生成兩分子腺苷三磷酸(ATP)〕產生丙酮酸，然後，一部分丙酮酸經過甲基丙二酸單醯輔酶 A 途徑產生丙酸；另一部分丙酮酸先轉化為乳酸然後再轉化為丙酸。產丙酸途徑與過量的 $NADH+H^+$ 相偶聯產生氫氣。由於丙酸型發酵製氫只有一條產氫代謝途徑，即 $NADH+H^+/NAD^+$ 平衡調節產氫，因此丙酸型發酵產生的氫氣量很少。丙酸型發酵的末端產物主要為丙酸和乙酸。

(3)乙醇型發酵。乙醇型發酵產氫路徑有兩條：第一條是丙酮酸去羧→鐵氧還蛋白→氫化酶途徑；第二條是 $NADH+H^+/NAD^+$ 平衡調節產氫，即在乙醯輔酶 A 轉化為乙醛，繼而轉化為乙醇的過程中，產生的電子轉移給 $NADH+H^+$ 產生 H_2。乙醇型發酵的液相末端產物主要為乙醇和乙酸。在產氫能力、操作穩定性方面，乙醇類型的發酵比丁酸型發酵和丙酸型發酵好。

(4)混合酸型發酵。混合酸發酵細菌優勢種群可以是某種混合酸型發酵細菌，如以腸桿菌屬為代表的兼性厭氧菌；也可以是多種優勢發酵菌群並而組成的混合菌群，如活性汙泥。混合酸發酵的液相末端產物中，含有乙醇及大量的各種有機酸(乙酸、丙酸、丁酸、乳酸和琥珀酸等)。在兼性厭氧菌(如腸桿菌屬、克雷伯氏菌屬和芽孢桿菌屬)發酵中，NADH 通常被用作從丙酮酸中生產乙醇、乳酸等的還原劑，而不是用於生產氫氣。

8.4.3 發酵製氫工藝

(1)活性汙泥法發酵製氫

活性汙泥法發酵製氫是一項利用馴化的厭氧汙泥發酵有機廢水來製取氫氣的工藝技術。發酵後的液相末端產物主要為乙醇和乙酸，其發酵類型為乙醇型。利用活性汙泥法製氫具有工藝簡單和成本低的優點。然而也具有產生的氫氣很容易被汙泥中耗氫菌消耗掉的缺點。研究人員使用馴化的厭氧活性汙泥作為產氫菌種，進行中間試驗規模的生物製氫表明，將運行參數控制在溫度 35℃、pH 值 4.0~4.5、水力停留時間 4~6h、氧化還原電位 100~

125mV、進水鹼度300～500g/m³(以CaCO₃計)、容積負荷35～55kg化學需氧量(COD)/(m³·d)等範圍時，發酵法生物製氫反應器的最大持續產氫能力可達到5.7m³(H₂)/(m³·d)。

(2)發酵細菌固定化製氫

發酵細菌固定化製氫是一項將發酵產氫細菌固定在木質纖維素、瓊脂和海藻酸鹽等載體上，採用分批或連續培養的方式，實施製取氫氣的工藝技術。發酵細菌固定化製氫技術與非固定化製氫技術相比，具有產氫量和產氫速率高的優點，然而也有所用的載體機械強度和耐用度差，對微生物有毒性或成本高等缺點。科學研究人員使用木質纖維素載體固定產氫菌進行連續培養產氫。最高產氫速率達到40.67m³(H₂)/(m³·d)。用聚乙烯醇－海藻酸鈣包埋固定化產氫菌進行發酵產氫，以葡萄糖濃度為10kg/m³的培養基進行分批試驗，固定化細胞和游離細胞的產氫量分別是2.14mol(H₂)/mol(葡萄糖)和1.69mol(H₂)/mol(葡萄糖)。

(3)暗發酵和光發酵的組合

將暗發酵和光發酵組合，能有效提高總體的氫氣產量。在第一階段中，發酵細菌在厭氧和黑暗的條件下分解有機質為有機酸、CO₂和H₂；然後，在第二階段中，光合細菌利用暗發酵階段產生的有機酸進一步產氫。

反應為：①第一階段：暗發酵 $C_6H_{12}O_6 + 2H_2O \longrightarrow 2C_2H_4O_2 + 2CO_2 + 4H_2$

②第二階段：光發酵 $2C_2H_4O_2 + 4H_2O \longrightarrow 4CO_2 + 8H_2$

理論上，這種組合被期望可能達到接近最大理論產量為12mol(H₂)/mol(葡萄糖)，其中，在暗發酵裡乙酸不能被發酵，在光發酵裡光合細菌藉助外界提供能量(如光照)將乙酸轉化為氫氣。

(4)暗發酵和微生物電解電池的組合

微生物電解電池(Microbial Electrolytic Cell，MEC)可以結合暗發酵產氫來提高總體系統的產氫量。在第一階段的暗發酵中，細菌將木質纖維素等生物質轉化為H₂、CO₂、乙酸、甲酸、琥珀酸、乳酸和乙醇；第二階段使用MEC將剩餘的揮發性脂肪酸和醇類轉化為氫氣。研究人員使用單室MEC進行了乙醇型暗發酵汙水製氫試驗研究，將運行參數控制在緩衝液的pH值6.7～7.0，外加電壓0.6V。當只使用乙醇型暗發酵反應器時，整體的氫回收率為(83±4)%，產氫速率為(1.41±0.08)m³(H₂)/(m³·d)；當MFC和發酵系統組合時，整體的氫回收率是96%，產氫速率為2.11m³(H₂)/(m³·d)。證明了MEC的使用使得發酵法製氫的產氫量大大地增加了。

(5)厭氧發酵產氫階段與產甲烷階段的組合

厭氧發酵產氫階段與產甲烷階段的組合也能有效地提高氫氣產量。在第一階段(產氫階段)，氫氣通過產氫菌在低的pH值條件下被生產出來；在第二階段(產甲烷階段)，產氫階段的殘留液被產甲烷菌在中性條件下利用以產生傳統的燃料CH₄。科學研究人員以家庭固體廢棄物為底物，採用厭氧發酵產氫階段與產甲烷階段的組合培養方式，成功地產出了H₂和CH₄。在這個系統中，將運行參數控制在最適pH值5.0～5.5。在第一階段中，H₂產量為0.043m³(H₂)/kg，在第二階段中，CH₄產量為0.5m³(CH₄)/kg。用CH₄氣體在製氫階段進行鼓泡能使H₂的產量增加88%。

發酵生物製氫存在產氫量低，形成的生物產品會汙染環境及氫氣在被收集之前轉化為不想要的產品等挑戰。其中最大的挑戰是 H_2 的產量低。因為從原理上葡萄糖發酵生物製氫的最大產氫量只有 $4mol(H_2)/mol($葡萄糖$)$，只有當乙酸是唯一的發酵產品並且不考慮生物量的增長時才能實現。然而現實中，還有乙醇、乳酸、丁酸和丙酸等發酵代謝產物大量形成。

降低生物製氫成本的有效方法是應用廉價的原料。常用的有富含有機物的有機廢水、城市垃圾等。利用生物質製氫同樣能夠大大降低生產成本，而且能夠改善自然界的物質循環，很好地保護生態環境。由於不同菌體利用底物的高度特異性，其所能分解的底物成分是不同的。要實現底物的徹底分解處理並製取大量 H_2，應考慮不同菌種的共同培養。基因工程的發展和應用為生物製氫技術開闢了新途徑。通過對產氫菌進行基因改造，提高其耐氧能力和底物轉化率，可以提高產氫效率。就產氫的原料而言，從長遠來看，利用生物質製氫將會是製氫工業最有前途的發展方向。

8.5 生物質熱化學製氫

地球上陸地和海洋中的生物通過光合作用每年所產生的生物質中包含約 $3\times10^{21}J$ 的能量，是全世界每年能量消耗的 10 倍。生物質為液態燃料和化工原料提供了一個可再生資源選項，只要生物質的使用量小於它的再生速度，這種資源的應用就不會增加空氣中 CO_2 含量。中國可供利用的農作物秸稈達到 5 億～6 億 t，其能量相當於 2 億多 t 標準煤(熱值為 7000kW/kg 的煤炭)。林產加工廢料約 3000 萬 t，此外還有 1000 萬 t 左右的甘蔗渣。這些生物質資源中 16%～38% 作為垃圾處理，其餘部分的利用也多處於低級水準，如隨意焚燒造成環境汙染，直接燃燒熱效率僅 10%。若能利用生物質製氫將是解決人類面臨的能源問題的一條很好的途徑。生物質製氫可能的技術路線如圖 8-10 所示。

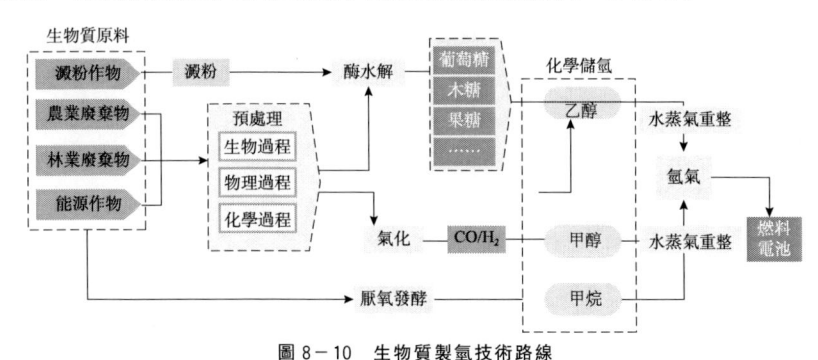

圖 8-10 生物質製氫技術路線

生物質熱解製氫技術大致分為兩步。第一步，通過生物質熱解得到氣、液、固 3 種產物。

生物質＋熱能──→生物油＋生物炭＋氣體

第二步，將氣體和液體產物經過蒸汽重整及水氣置換反應轉化為 H_2。

生物質熱解是指將生物質燃料在一定壓力並隔絕空氣的情況下加熱到 600～800K，將生物質轉化成為液體油、固體以及氣體（H_2、CO、CO_2、CH_4）的過程。其中，生物質熱裂解產生的液體油是蒸汽重整過程的主要原料。通常，裂解有快速熱裂解和常規熱裂解兩種工藝。快速熱裂解可提供高產量高質量的液體產物。為了達到最大化液體產量目的，快速熱裂解一般需要遵循三個基本原則：高升溫速率，約為 500℃的中等反應溫度，短氣相停留時間。同時催化劑的使用能加快生物質熱解速率，降低焦炭產量，提高產物質量。催化劑通常選用鎳基催化劑、$NaCO_3$、$CaCO_3$、沸石及一些金屬氧化物如 SiO_2、Al_2O_3 等。生物油的化學成分相當複雜，含量較多的是水、小分子有機酸、酚類、烷烴、芳烴、含碳氧單鍵及雙鍵的化合物等。水相佔據生物油質量的 60%～80%，水相主要由水、小分子有機酸和小分子醇組成。其中，水相可以用來重整製氫。

生物質快速熱解技術已經接近商業應用要求，但生物油的蒸汽重整技術還處於實驗室研究階段。生物油蒸汽重整是在催化劑的作用下，生物油與水蒸氣反應得到小分子氣體從而製取更多的氫氣。

生物油蒸汽重整：生物油＋$H_2O \longrightarrow CO+H_2$

CH_4 和其他的一些烴類蒸汽重整：$CH_4+H_2O \longrightarrow CO+3H_2$

水氣變換反應：$CO+H_2O \longrightarrow CO_2+H_2$

生物質氣化製氫技術是將生物質加熱到 1000K 以上，得到氣體、液體和固體產物。與生物質熱解相比，生物質氣化是在有氧的環境下進行的，得到的產物也是以氣體產物為主，然後通過蒸汽重整及水氣置換反應最終得到氫氣。

生物質＋熱能＋蒸汽（或空氣、氧氣）$\longrightarrow CO+H_2+CO_2+CH_4$＋烴類＋生物炭

生物質氣化過程中的氣化劑包括空氣、氧氣、水蒸氣及空氣水蒸氣的混合氣。大量實驗證明，在氣化介質中添加適量的水蒸氣可以提高氫氣的產量，氣化過程中生物質燃料的濕度應低於 35%。

生物質氣化過程中產生焦油，嚴重影響氣體質量。選取合適的反應器可以有效地去除焦油。上吸式氣化爐產氣最骯髒，焦油含量達 100mg/Nm^3，下吸式氣化爐產氣最潔淨，焦油含量為 1mg/Nm^3。流化床氣化爐產氣中等，焦油含量級為 10mg/Nm^3。生物質氣化製氫裝置一般選取循環流化床或鼓泡流化床，同時添加鎳基催化劑或者白雲石等焦油裂解催化劑，可以降低焦油的裂解溫度到 750～900℃，為了延長催化劑壽命，一般在不同的反應器中分別進行生物質氣化反應與氣化氣催化重整反應。

生物質氣化製氫具有氣化質量好、產氫率高等優點。海內外許多學者對氣化製氫技術進行了研究和改進。在蒸汽重整過程中，三金屬催化劑 La－Ni－Fe 比較有效，氣化得到的氫氣含量（體積分數）達到 60%。固定床氣化不適用於工業化，流化床更易於實現工業化。

利用生物質製氫具有很好的環保效應和廣闊的發展前景。在眾多的製氫技術中熱化學法無疑是實現規模化生產的重點，生物質熱解製氫技術和生物質氣化製氫技術都已經日漸成熟，並且顯示了很好的經濟性。同時，熱化學製氫技術仍然需要完善，熱解法的產氣率還有待提高，生物質氣化氣的質量也需改善。

8.6 超臨界水生物質氣化製氫

水的臨界溫度為374℃，臨界壓力為22.1MPa，臨界密度為$0.32g/dm^3$。當體系的溫度和壓力超過臨界點時，稱為超臨界水。與普通狀態的水相比，超臨界水有許多特殊的性質。

8.6.1 超臨界水的性質

超臨界水的性質可歸納如下：①在超臨界區，氫鍵雖然大大減弱，但仍舊有氫鍵的存在；②超臨界水的密度在臨界點約為常溫下的1/3，並且隨著壓力的升高，水的密度呈增加的趨勢，隨著溫度的升高，水的密度呈降低的趨勢；③超臨界水的黏度下降較多；④介電常數在超臨界區下降，在通常水的條件下大約為80，而溫度在500℃的超臨界狀態下，水的介電常數急劇下降到2左右；⑤氣液相介面消失，流體的傳輸性能改善，具有低黏性和高擴散性，表面張力為零，向固體內部的細孔中的浸透能力非常強；⑥超臨界水顯示出非極性物質的性質，成為對非極性有機物質具有良好溶解能力的溶劑。相反，它對於離子型化合物和極性化合物的溶解度急劇下降，離子的水合作用減少，導致原來溶解在水中的無機物由水中析出。而氧氣等氣體在通常狀態下在水中的溶解度較低，但在超臨界水中氧氣、氮氣等氣體的溶解度空前提高，以至於可以任意比例與超臨界水混合，而成為單一相。

超臨界水具有的溶劑性能和物理性質使其成為氧化有機物的理想介質。水在亞臨界區域隨著溫度的升高，分解速率增大。當有機物和氧溶解於超臨界水中時，它們在高溫下的單一相狀況下密切接觸，在沒有內部相轉移限制和有效的高溫下，動力學上的快反應使氧化反應迅速完成，碳氫化合物氧化產物為CO_2和H_2O，雜核原子轉化為無機化合物，通常是酸、鹽或高氧化狀態的氧化物，而這些物質可與其他進料中存在的不希望得到的無機物一道沉積下來，磷轉化為磷酸鹽，硫轉化為硫酸鹽。

8.6.2 生物質超臨界水催化氣化製氫

利用超臨界水可溶解多數有機物和氣體，而且密度高、黏性低、輸送能力強的特性，可達到100%的生物質轉化的特性。

生物質的成分除纖維素、半纖維素外，還含有木質素、灰分、蛋白質和其他物質，在超臨界水中可能發生熱解、水解、蒸汽重整、水氣轉換、甲烷化及其他反應，反應過程複雜。以碳水化合物為主的生物質原料在超臨界水中催化氣化可能進行的主要化學反應為：

蒸汽重整：$CH_xO_y+(1-y)H_2O \longrightarrow CO+(x/2+1-y)H_2$

甲烷化：$CO+3H_2 \longrightarrow CH_4+H_2O$

水氣轉換：$CO+H_2O \longrightarrow CO_2+H_2$

8.6.3 超臨界水催化氣化製氫應用前景

超臨界水催化氣化製氫技術是一種新型、高效的可再生能源轉化和利用的技術。它具

有極高的生物質氣化與能量轉化效率、極強的有機物無害化處理能力、反應條件比較溫和、產品的能階品位高等優點，與生物質的可再生性和水的循環利用相結合可實現能源轉化與利用同大自然的良性循環，值得大力開展深入系統的研究工作。並探索規模化、工業化的技術途徑，使之盡快得到應用和推廣。

超臨界水生物質催化汽化製氫試驗裝置研製中遇到的問題有：①反應所需的較高溫度和壓力與超臨界水所具有的極強的腐蝕性給設備材質提出了挑戰；②快速加熱升溫的實現，以防止在低於反應溫度下生成更難汽化的中間產物；③對汙泥、木屑等含固體顆粒的生物質原料的高壓混輸；④催化劑在反應物料內的均勻分布；⑤氫氣屬於易燃易爆氣體，需注意儀器設備及人員的特殊防護問題；⑥較短停留時間的快速反應的實現；⑦有代表性的氣液固三態產物樣品的取得，以及相應的定量和定性的分析的實現。

8.7 生物質衍生物製氫

相較於化石能源製氫，生物質衍生物重整製氫具有綠色清潔、變廢為寶及易擷取、可再生等優勢。

常見的生物質衍生物重整製氫的生物醇類原料有甲醇、乙醇、乙二醇和丙三醇等。醇類重整製氫仍面臨著諸多挑戰，如果副產物 CO 和 CO_2 選擇性較高，這些碳氧化物會消耗 H_2 發生甲烷化副反應，導致 H_2 濃度和產量降低。因此如何提高 H_2 選擇性是重整製氫中最關鍵的問題，比如通過選擇合適的催化劑、添加助劑改性催化劑、開發新型載體、改進重整製氫工藝。甲醇重整製氫在前面已有介紹，此處不再贅述。

(1) 乙醇重整製氫(Ethanol Steam Reforming，ESR)

乙醇中的氫含量高，便於儲存和運輸，毒性低，能通過可再生的生物質進行生物發酵擷取。雖然乙醇在轉化和製氫的過程中會釋放出 CO_2，但是生物質原料在生態循環再生過程中形成了碳循環，無淨 CO_2 排放。生物乙醇無須蒸餾濃縮可直接重整製氫，但是反應需要用到貴金屬作催化劑，成本較高。為此，當前大量的研究開始嘗試使用非貴金屬催化劑。Ni 具有較好的水蒸氣重整製氫催化能力，在非酸性載體負載的 Ni 基催化劑上，乙醇先脫氫生成乙醛，乙醛繼續分解或通過水蒸氣重整生成甲烷，甲烷再發生水蒸氣重整及水氣變換反應，最終獲得所需產物氫氣。主要反應如下：

乙醇脫氫：$C_2H_5OH \Longrightarrow CH_3CHO + H_2$

乙醛分解：$CH_3CHO \Longrightarrow CH_4 + CO$

乙醛水蒸氣重整：$CH_3CHO + H_2O \Longrightarrow H_2 + CO_2 + CH_4$

甲烷水蒸氣重整：$CH_4 + 2H_2O \Longrightarrow CO_2 + 4H_2$

水氣變換：$CO + H_2O \Longrightarrow CO_2 + H_2$

ESR 反應的催化劑主要可分為貴金屬催化劑與非貴金屬催化劑，貴金屬催化劑的優點是催化活性更高、積炭更少，這一類催化劑以 Pt、Ru、Rh、Pd 為代表。其中 Ru 基催化劑斷裂 C—C 鍵的能力最強，因此在 ESR 反應中的乙醇轉化率通常也更高。但貴金屬催化劑也普遍存在反應溫度過高、價格昂貴等不足，難以用於工業上的大規模生產。非貴金屬

催化劑用於研究 ESR 反應的主要是 Ni 基和 Co 基催化劑,雖然這兩種催化劑的價格便宜,但其在 ESR 反應中的乙醇轉化率和氫氣選擇性還有待提高。

(2) 乙二醇重整製氫

乙二醇是木質素類生物質水解的主要衍生物之一,相對分子質量較低,性質活潑,是結構最簡單的多元醇。乙二醇重整製氫多採用水相重整法。該工藝反應溫度和能源消耗低,無須汽化,簡化了操作程序。涉及的主要反應如下:

乙二醇水相重整:$C_2H_6O_2 + 2H_2O \Longrightarrow 2CO_2 + 5H_2$

乙二醇 C—C 鍵斷裂:$C_2H_6O_2 \Longrightarrow 2CO + 3H_2$

水氣變換:$CO + H_2O \Longrightarrow CO_2 + H_2$

C—C 斷鍵和水氣變換是二元醇水相重整製氫的重要步驟。這個反應發生在較低溫度的液相環境中。與蒸汽重整反應比較,低溫可促進水氣變換反應,使 CO 含量極低。而且低溫下副反應少,避免了催化劑高溫燒結等問題。缺點是該方法製氫產率不高。研究人員在質量分數為 10% 的乙二醇水溶液中進行水相重整製氫,選用有序中孔碳材料 CMK-3 作為載體負載 Pt 系雙金屬催化,利用 CMK-3 材料規則有序的孔道結構且孔徑分布狹窄、大小可調、比表面積大、水熱穩定性較好的結構特點,可以提高催化劑的分散性和防止催化劑聚結,往 Pt 金屬中引入等物質的 Mn 金屬製得的 1%Pt-Mn/CMK-3(以質量分數計)雙金屬催化劑,其催化產氫率高於單金屬和其他鉑系雙金屬催化劑,在 250℃、4559.6kPa、重時空速(WHSV)為 $2.0h^{-1}$ 條件下產氫率最高可達到 40.2%。通過將 Zn、Mg、Cu 金屬引入 Ni-Al 基水滑石中,由於水滑石在煅燒後生成了具有高催化活性的 NiO 和 $NiAl_2O_4$ 尖晶石相,且助劑 Mg 煅燒過程中生成的 MgO 增大了煅燒後鎳和氧化鋁的分散度,最終 H_2 選擇性提高到 73.5%。在充滿氮氣的低溫條件下,乙二醇可通過水相重整製氫,降低了反應對氧氣的依賴。綜上所述,若能有效提高乙二醇水相重整製氫率,實現乙二醇低溫下高效製氫,就能在實際應用中降低製氫風險,且該方法對環境汙染小,值得深入研究。

(3) 丙三醇

近年來,隨著生物質轉化生物柴油研究的深入,以廢棄油脂類生物質為原料製備生物柴油時會產生大量的粗甘油副產物。2021 年,中國甘油產量為 75.3 萬 t。為提高生物質轉化生物柴油的綜合經濟價值,最有效的方法是將生物柴油附帶產品粗甘油進行回收提純,擷取丙三醇純甘油,再將其進一步轉變為其他增值產品,如氫氣。因此,甘油水蒸氣重整(Glycerol Steam Reforming, GSR)製氫也開始受到人們的重視。涉及的主要反應如下:

甘油水蒸氣重整:$C_3H_8O_3 + 3H_2O \Longrightarrow 7H_2 + 3CO_2$

甘油分解:$C_3H_8O_3 \Longrightarrow 4H_2 + 3CO$

CO 的甲烷化:$CO + 3H_2 \Longrightarrow CH_4 + H_2O$

CO_2 的甲烷化:$CO_2 + 4H_2 \Longrightarrow CH_4 + 2H_2O$

水氣變換:$CO + H_2O \Longrightarrow CO_2 + H_2$

Ni 是 GSR 應用最多的催化劑,但是 Ni 容易因高溫燒結導致催化性能不穩定。為此,

研究人員在石墨烯內部嵌入 Ni 催化劑,並附著在 SiO_2 骨架上,發現這種多層石墨烯結構可防止內部 Ni 的氧化、燒結和酸腐蝕,在 600℃ 時 1mol 甘油的 H_2 收率高達 5.09mol。

傳統的甘油水蒸氣重整製氫過程中空氣會與甘油直接接觸,極易生成積炭造成催化劑去活化。研究者在 $NiAl_2O_4$ 尖晶石結構中嵌入 Ni 催化劑,以 $\gamma-Al_2O_3$ 作載體,研究發現該催化劑中的鎳金屬顆粒高度分散,能減少催化劑表面積炭,Ni 表面絲狀炭的聚集速率和積炭量明顯下降,鋁酸鹽相和氧化鋁之間有很強的相互作用,能進一步提高催化劑的熱穩定性,在氣相產物中 H_2 的氣相組分佔比達到 70%(物質的量分數)。

(4)苯酚類

生物質衍生物苯酚作為生物質熱裂解過程中所產生的生物油和焦油的模型化合物之一,同時也是木質素的典型模型化合物。木質素是生物質的重要分類,主要來源於造紙廢液及生物質發酵廢渣,儲量大且可再生。木質素相對分子質量大、結構複雜,很難用一個通式完整地表示木質素的結構,使得直接用木質素來研究熱裂解較為困難,通常採用模型化合物苯酚來研究。苯酚重整製氫最常見的方法是水蒸氣重整,涉及的主要反應如下:

苯酚水蒸氣重整:$C_6H_5OH+5H_2O \Longrightarrow 6CO+8H_2$

CO 的甲烷化:$CO+3H_2 \Longrightarrow CH_4+H_2O$

CO_2 的甲烷化:$CO_2+4H_2 \Longrightarrow CH_4+2H_2O$

水氣變換:$CO+H_2O \Longrightarrow CO_2+H_2$

苯酚水蒸氣重整製氫存在製氫率和原料轉化率不高的問題,副產物 CO 和 CO_2 容易甲烷化消耗 H_2。為此,研究嘗試應用新型催化劑載體,例如鈣鋁石 $Ca_{12}Al_{14}O_{33}$($C_{12}A_7$)載體,研究發現 $C_{12}A_7$ 具備較高的儲氧能力。利用該材料製備出 $Ni-Ce/CaO-C_{12}A_7$ 催化劑(金屬與載體質量比為 3:1),$CaOC_{12}A_7$ 載體為活性金屬 Ni-Ce 提供了大量附著點,其中的 CaO 也能有效地吸附生成的 CO_2,加速水氣變換製氫氣反應,提高氫氣綜合產量,而 CeO_2 增大了 NiO 顆粒在載體表面的分散程度,一定程度上提高了催化劑的表面鹼度,進一步減少積炭的形成,提高了催化製氫效果,Ni 和 Ce 負載量(以質量分數計)分別為 9% 和 12% 時,在 650℃ 條件下 H_2 佔總氣體產物的體積分數為 73.09%。

TiO_2 奈米棒(NRs)有豐富的三維孔道結構,方便反應物的擴散進出,適用於需要對活性組分顆粒尺度調控、多組分協同作用的場合。研究人員將 Ni 和 Co_3O_4 負載在 NRs 上,發現金屬活性位點間具有強相互作用,使得金屬催化劑具備較高的分散性和催化活性,催化苯酚製氫過程中幾乎不形成焦炭,催化時間超過 100h 後也未出現明顯去活化現象,催化穩定性好,其中 $10\%Ni-5\%Co_3O_4/TiO_2$(以質量分數計)奈米棒催化劑 H_2 產率、H_2 選擇性及苯酚轉化率分別達到 83.5%、72.8%、92%,綜合催化活性好。

分子篩 MCM-41 是由全矽材料組成的一種具有孔道規則排列、孔徑分布均勻的晶體材料,因其特有的強吸附性和選擇性而被嘗試應用於苯酚水蒸氣重整製氫。研究人員在 MCM-41 載體上負載不同含量的 $LaNiO_3$ 作催化劑,在 450℃ 條件下將稻殼熱解成生物質焦油,以苯酚作為生物質焦油的模型化合物重整製氫,發現 $0.1mol\ LaNiO_3/0.5g\ MCM-41$ 催化劑在 800℃ 時產氫量為 $61.9Nm^3/kg$,經過 5 次循環催化氫氣佔總氣體產物的體積分數為 50% 左右,催化劑穩定性較好。苯酚水蒸氣重整製氫不僅是一種很有應用前景的

製氫技術，還能模擬分解去除在生物質熱解過程中所產生的焦油。

(5)酸類

乙酸重整製氫是生物質酸類衍生物重整製氫研究較多的。乙酸是生物質熱解油的主要成分。常常作為生物質熱裂解油的模型化合物被研究。研究較多的乙酸重整製氫方式有水蒸氣重整和自熱重整，但是反應過程中極易出現乙酸丙酮化、乙酸脫水等副反應，導致在催化劑表面形成積炭。主要反應如下：

乙酸重整通式：$CH_3COOH + xO_2 + yH_2O \Longrightarrow aCO + bCO_2 + cH_2 + dH_2O$

當 $x=0$、$y=2$ 時，為水蒸氣重整：$CH_3COOH + 2H_2O \Longrightarrow 2CO_2 + 4H_2$

當 $x=1$、$y=0$ 時，為部分氧化重整：$CH_3COOH + O_2 \Longrightarrow 2CO_2 + 2H_2$

當 $x=0.28$、$y=1.44$ 時，為自熱重整：$CH_3COOH + 0.28O_2 + 1.44H_2O \Longrightarrow 2CO_2 + 3.44H_2$

乙酸丙酮化聚合積炭：$CH_3COOH \Longrightarrow CH_3COCH_3 \rightarrow$ 聚合物 $\rightarrow$ 炭

乙酸脫水聚合積炭：$CH_3COOH \Longrightarrow CH_2CO + C_2H_4 \rightarrow$ 聚合物 $\rightarrow$ 炭

為改善乙酸重整催化劑的抗積炭能力，選擇合適的助劑十分重要。合適的助劑可以調節催化劑的酸鹼性，增強金屬與載體間的相互作用。研究人員用鹼性金屬助劑 Mg、Cu、La、K 分別改性 $Ni/\gamma-Al_2O_3$ 催化劑催化自熱重整製氫。其中，Cu 助劑的改性效果較差，H_2 選擇性不超過 70%；助劑 La 和 K 會使催化劑的總鹼度分別增加 30.6% 和 93.4%，易促進乙酸丙酮化反應，生成的丙酮進一步聚合成積炭；相比之下，Mg 可使催化劑減少 17.2% 的強鹼性位點，提高 5% 的弱鹼性位點，在一定程度上抑制了乙酸丙酮化積炭反應，降低了催化劑表面的積炭量。通過控制 O_2 加入量，調控氧水比，使乙酸部分氧化重整和水蒸氣重整同時發生，放熱的部分氧化重整為吸熱的蒸汽重整提供熱量時，實現了乙酸的自熱重整。這種方法在提高能量效率和產氫量方面具有巨大的應用潛力，但也會遇到催化劑氧化、結焦和活性組分燒結等問題。

研究人員通過添加助劑 Sm 製備了 NiO 質量分數為 10% 的有序中孔 $NiO-Sm_2O_3-Al_2O_3$ 催化劑。研究發現，Sm 氧化物的鹼性位點有利於吸附和活化乙酸，有序中孔框架結構能限制 Ni 熱凝集，減少結焦形成，Ni-2Sm-Al-O 持續催化製氫 30h，過程中表現出優異的抗氧化、燒結和焦化能力，乙酸轉化率近 100%，且氫氣產率達到 2.6mol/mol。引入 Fe 作為助劑對類水滑石衍生的 Ni 基催化劑進行改性，Zn-Al 水滑石前驅體經焙燒形成了穩定的 ZnO 骨架複合氧化物，提高了活性組分的分散性，還原後形成 Fe-Ni-Zn 合金，Fe 與 Zn 的給電子作用提高了 Ni 的抗氧化能力，同時添加適量 Fe 增大了催化劑的比表面積，催化劑的抗燒結和抗積炭能力進一步得到提高，$Zn_{2.1}Ni_{0.6}Al_{0.5}Fe_{0.5}O_{4.5}$ 催化劑催化製氫產率達到 2.39mol/mol。另外，採用富含表面活性氧的載體也可以幫助氧化去除催化劑表面的積炭。科學研究人員製備了奈米金屬 Ni 配合物 $Ni(bpy)_2Cl_2$ 和 $Ni(HCO_2)_2 \cdot 2H_2O$，將這兩種 Ni 改性的金屬有機框架(MOFs)材料負載在 $\gamma-Al_2O_3-La_2O_3-CeO_2$(ALC)複合載體上(Ni 負載質量分數為 15%)，發現這種 MOFs 材料孔道豐富、結構穩定、孔徑小，能有效地防止奈米 Ni 聚集燒結，ALC 載體表面存在的氧分子能顯著地減少焦炭沉積，抑制了焦炭的形成，能高效持續催化 36h，H_2 收率接近 90%，在

600℃時乙酸幾乎能完全轉化。

重整催化反應路徑複雜、機理不明確及傳統負載型金屬催化劑易積炭、燒結失去活性等問題是制約其工業化的主要問題。依據生物質衍生物重整反應機理，選擇的催化劑必須具有強的斷裂 C—C 鍵和 C—H 鍵的能力，同時還必須具有良好的促進水氣變換反應和抑制甲烷化反應及積炭反應的催化性能。

習題

1. 計算 500℃下氨氣分解的平衡轉化率。
2. 簡述胺分解製氫的優點和不足。
3. 簡述熱化學循環製氫的原理和優點。
4. 簡述生物質熱化學製氫的原理和主要產物。
5. 簡述光合細菌產氫的種類和過程。
6. 簡述超臨界水的特徵和生物質氧化的優點及不足。
7. 查閱文獻資料，概述當前微生物製氫存在的問題和未來發展方向。
8. 查閱文獻資料，概述當前生物質衍生物製氫存在的問題和未來發展方向。

參考文獻

[1] 韓紅梅, 楊錚, 王敏, 等. 我國氫氣生產和利用現狀及展望[J]. 中國煤炭, 2021, 47(5): 59-63.

[2] 曹軍文, 張文強, 李一楓, 等. 中國製氫技術的發展現狀[J]. 化學進展, 2021, 33(12): 2215-2244.

[3] 王凱. 5種典型的下行水激冷粉煤加壓氣化技術特點比較[J]. 氮肥與合成氣, 2018, 46(1): 4-5, 18.

[4] 劉斌. 現代煤化工專案煤氣化技術運用分析[J]. 化工設計通訊, 2021, 47(6): 3-4.

[5] 陳彬, 謝和平, 劉濤, 等. 碳中和背景下先進製氫原理與技術研究進展[J]. 工程科學與技術, 2022, 54(1): 106-116.

[6] 武立波, 宋牧原, 謝鑫, 等. 中國煤氣化渣建築材料資源化利用現狀綜述[J]. 科學技術與工程, 2021, 21(16): 6565-6574.

[7] 陳英杰. 天然氣製氫技術進展及發展趨勢[J]. 煤炭與化工, 2020, 43(11): 130-133.

[8] 陳敏生, 劉杰, 朱濤. 車載甲醇水蒸氣重整製氫技術研究進展[J]. 現代化工, 2021, 41(增刊1): 36-41.

[9] 閆月君, 劉啟斌, 隋軍, 等. 甲醇水蒸氣催化重整製氫技術研究進展[J]. 化工進展, 2012, 31(7): 1468-1476.

[10] 韓新宇, 鍾和香, 李金曉, 等. 不同載體的甲醇蒸氣重整製氫Cu基催化劑的研究進展[J]. 中國沼氣, 2022, 40(3): 18-23.

[11] 駱永偉, 朱亮, 王向飛, 等. 電解水製氫催化劑的研究與發展[J]. 金屬功能材料, 2021, 28(3): 58-66.

[12] 萬磊, 徐子昂, 王培燦, 等. 電化學能源轉化過程的離子膜研究進展[J]. 膜科學與技術, 2021, 41(6): 298-310.

[13] 王培燦, 萬磊, 徐子昂, 等. 鹼性膜電解水製氫技術現狀與展望[J]. 化工學報, 2021, 72(12): 6161-6175.

[14] 何澤興, 史成香, 陳志超, 等. 質子交換膜電解水製氫技術的發展現狀及展望[J]. 化工進展, 2021, 40(9): 4762-4773.

[15] 徐濱, 王銳, 蘇偉, 等. 質子交換膜電解水技術關鍵材料的研究進展與展望[J]. 儲能科學與技術, 2022, 11(11): 3510-3520.

[16] 溫昶, 張博涵, 王雅欽, 等. 高效質子交換膜電解水製氫技術研究進展[J]. 華中科技大學學報(自然科學版), 2023, 51(1): 111-122.

[17] 張佳豪, 岳秦. 質子交換膜電解水陽極析氧催化劑[J]. 科學通報, 2022, 67(24): 2889-2905.

[18] 郭玉華. 高爐煤氣淨化提質利用技術現狀及未來發展趨勢[J]. 鋼鐵研究學報, 2020, 32(7): 525-531.

[19] 周軍武. 焦爐煤氣綜合利用技術分析[J]. 化工設計通訊, 2020, 46(5): 4, 6.

[20] 李建林, 梁忠豪, 李光輝, 等. 太陽能製氫關鍵技術研究[J]. 太陽能學報, 2022, 43(3): 2-11.

[21] 閆楚璇, 李青璘, 鞏正奇, 等. 奈米有機半導體光催化劑[J]. 化學進展, 2021, 33(11): 1917-1934.

[22] 劉大波, 蘇向東, 趙宏龍. 光催化分解水製氫催化劑的研究進展[J]. 材料導報, 2019, 33(增刊2):

13—19.

[23] 李旭力, 王曉靜, 趙君, 等. 光催化分解水製氫體系助催化劑研究進展[J]. 材料導報, 2018, 32(7): 1057—1064.

[24] 焦釩, 劉泰秀, 陳晨, 等. 太陽能熱化學循環製氫研究進展[J]. 科學通報, 2022, 67(19): 2142—2157.

[25] 周俊琛, 周權, 李建保, 等. 複合半導體光電解水製氫研究進展[J]. 矽酸鹽學報, 2017, 45(1): 96—105.

[26] 張軒, 鄭麗君. 光解水製氫單相催化劑研究進展[J]. 化工進展, 2021, 40(增刊1): 215—222.

[27] 李亮榮, 付兵, 劉艷, 等. 生物質衍生物重整製氫研究進展[J]. 無機鹽工業, 2021, 53(9): 12—17.

[28] 劉濤, 余鐘亮, 李光, 等. 化學鏈製氫技術的研究進展與展望[J]. 應用化工, 2017, 46(11): 2215—2222.

[29] 吳夢佳, 隋紅, 張瑞玲. 生物發酵製氫技術的最新研究進展[J]. 現代化工, 2014, 34(5): 43—46, 48.

[30] 崔寒, 邢德峰. 光發酵及微生物電解池製氫研究進展[J]. 化學工程師, 2016, 30(11): 49—51, 56.

[31] 陳冠益, 孔韡, 徐瑩, 等. 生物質化學製氫技術研究進展[J]. 浙江大學學報(工學版), 2014, 48(7): 1318—1328.

[32] 鄢偉, 孫紹暉, 孫培勤, 等. 生物質熱化學法製氫技術的研究進展[J]. 化工時刊, 2011, 25(11): 49—59.

[33] 謝欣爍, 楊衛娟, 施偉, 等. 製氫技術的生命週期評價研究進展[J]. 化工進展, 2018, 37(6): 2147—2158.

[34] 尹凡, 曾德望, 邱宇, 等. 生物質熱化學製氫技術研究進展[J]. 能源環境保護, 2023, 37(1): 29—41.

[35] 馬國杰, 郭鵬坤, 常春. 生物質厭氧發酵製氫技術研究進展[J]. 現代化工, 2020, 40(7): 45—49, 54.

[36] 楊琦, 蘇偉, 姚蘭, 等. 生物質製氫技術研究進展[J]. 化工新型材料, 2018, 46(10): 247—250, 258.

[37] 謝欣爍, 楊衛娟, 施偉, 等. 製氫技術的生命週期評價研究進展[J]. 化工進展, 2018, 37(6): 2147—2158.

[38] 羅威, 廖傳華, 陳海軍, 等. 生物質超臨界水氣化製氫技術的研究進展[J]. 天然氣化工(C1化學與化工), 2016, 41(1): 84—90.

[39] 楊學萍, 董麗, 陳璐, 等. 生物質製乙二醇技術進展與發展前景[J]. 化工進展, 2015, 34(10): 3609—3616, 3629.

[40] 董麗. 生物質製芳烴技術進展與發展前景[J]. 化工進展, 2013, 32(7): 1526—1533.

[41] 余鏡湖. "雙碳"目標下傳統煉廠氫氣的優化思考與建議[J]. 石油石化綠色低碳, 2022, 7(2): 29—33, 44.

[42] 黃習兵. IGCC多聯產專案煤氣化技術選擇[J]. 現代化工, 2021, 41(11): 197—200, 205.

[43] 周安寧, 高影, 李振, 等. 煤氣化灰渣組成結構及分選加工研究進展[J]. 西安科技大學學報, 2021, 41(4): 575—584.

[44] 王輔臣. 煤氣化技術在中國: 回顧與展望[J]. 潔淨煤技術, 2021, 27(1): 1—33.

[45] 錢淼. 微凸臺陣列型甲醇重整製氫微反應器理論研究與設計優化[D]. 杭州: 浙江大學, 2014.

[46] 潘立衛, 王樹東. 板式反應器中甲醇自熱重整製氫的研究[J]. 燃料化學學報, 2004, 32(6): 362—366.

[47]SONG H, LUO S, HUANG H, et al. Solar-driven hydrogen production: recent advances, challenges, and future perspectives[J]. Acs Energy Letters, 2022, 7(3): 1043-1065.

[48] SARAFRAZ M M, GOODARZI M, TLILI I, et al. Thermodynamic potential of a high-concentration hybrid photovoltaic/thermal plant for co-production of steam and electricity[J]. Journal of Thermal Analysis and Calorimetry, 2021, 143(2): 1389-1398.

[49]AL-WAELI A H A, KAZEM H A, CHAICHAN M T, et al. A review of photovoltaic thermal systems: Achievements and applications[J]. International Journal of Energy Research, 2021, 45(2): 1269-1308.

[50]MORALES-GUIO C G, MAYER M T, YELLA A, et al. An optically transparent iron nickel oxide catalyst for solar water splitting[J]. Journal of the American Chemical Society, 2015, 137(31): 9927-9936.

[51]WU D, DING D, YEW C. Photoelectrochemical hydrogen generation with nanostructured CdS/Ti-Ni-O composite photoanode[J]. International Journal of Hydrogen Energy, 2022, 47(42): 18357-18369.

[52]ZHAO Y, DING C, ZHU J, et al. A hydrogen farm strategy for scalable solar hydrogen production with particulate photocatalysts[J]. Angewandte Chemie-International Edition, 2020, 59(24): 9653-9658.

[53]WANG H, WANG X, CHEN R, et al. Promoting photocatalytic h2 evolution on organic-inorganic hybrid perovskite nanocrystals by simultaneous dual-charge transportation modulation[J]. Acs Energy Letters, 2019, 4(1): 40-47.

[54]BIAN H, LI D, YAN J Q, et al. Perovskite-A wonder catalyst for solar hydrogen production[J]. Journal of Energy Chemistry, 2021, 57: 325-340.

[55]IRSHAD M, AIN Q T, ZAMAN M, et al. Photocatalysis and perovskite oxide-based materials: a remedy for a clean and sustainable future[J]. Rsc Advances, 2022, 12(12): 7009-7039.

[56]SHI Q, YE J. Deracemization enabled by visible-light photocatalysis[J]. Angewandte Chemie-International Edition, 2020, 59(13): 4998-5001.

[57]RAHMAN M Z, EDVINSSON T, GASCON J. Hole utilization in solar hydrogen production[J]. Nature Reviews Chemistry, 2022, 6(4): 243-258.

[58]PIPIL H, YADAV S, CHAWLA H, et al. Comparison of TiO_2 catalysis and Fenton's treatment for rapid degradation of Remazol Red Dye in textile industry effluent[J]. Rendiconti Lincei-Scienze Fisiche E Naturali, 2022, 33(1): 105-114.

[59]YU C M, CHEN X J, LI N, et al. Ag_3PO_4-based photocatalysts and their application in organic-polluted wastewater treatment[J]. Environmental Science and Pollution Research, 2022, 29(13): 18423-18439.

[60]BHUNIA S, GHORAI N, BURAI S, et al. Unraveling the carrier dynamics and photocatalytic pathway in carbon dots and pollutants of wastewater system[J]. Journal of Physical Chemistry C, 2021, 125(49): 27252-27259.

[61]AßMANN P, GAGO A S, GAZDZICKI P, et al. Toward developing accelerated stress tests for proton exchange membrane electrolyzers[J]. Current Opinion in Electrochemistry, 2020, 21: 225-233.

[62]ESPINOSA L M, DARRAS C, POGGI P, et al. Modelling and experimental validation of a 46 kW PEM high pressure water electrolyzer[J]. Renewable energy, 2018, 119: 160-173.

[63] BUTTLER A, SPLIETHOFF H. Current status of water electrolysis for energy storage, grid

balancing and sector coupling via power－to－gas and power－to－liquids: A review[J]. Renewable and Sustainable Energy Reviews, 2018, 82: 2440－2454.

[64]MO J K, DEHOFF R R, PETER W H, et al. Additive manufacturing of liquid/gas diffusion layers for low－cost and high－efficiency hydrogen production[J]. International journal of hydrogen energy, 2016, 41(4): 3128－3135.

[65]TOOPS T J, BRADY M P, ZHANG F Y, et al. Evaluation of nitrided titanium separator plates for proton exchange membrane electrolyzer cells[J]. Journal of Power Sources, 2014, 272: 954－960.

[66]LETTENMEIER P, WANG R, ABOUATALLAH R, et al. Durable membrane electrode assemblies for proton exchange membrane electrolyzer systems operating at high current densities [J]. Electrochimica Acta, 2016, 210: 502－511.

[67]YANG G Q, MO J K, KANG Z, et al. Fully printed and integrated electrolyzer cells with additive manufacturing for high－efficiency water splitting[J]. Applied Energy, 2018, 215: 202－210.

[68]BAREIß K, RUA C D L, MOCKL M, et al. Life cycle assessment of hydrogen from proton exchange membrane water electrolysis in future energy systems[J]. Applied Energy, 2019, 237: 862－872.

[69]KANG Z Y, MO J K, YANG G Q, et al. Investigation of thin/well－tunable liquid/gas diffusion layers exhibiting superior multifunctional performance in low－temperature electrolytic water splitting[J]. Energy & Environmental Science, 2017, 10(1): 166－175.

[70]KANG Z Y, YANG G Q, MO J K, et al. Developing titanium micro/nano porous layers on planar thin/tunable LGDLs for high－efficiency hydrogen production[J]. International Journal of Hydrogen Energy, 2018, 43(31): 14618－14628.

[71]BUKOLA S, CREAGER S E. Graphene－Based Proton Transmission and Hydrogen Crossover Mitigation in Electrochemical Hydrogen Pump Cells[J]. ECS Transactions, 2019, 92(8): 439.

[72]PARK J, KANG Z Y, BENDER G, et al. Roll－to－roll production of catalyst coated membranes for low－temperature electrolyzers[J]. Journal of Power Sources, 2020, 479(15): 228819－228828.

[73]KIM T H, YI J Y, JUNG C Y, et al. Solvent effect on the Nafion agglomerate morphology in the catalyst layer of the proton exchange membrane fuel cells [J]. International Journal of Hydrogen Energy, 2017, 42(1): 478－485.

[74]XIE Z Q, YU S L, YANG G Q et al. Optimization of catalyst－coated membranes for enhancing performance in proton exchange membrane electrolyzer cells[J]. International Journal of Hydrogen Energy, 2021, 46(1): 1155－1162.

[75] MAUGER S A, NEYERLIN C, l YANG A C, et al. Gravure coating for roll－to－roll manufacturing of proton－exchange－membrane fuel cell catalyst layers[J]. Journal of The Electrochemical Society, 2018, 165(11): F1012－F1018.

[76]Yang Guang, Wang Jianlong. Synergistic biohydrogen production from flower wastes and sewage sludge[J]. Energy & Fuels, 2018, 32(6): 6879－6886.

[77] Nika Alemahdi, Hasfalina Che Man, Nor'Aini Abd Rahman, et al. Enhanced mesophilic bio－hydrogen production of raw rice straw and activated sewage sludge by co－digestion[J]. International Journal of Hydrogen Energy, 2015, 40(46): 16033－16044.

[78]Asma Sattar, Chaudhry Arslan, Ji C Y, et al. Quantification of temperature effect on batch production of bio－hydrogen from rice crop wastes in an anaerobic bio reactor [J]. International Journal of Hydrogen Energy, 2016, 41(26): 11050－11061.

[79]WANG Y L, ZHAO J W, WANG D B, et al. Free nitrous acid promotes hydrogen production from dark fermentation of waste activated sludge[J]. Water Research, 2018, 145: 113－124.

[80] WANG D B, DUAN Y Y, YANG Q, et al. Free ammonia enhances dark fermentative hydrogen production from waste activated sludge[J]. Water Research, 2018, 133: 272-281.

[81] EL-QELISH M, CHATTERJEE P, DESSì P, et al. Bio-hydrogen production from sewage sludge: Screening for pretreatments and semicontinuous reactor operation[J]. Waste and Biomass Valorization, 2020, 11: 4225-4234.

: 2-3, 5-7, 13-14, 17, 30, 35, 38-39, 44, 52-54, 60, 62-63, 67, 73-74, 78, 84-85, 87, 92, 100, 102, 105, 110, 112, 117, 119-120, 126, 128, 130, 132, 136-138, 147, 152, 159, 162-164, 167, 169, 174-175, 177, 184-186, 189, 194, 198

製氫工藝與技術

編　　　著：	易玉峰，黃龍，李卓謙，
	余曉忠，杜小澤，毛志明，
	余皓
發 行 人：	黃振庭
出 版 者：	崧燁文化事業有限公司
發 行 者：	崧燁文化事業有限公司
E - m a i l：	sonbookservice@gmail.com
粉 絲 頁：	https://www.facebook.com/sonbookss/
網　　　址：	https://sonbook.net/
地　　　址：	台北市中正區重慶南路一段 61 號 8 樓

8F., No.61, Sec. 1, Chongqing S. Rd., Zhongzheng Dist., Taipei City 100, Taiwan

電　　　話：	(02)2370-3310
傳　　　真：	(02)2388-1990
印　　　刷：	京峯數位服務有限公司
律師顧問：	廣華律師事務所 張珮琦律師

-版 權 聲 明-

本書版權為中國石化出版社授權崧燁文化事業有限公司獨家發行電子書及繁體書繁體字版。若有其他相關權利及授權需求請與本公司聯繫。

未經書面許可，不得複製、發行。

定　　　價：420 元
發行日期：2025 年 02 月第一版
◎本書以 POD 印製

國家圖書館出版品預行編目資料

製氫工藝與技術 / 易玉峰，黃龍，李卓謙，余曉忠，杜小澤，毛志明，余皓 編著 .-- 第一版 .-- 臺北市：崧燁文化事業有限公司, 2025.02
面；　公分
POD 版
ISBN 978-626-416-300-2(平裝)
1.CST: 氫 2.CST: 再生能源 3.CST: 能源技術 4.CST: 技術發展
400.15　　　　　114001229

電子書購買

爽讀 APP　　　　臉書